中外设计史与艺术设计思路解读丛书

新成衣设计

主　编　丰　蔚
副主编　陈　静　林　璐

中国水利水电出版社
www.waterpub.com.cn

内容提要

成衣设计是源于工业化大生产的加工方式而产生的设计活动。本书通过导入工业社会下的现代服装设计发展简史，侧重结合历史与文化背景、经济等客观因素来解读当代成衣设计活动的发展和演变，使读者能够了解、掌握系统的成衣设计理论知识及应用技能，适应现代成衣行业的发展需求。

图书在版编目（CIP）数据

新成衣设计 / 丰蔚主编. -- 北京 : 中国水利水电出版社，2012.9
（中外设计史与艺术设计思路解读丛书）
ISBN 978-7-5170-0143-0

Ⅰ. ①新… Ⅱ. ①丰… Ⅲ. ①服装设计 Ⅳ. ①TS941.2

中国版本图书馆CIP数据核字(2012)第207006号

策划编辑：杨庆川　　责任编辑：张玉玲　　加工编辑：杨继东

设计指导：薛　江　　设计制作：徐立萌　郝　丽　谢南勇

书　名	中外设计史与艺术设计思路解读丛书 新成衣设计
作　者	主　编　丰　蔚　副主编　陈　静　林　璐
出版发行	中国水利水电出版社 （北京市海淀区玉渊潭南路1号D座 100038） 网址：www.waterpub.com.cn E-mail：mchannel@263.net（万水） sales@waterpub.com.cn 电话：(010) 68367658（发行部）、82562819（万水）
经　售	北京科水图书销售中心（零售） 电话：(010) 88383994、63202643、68545874 全国各地新华书店和相关出版物销售网点
排　版	北京万水电子信息有限公司
印　刷	中煤涿州制图印刷厂北京分厂
规　格	205mm×255mm　16开本　18.25印张　710千字
版　次	2012年10月第1版　2012年10月第1次印刷
印　数	0001—4000册
定　价	88.00元

总　序

设计是应用性极强的一门学科，它以视觉传达为主要手段，起到美化生活、优化生活、改善生活，提高人们审美意识，形成时代风貌的作用。我们现在对于设计的思考已不再是简单技术层面上的思考，我们的目标是市场，是把信息合理有效地传递出去。因此，设计是一种方法，是一种解决问题的手段，我们对于设计的思考就是对于生活本身的思考，是一种对待问题解决的态度。

近些年，随着我国社会经济的飞速发展，社会发生了巨大的变化，社会中的人与人、人与物、人与环境都随之发生了巨大的变化，社会的各方面都在进行重组，设计领域也是一样发生着变化。为此，国家增设了众多不同层次的设计院校及设计专业，有系统、有成效地培养正规的设计人材，但从目前来看，仍缺乏一套较为完整的、系统的、科学的专业教材为广大设计人员学习与参考。

鉴此，我们组织国内一线的专业设计人员撰写了《中外设计史及设计思路解读丛书》，首次推出 14 本，即：《新漫画设计》、《新动画设计》、《新软陶设计》、《新插画设计》、《新绘本设计》、《新书籍设计》、《新成衣设计》、《新包装设计》、《新广告设计》、《新展示设计》、《新室内设计》、《新标志设计》、《新字体版式设计》与《新 VI 设计》。

它涵盖了书籍设计、服装设计、软陶设计、动画设计等多方面的设计领域，以理论与实践相结合的方式，遵循"循序渐进，学以致用"的原则，精炼简洁，深入浅出，把每一个学科的理论浓缩到近万字的篇幅，重在把握理论要诀，指导设计实践。书名突出一个"新"字，象征着在艺术设计学习领域掀开了崭新的一页，并对大师作品有一个新层次的解读，开阔设计视野。

设计史、设计作品与艺术设计思路解读是本丛书最大的特色之一。每本书都包括理论篇与应用篇两大部分。第一部分理论篇，紧密结合了"史"，追本溯源，分别介绍了西方设计简史、中国设计简史以及当代设计形态三大板块，在每一个板块的编写过程中都是以时间为线索来阐述；并且把艺术作品放置到历史的语境下来解读，做到还原历史语境下作品的真实性，把作品和当时历史、文化背景、经济条件等客观的元素结合起来解读，做到了准确与真实。重点分析了不同历史时期设计师的设计思路，以人为切入点，在分析设计师的手法、思路、理念上，力求把这些信息准确地表达出来。第二部分应用篇，重点介绍设计师在艺术设计学习领域遇到的各种细节，包括：文案策划、设计方案、客户谈判及设计流程等一些工作中的经验、应对技巧与方法等。每个艺术设计作品实例力求具有代表性与独创性，并非拼凑与罗列。

本套丛书具有较高的知识性、指导性及实践性，它既适合作为全国各艺术院系艺术设计专业学生的教材，也可作为广大设计爱好者的参考用书。

丛书中的艺术设计作品精选经典案例，具有代表性，有些作品苦于联系不到作者，请原作者看到本书后，及时联系我们，出版社会按标准支付相应报酬，邮箱是56644774@qq.com。全国各艺术院系的老师如果有好的作品，或对本套丛书有独到的建议，也可以投稿并与我们取得联系，在此对专家及读者热情的关注表示深深地感谢。这套丛书只是起到抛砖引玉的作用，希望通过我们的努力能够帮助广大设计爱好者理清思路、开拓视野，并提供行之有效的解决问题的方法。祝愿中国涌现更多更好的设计人员。

丛书编委会

2012年03月

前 言

成衣是近代服装行业中的专业术语，指服装企业按照标准号型批量化生产的成品服装。成衣设计则是指以批量生产的成衣为设计对象的设计活动。成衣设计活动的出现是基于近代服装产业的发展，它脱胎于20世纪60年代的高级时装业，最初将高级时装中便于成衣生产的或成衣厂商认为能引起大众流行的作品简略化，进行小批量加工生产，这就是高级成衣业。高级成衣业最初是没有自己的设计的。直到20世纪60年代末期，一批年轻的设计师开始专门从事高级成衣设计，使高级成衣业拥有了自己独立的设计活动，即专门为成衣而进行的成衣设计活动。时至今日，成衣业蓬勃发展，已成为服装行业的发展主体，高级时装业则不复有昨日的辉煌。

作为一种设计活动，成衣设计的风格千变万化。但总体而言，都具有简洁、易穿易打理、便于活动等适合于工业社会生活需求的现代风格特征，主要采用新颖的服装材料，降低生产成本，强调功能，其设计要素符合商业社会的社交共性需求。进入20世纪60年代以来，基于对人类工业化进程的反思和补充，成衣设计开始逐步出现综合和多元化的后现代主义风格特征，尤其是20世纪末21世纪初，通过游戏、反讽、复古、解构、融合等手法使成衣风格呈现出含混不清的无风格的风格，但从根本上仍然符合工业化大批量或者小批量生产的现代化特征。

本书的第一部分以历史的发展脉络为主线，综合当时的政治经济、社会生活背景等分析成衣设计发展的趋势及特点，解读不同时期具有代表性的设计师的设计风格及设计思路。需要指出的是，高级成衣设计与高级时装设计的发展在历史上并没有严格的区分界限，一些出色的设计师在高级时装与成衣设计之间游弋自如，成衣设计的历史不是孤立存在的，因此称为现代服装设计简史更为确切，也更符合实际情况。如果说第一部分是从史论的角度分析探寻成衣设计的发展路线的话，那么第二部分就是从技术角度来进一步阐述设计是如何进行的，其中包含设计定位、成衣分类、设计调研、设计方法、设计语言、成衣设计说明与质量评定、设计推广与发布、市场反馈八方面内容，通过对成衣设计活动的详细剖析来解读当代成衣设计的方法和手段，达到对成衣设计活动的进一步认知，也就是成衣设计思路的解读过程。在案例部分，援引两个知名品牌的设计案例，增强读者对成衣设计活动的感性认知。

本书作为设计思路解读系列丛书之一，面向广大的服装设计爱好者以及专业院校学生，较为适应当代服装教育的需求。

编者

2012年7月

目　录

理 论 篇

第 1 章　成衣设计概论

1.1　成衣设计概念

1.1.1　成衣

成衣是近代服装行业中的专业术语，起源于工业化大生产的加工方式，指服装企业按照标准号型批量化生产的成品服装。可以说，人们日常穿着的大多数服装都属于成衣，但“成衣”一词的使用，一般用于强调和区别非工业化生产的服装，是较为专门化的表述形式。

成衣作为工业产品，符合批量生产的经济原则，生产机械化，产品规模系列化，质量标准化，包装统一化，并附有品牌、面料成分、号型、洗涤保养说明等标识。

成衣这一词汇的出现，是相对于“时装”而言的。成衣最初的出现，缘于服装界最高地位的高级时装日益让位于高级成衣的过程，服装的贵族化也就逐步被大众倾向的、批量生产的成衣化代替。工业化生产奠定了成衣设计上的现代主义、国际主义风格——即简洁明快的、高度功能化的、平民化的适合于机械大生产的服装风格。

1.1.2　成衣设计

一、概念

成衣公司按照某种市场分类方法，根据市场需求和本公司的设计、生产实力来选定自己的目标市场（消费对象层）进行设计定位或市场定位，并对这个目标市场进行详细的调查研究（如消费层人群的体形特征、文化素质、经济收入和生活爱好等），以确定设计和经营方针。根据国内外流行情报，针对目标消费群体在各个季节的需求进行有计划的产品开发设计组织生产成衣。

成衣设计指以批量生产的成衣为设计对象的设计活动。成衣设计没有单一具体的顾客对象，而是以某个顾客群体为设计目标，根据市场需求和生产技术手段的要求来进行设计，有商业品牌，并在长期的经营过程中形成一定的品牌形象和品牌文化。目前，一般商店出售的品牌服装都可以称为成衣。它具有能够被批量化生产和复制的制造可能，其风格是可被某些消费群体接受的、具有市场价值的服装产品。

成衣设计是否成功，取决于成衣是否畅销，除了设计是否符合当时的流行、是否为目

（图 1-1）适合青年消费者的成衣设计。

标消费群体所接受以及成衣质量等因素外，与成本、价格也有着直接的关系，如图1-1 所示。

二、特征

1. 实施计划性

成衣产业运作的系统性很强，受到供货商和经销商等诸多合作伙伴的制约，因此，成衣设计的计划性很重要，设计方案如果缺少计划性或者计划不严密就会影响整个品牌的运作。

设计的计划性体现在设计的每个阶段的时间接点的安排与控制，包括市场调研、产品设计、面辅料订货、样品试制等多个环节。设计计划的制定要考虑到操作规程中可能出现的不可预计因素，留出适当的应急和调整时间，以便应对一旦试制或订货失败而可能造成的时间损失。

2. 商业规范性

由于成衣产业运作过程是一个计划性非常强的过程，强调各个团队之间的配合，它是企业集体合作的结果。即使是成衣设计方案，往往也需要设计团队通力合作，为了便于沟通和提高效率，设计部门内部也要统一表达方式。设计方案的实施需要市场部、营销部、生产部等许多部门参与，甚至需要公司外部其他企业的协作，设计方案将在这些部门内周转，这就要求设计方案在语言和图形方面使用规范化的表达方法，因此，成衣设计实际上是一种商业行为，而非纯粹的艺术表达方式。

3. 设计完整性

成衣品牌强调品牌风格的延续和创新，成衣设计方案的完整性则体现了周密的策划和实施过程。所谓设计方案的完整性，是指整个设计方案要求包括产品计划、产品框架、故事版、产品设计等全部内容，仅产品设计就包括产品编号、款式造型、款式细节、配色方案、面料方案、装饰方案、尺码、工艺要点等内容。只有这些内容相互衔接无纰漏，才能够保证产品开发的顺利进行。

1.2 成衣产业

1.2.1 现代化与成衣化

成衣产业是服装现代化的产物。因此，成衣化的历程，也就是现代化的历程。服装上的现代化萌芽早在 19 世纪就开始出现，缝纫机的发明、化学染料的开发使得成衣化的生产方式成为可能，高级时装业的兴起、流行媒介的扩大带来了服装流行的产业化，这一切形成了服装业现代化的基础。

现代化的发展是基于高级时装业和成衣产业的发展来实现的。在服装现代化的进程中，男装早在 18 世纪末的法国大革命时期就开始脱离古典样式，在第二帝政时代即基本完成现代化形态，而女装直到 19 世纪末取掉巴斯尔裙撑才开始摆脱传统样式，真正实现现代化要到 20 世纪 20 年代。

女装的现代化突出在以下四个特征：
（1）把女性从束缚肉体的紧身胸衣的禁锢中解放出来，回归女性肉体的自然形态。
（2）从束缚四肢活动的装饰过剩的传统重装中解放出来，向便于活动的、符合快节奏现代生活方式的轻装样式发展。
（3）排除服装上的社会性差别，纠正古典式的阶级差别和性差别的偏见。
（4）从繁重的手工缝纫中把女性解放出来。

美国在 20 世纪 40 年代进入成衣化阶段，欧洲各国要到 20 世纪 50 年代，日本及其他西洋服饰文化圈以外的国家要到 20 世纪 60 年代后。

第一次世界大战（1914–1919）所造成的创伤，使战后的各国经济都处于低谷状态，战胜国通货紧缩，失业率增加；战败国通货膨胀，国民生活极为艰难。战前，美国厂商常从法国购买设计专利，使其成衣化。成衣最初仅为下层社会的妇女穿着，因其批量化的生产方式而具有低廉和粗制的特点，法语称作 confection。

战后，以美国为首掀起了世界范围的女权运动，在政治上获得了与男性同等的参政权，在经济上因具有职业而独立的女性越来越多，这种男女同权的思想，在 20 世纪 20 年代被强化和发展，女装上出现了否定女性特征的样式，职业女装营运登上历史舞台。

另一方面，装饰艺术（Art Déco）对服装风格产生了明显影响，其特征是以曲线和直线、具象和抽象相反要素构成简洁、明快、强调机能性和现代感的艺术样式，特别是直线的几何形表现，显示出对工业化时代适应机械生产的积极态度，形成现代设计的基础，从而形成服装中以简洁、朴素的直线型为特征的现代设计风格。

第二次世界大战（1939-1945）进一步推进了女装的现代化进程。战前，女装就已经出现缩短裙子和夸张肩部的机能化倾向，战争爆发后以及整个战争期间，女装完全变成了一种非常实用的男性味很强的现代装束，即军服样式。

更为重要的是，20 世纪 60 年代，风靡全球的年轻风暴强制性地改变了人们的世界观、价值观和审美观，包括上层阶级的女性在内，西方世界女性的着装观全面受到这股反体制、反传统的全新思想的冲击和洗礼，时代的潮流为之一变，高级时装一统天下的局面彻底告终，流行理论也出现了自下而上的平民化流行意识，一个创作来源多样化的成衣时代到来了。

1.2.2　高级成衣业

时装设计师 Jacques Fath 率先注意到成衣业的雄厚潜力，1948 年，他第一个与美国的大成衣商签定合同为其提供设计，把同一款式分成许多号型大量生产，倾销全美国，获得成功。他在以手工制作为主的巴黎高级时装界打开了成衣生产的先河，可以说是 20 世纪 60 年代高级成衣业的先驱。

1962 年，时装设计师 Pierre Cardin 率先建立了自己的高级成衣市场，这样既可以控制产品质量，又可获得大量生产所带来的利润。

1968 年巴黎的“五月革命”，“年轻风暴”达到顶峰，全法国处于总罢工的风潮下，高级时装业受到严重打击，许多高级时装店因难以支撑门面而关闭。就在高级时装业穷途末路之时，高级成衣业（pereta porter）却蓬勃兴起，成立了高级成衣协会，以此时为界，历史进入高级成衣时代。之前，一直处于高级时装支配下的法国，成衣业比美国、英国和德国都要落后。

最初的高级成衣业作为高级时装业的副业，一般是把当年高级时装发布会上比较便于成衣生产的、或成衣厂商认为能引起大众流行的作品简略化，把设计专利出售给成衣商或在设计师指导下进行小批量加工生产，即不进行专门的成衣设计，因此，比起一般大批量生产的成衣，不仅用料讲究，而且裁剪、缝制和工序都继承和保留着高级时装的某些特点，因此，价格介于高级时装和一般成衣之间。

1963–1965 年间，一批年轻的高级成衣设计师进入时装界，使高级成衣业终于拥有了自己独立的创作来源。高级成衣业不再是高级时装的副业，而真正成为独立于高级时装业以外的重要产业。从 20 世纪 60 年代起活跃于高级成衣界的设计师有：Jacqueline Jacobson、Daniel Hechter、Karl Largerfeld、Emmanuelle Khanh 等。这些年轻的设计师以反传统的革命精神扭转了历史的潮流和过去的服饰观念，世界上的女性从此不必再紧张地盯着高级时装店的指挥棒，可以根据自己的喜好自由选择服装，流行进入多元化的时代。

此时，高级成衣业形成了与高级时装业截然不同的领域。高级时装的主任设计师法语称作 couturier, 女性称 couturi é re, 而成衣设计师则称作 stylist，masion 这个词也仅限于高级时装店，高级成衣店则称作 boutique。

1.3　中国成衣业与成衣设计现状

20 世纪 90 年代，我国成衣业开始进入品牌化的初级阶段，当时的中国纺织总会提出了“建设中国服装品牌工程”，全国上下一呼百应，以我国轻纺工业比较发达的沿海城市为代表的服装企业率先迈向成衣品牌化之路。经过十几年来红红火火的发展，我国成衣产业已经取得了令世界瞩目的成绩，形成了规模庞大的服装产业链。在国际市场上，我国是世界第一的“服装出口大国”，21 世纪初欧美经济的衰退，订单减少，我国服装出口下滑，对欧美市场依存度高的企业陷入困境，市场单一，不能改变国际需求萎缩的大环境，但却可以提升“中国制造”的出口竞争力。产业回暖，边境贸易异军突起。国内市场却被 90% 在中国制造的外国品牌所占领，国内服装企业竞争停留在比较低的层面上，主要还停留在价格、款式等方面的竞争，绝大多数服装企业的产品销售还是以批发市场的大流通为主。

在成衣设计生产方面，我国成衣产业相对设计能力较弱，中国服装企业结构链停留在传统设计管理的模式，设计手段多停留在纸面放样的落后阶段，设计周期长，服装的新产品周期（设计、成衣到进入销售）工业发达国家平均 2 周，美国最快 4 天，而我国平均是 10 周时间，差距非常明显。试制成本高，造成新产品创新能力弱，新品开发周期长，就不容易发掘适销对路的产品，进而造成库存积压，影响资金周转。

中国服装行业最为成熟和稍微具备国际竞争力的当属男装和羽绒服，如杉杉、雅戈尔、七匹狼、波司登、美特斯邦威等。但相对于国际时尚产业来说，盈利能力还是太低，品牌没有规模，只是通过低成本优势在与国际品牌进行竞争。缺乏真正意义上的国际服装品牌，中国尚没有一个品牌成为世界上有影响的品牌，由“中国制造”迈向“中国时尚”。

从设计师群体而言，我国服装设计师经历了职业化发展的历史阶段：1993-1997 年，是服装设计师职业探索和群体形成的初期；1998-2002 年，是服装设计师职业内涵充实和群体规模扩张的发展时期，涌现出了一批具有良好专业素养和职业规范的代表人物；2003 年以后，随着经济全球化和成衣业的发展、时尚产业的兴起，服装设计师已经成为走向成熟的社会职业，比较具有代表性的具有自主创新能力和设计师原创品牌的设计师有：张肇达、刘洋、武学伟、张继成、吴海燕、马可、房莹、计文波、罗峥、曾凤飞、梁子等，如图 1-2 所示。

中国服装设计师协会每年设立的金顶奖以及十佳设计师的选举活动，成为培养中国本土设计师的摇篮，设计师品牌的崛起对于推动我国成衣产业和衣着消费市场的发展具有重要意义。

（图 1-2）2006 年，张继成设计作品

第 2 章 现代服装设计简史

2.1 20 世纪 10—20 年代

欧洲的工业技术在这一时期取得了许多重要的成果，其中，电动缝纫机的问世在很大程度上改变了服装的生产方式和人们的着装观念。批量化的工业生产要求服装的款式尽量简洁，为了降低成本，加快生产周期，需要在美观时髦的前提下省去不必要的细节，手工缝制的华丽装饰和刺绣镶嵌已不能满足工业化的生产要求。同时，人们也越来越重视简洁所带来的美感，从前那种精心刻画的翻涌之美正在逐渐被工业时代的简单风格所淹没。

2.1.1 Hobble Skirt 与 Paul Poiriet

20 世纪初，从文艺复兴时期出现并一直延续的紧身胸衣配合裙撑的典型女装外形被彻底抛弃，但是紧身胸衣还存在，直至 20 世纪初，服装设计师 Paul Poiriet 开始尝试不用紧身胸衣来设计女装。

Paul Poiriet，1879 年出生于巴黎一个布商之家，受家庭熏陶，他从小便热爱纺织品，尝试着做衣服。Poiriet 经常将他画的一些时装画卖给 Jacques Doucet、Charles Frederick Worth 时装店，因而受到 Doucet 的青睐，遂于 1898 年进入 Jacques Doucet 店里担任助理设计师的职务。Poiriet 于 1900 年应征入伍，退伍后回到巴黎，在 Worth 时装店工作。1904 年他在巴黎开了自己的时装店，将时装陈列于橱窗，非常引人注目。Poiriet 在开店的第二年建立家庭，妻子成为他设计灵感的源泉。1906 年，他为怀孕的妻子设计了一件不束腰的直线条轮廓的朴素衣服，简洁的造型和流畅的线条令人耳目一新。他因此悟出道理，认为当时流行的束腰裙子在造型上讲身体分为上下两部分，并不可取，而且紧身胸衣也不利于身体健康。所以他主张放弃束腰造型和紧身胸衣，以胸罩来取代紧身胸衣，强调服装的支点不在腰部而在肩部。因此，他设计了简单的、狭窄的上衣和长裙，裙子紧紧包裹着身体，在小腿下不垂直放开，直至地面，他称这个设计为“模糊”(La Vague)，因为这套衣服好像一阵轻轻的旋风一样包裹着身体。这种造型改变了女装的紧身造型，在服装史上具有划时代的意义。

1910 年 Poiriet 设计了著名的 hobble skirt (蹒跚裙)，在裙子下摆处有长直的开叉，臀部的造型比较丰满，形成一种优雅的造型，但是灵感来源于日本和服的裙装下摆却造成女性的行动不便。在他的引导下，女装呈现出和谐、古典又具有东方异域的气质，成为这个时期上流社会女装的主要流行风格。图 2-1 是一款典型的 hobble skirt，在裙子的下摆处有长直的开叉，臀部的造型比较丰满，有时会与宽松的上衣搭配，形成一种优雅的外形。由于腿部受到束缚，这种装束给女性的日常生活带来很大不便。图 2-2 则可以感受到当时的东方情调，松散柔软的外形与西方传统的塑性观念有很大的不同。

2.1.2　战时服装

1912 年人造丝袜的发明，取代了昂贵精美的真丝绸缎袜子，使更多的平民大众也能享受时髦的乐趣，对时装的平民化起到了积极地推动作用。

第一次世界大战前，男士的穿着形成了一种约定俗成的模式。他们上班时通常穿着条纹裤子和日礼服，在更为正式的场合，则由外套式礼服代替。在晚间的正式场合，燕尾服、浆过的衬衫、白色的马甲和手套都是必备的服饰。因此，穿什么和怎么穿在当时的男士服装中形成了精确而不成文的规定。

随着第一次世界大战（1914-1918 年）的爆发，时装市场几乎陷入了停滞的状态。在大战期间，流行发生了全然相反的改变。男人从前线回家休假时，惊奇地发现女人们根本无暇顾及以往那些精美奢华的装饰，她们不再是穿着蹒跚裙的柔弱形象，而是由一种较为宽松且裙摆上提至靴子上缘的服装所替代，如图 2-4 和图 2-6 所示，这种样式的流行产生了对袜子的大量需求。这时袜子仍然十分昂贵，一般为黑色，并在足背上刺绣着图案，但已不再用缎带来装饰了。清爽简洁的风格成为人们追求的时尚。这时出现了弹性腰带与胸罩分开的样式，后来逐渐演变为现代女士内衣。如图 2-7 和图 2-8 为带有胸部支撑物的紧身内衣，具有腰带与胸罩上下分开的趋势。

-（左页从上至下）-
（图 2-1）1913 年，Paul Poiriet
（图 2-2）1919 年，Paul Poiriet

-（右页从上至下）-
（图 2-3）1905 年，巴黎男子的典型服饰
（图 2-4）1916 年，美国战时女装

LES DESSOUS ÉLÉGANTS ... 5, Rue Halévy, 5 ... (Paris IXe)
Bustes en Cire de la Maison F. IMANS, 10, Rue de Crussol, Paris.
"NEW HOME"

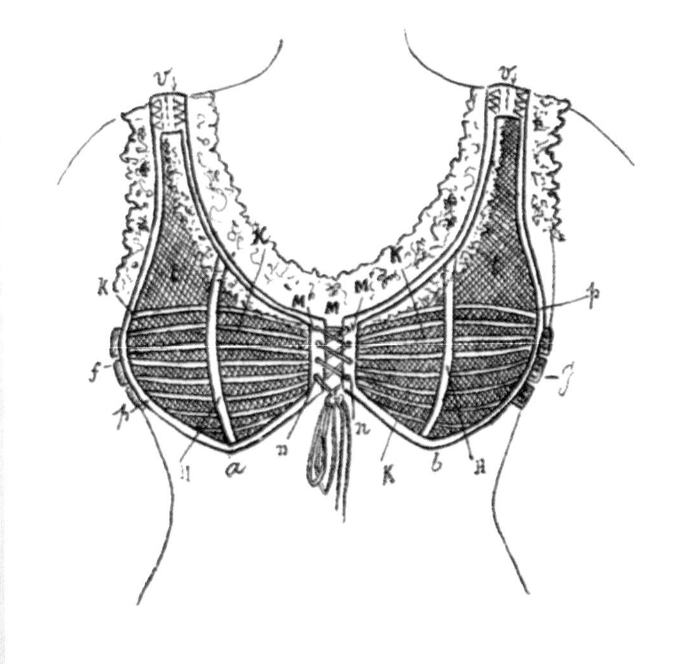

2.1.3　广告与模特

另一位设计师 Paquin 则在这一时期意识到广告对时装企业的重要作用，她让模特们穿上自己设计的衣服到赛马场上招摇过市，打开了体育赛场上时装广告的先河；1900 年巴黎的万国博览会，她在展览会上使用以自己形象制作的模特展示人台，给参观者留下了深刻的印象；1910 年，她又向美国派遣了十多名模特儿，到美国的一些主要城市巡回表演，可谓是最早的使用模特进行活广告、开展商业推广的雏形。

2.2　20 世纪 20—30 年代

一战以后，工业得到了迅猛的发展，许多新型材料不断被开发出来，大批量的生产和电动化程度提高了人们的生活质量，例如以前非常昂贵的人造丝袜由于成本的降低变得非常便宜，连工厂的工人也买得起了。同时，吸尘器、电熨斗、电烤箱等家用电器的推广使用极大地方便了人们的生活，这也促使时装进一步向简洁实用的方向发展，而这种趋势又刚好满足了工业化机械生产的需要。

现代工业设计的理念在这一时期初步形成了，其标志就是包豪斯（Bauhaus）的建立。包豪斯于 1919 年在德国成立，是一所建筑、工艺、设计学校。该校试图将精巧的设计和现代化工业技术调合起来，以创造出既符合实用标准又能表达制作者思想的产品，从而背离了学院派的教学方法而形成了一套完善而独特的教学体系，并培养了大批优秀的工业设计师，对后世的工业设计发展产生了不可估量的影响。

妇女们在战后开始从事以前根本无法涉足的行业，赢得了很多社会地位和经济权利，在家庭以外扮演着重要的角色，生活变得异常活跃，要乘车旅行、要进行体育运动、要享受闲暇时光，于是就产生了对不同类型的服装的大量需求，时装具有了功能性。服装风格简洁朴素、清爽利落，这在战时的无奈选择在战后却成为了争先恐后的时尚。20 世纪 20 年代初，大众传播媒介日益发展，各个阶层的妇女都加入到了追逐时髦的行列。

–（左页从左至右）–
（图 2-5 和图 2-6）1916 年，美国战时女装
（图 2-7）1906 年，上下分开的紧身内衣
（图 2-8）1910 年代的胸罩结构

2.2.1 Tubular Style 与 Boyish

基于战争的影响，20 世纪 20 年代的女装逐步向男装靠拢。1919 年，出现了流行于整个 20 年代的基本外形——宽腰身的直筒形女装。女性解放运动的高潮，使过去那丰胸、束腰、夸臀的女性曲线审美观念不再适应时代需要，于是，乳房被有意压平、纤腰被放松，腰线的位置下移到臀围线附近，丰满的臀部被束紧、变得细瘦小巧，头发剪短，与男子差不多，裙子越来越短，整个外形成管状（Tubular style），如图 2–9 所示。裙摆的高低是这一时期变化的重心，1925 年裙子变得比以往任何时候都短，它赫然抬升到膝盖的位置。

为塑造这种过去不曾有过的崭新外形，还产生了用有弹性的橡胶布制成的直线形紧身内衣。一种新女性的形象出现了，由于这种外形很像未成年的少年体形，因此被称作 boyish 或者 school boyitype。

2.2.2 钟形女帽与 Jeanne Lanvin

年轻女子剪着像男孩子一般的“伊顿”式短发，头发向两边分开。钟形软帽十分盛行，成为短发的最佳搭配，如图 2–10 所示。女性的直线造型进一步强化，自然的腰臀全被掩盖起来，只有在走动时才能从扭动的腰肢间隐约看出身体的轮廓。直身包臀的窄裙被多褶的短裙所替代，女子们可以快步流星地行走了，如图 2–11（右）所示。

Jeanne Lanvin 的时装店就是以设计帽子开始，逐渐发展成为定制服装和设计服装的。像许多同时代的时装店主一样，出生于 1867 年的 Lanvin 也是从小就跟着母亲学缝纫。长大成人以后她背井离乡来到巴黎，于 1890 年开设了时装店。成名以后的 Lanvin 始终没有抹去那一缕浓浓的乡情，这种难以割舍的乡情引发了她强烈的怀旧意识，所以 Lanvin 对阅读服装书籍和收集古画非常感兴趣，也经常到各地旅游，接触各种艺术，不断提高自己的设计素养。在她的作品中可以发现带有 18、19 世纪风格的袍服和具有异国情调的金银线绣的礼服，这些作品令人回味无穷。她还开始了自己的染坊，利用自己染色的布料制作服装，并研制成功了其他技术所无法仿效的“郎万兰”（Lanvin blue），避免了自己设计的服装与市场流行服装的重复。20 世纪 20 年代，Lanvin 又推出了使用真丝塔夫绸、丝绒、蝉翼纱等透薄华贵、色泽明亮面料制作的一系列负有浪漫气息的女装，如图 2–11（左）所示。

由 Jeanne Lanvin 开创的品牌一直至今保留，并从原来的经营高级时装为主转向以经营高级成衣为主。品牌内容除了曾经有过的童装、高级时装、男装外，还有女式运动

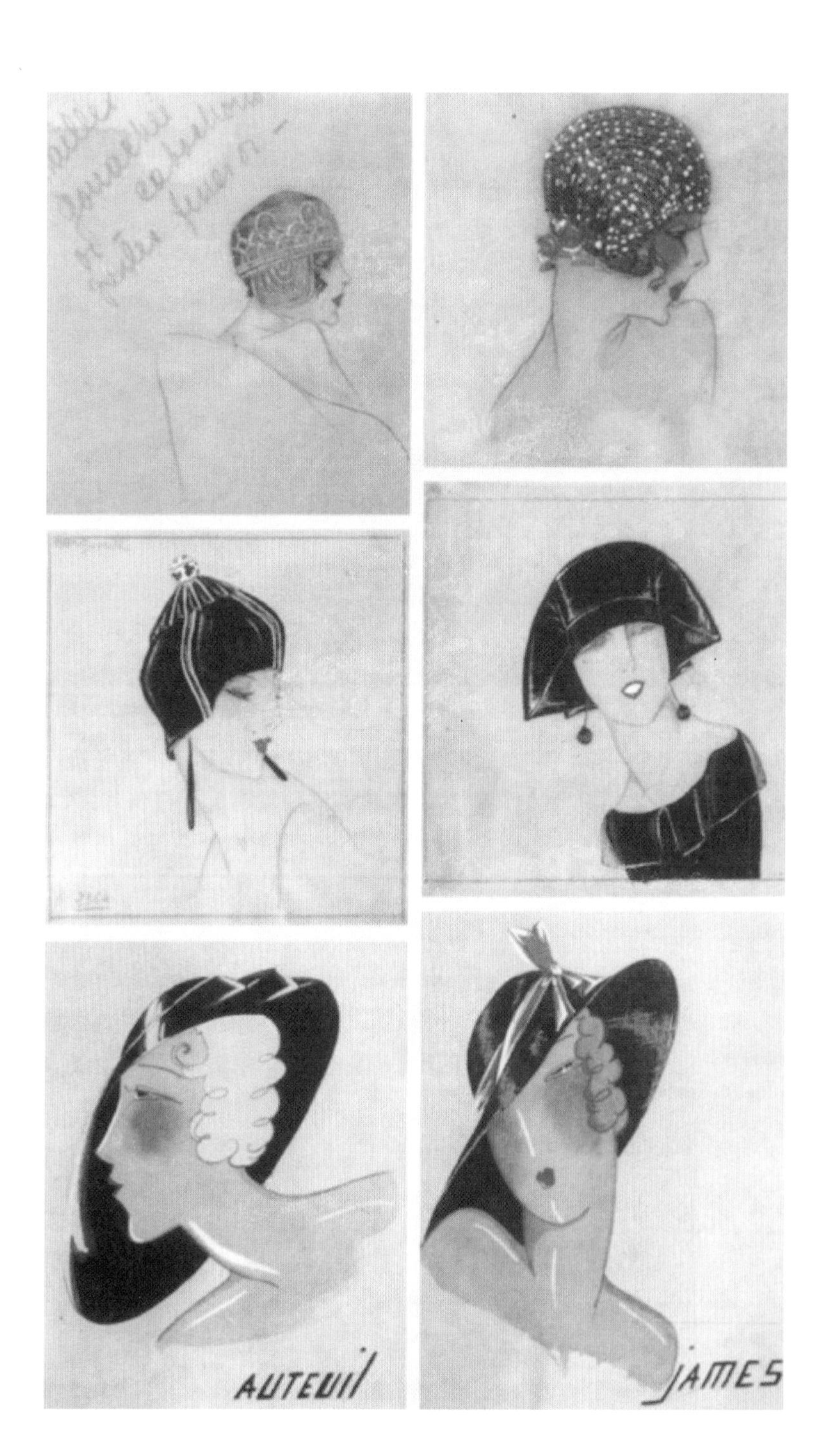

－（左页从上至下）－
（图 2-9）1924 年，纽约的时装邮购目录
（图 2-11）（左）1927 年 Jeanne Lanvin，日常装；（右）1926 年，外出女装

－（右页）－
（图 2-10）1918-1923 年，Jeanne Lanvin 设计的钟形帽

装、毛皮服装及饰品、高级成衣、帽子、香水、化妆品等。

2.2.3 School Girl Type

一、School Girl Type

20 世纪 20 年代中期，女性味开始有所复活，流行从 school boyi type 向 school girl type 转变。服装采用双绉、山东绸等柔软的面料，风琴褶和波浪褶裙十分流行，如图 2-12 所示。1927 年，裙子的长度变得更短了。风靡 20 年代的却尔斯登舞使膝盖和膝以上的部分时隐时现，性的视觉煽惑力比后来 60 年代的超短裙还要强烈。

20 世纪 20—30 年代是服装业由以高级时装为主导的时代向以成衣为主导的时代过渡的时期，为了迎合大众的口味，吸引更多的顾客，高级时装的设计中或多或少地采用了成衣的诸多细节：如夏帕瑞丽的手工编织套装；夏奈尔在她的丝绸服装中将袖克夫向外翻出，露出色彩鲜艳的衬里，看起来好像是一件夹克衫。

二、Elsa Schiaparelli

被称作“超现实主义设计师”的 Elsa Schiaparelli，是 20 世纪 30 年代欧美设计领域公认的最富盛名的设计师，所以人们常将她与 Chanel、Vionnet 并称为 20 世纪前期的三大女中俊才。Schiaparelli 有着贵族血统，学者家庭的文化修养对她的成长和设计风格的形成起到了明显作用。

1890 年出生于意大利罗马的 Schiaparelli 从小喜爱音乐，平常也作诗、绘画和雕塑，并且在各门艺术学科中都表现出非凡的才能。她长大后嫁给了一位美国人，并随夫迁居美国，1920 年离异，带着女儿返回欧洲，定居巴黎，其间以设计毛衣为主，因其体型娇小而以“小妇人”闻名于巴黎。其最初设计的服装中规中矩，经济耐用，其定位是为劳动妇女设计工作服。1927 年发表的一套在黑色毛衣上加白色蝴蝶结领子的提花毛衣是她的成名之作。她于 1928 年开设了运动服装专业商店，1935 年创立高级时装店，并提出用古典式垫肩强调肩部，恢复胸部曲线，让腰部回到自然位置的主张，这在 30 年代产生过很大的影响。

成名后，尽管其设计以强烈的设计感和艺术性远远区别于最初的简朴，但仍注重时装的功能性和穿着场合的平民化倾向，曾以“优雅的上班服装”在时装界引起了轰动，意味着时装化着装向职业化、成衣化的进一步过渡。同时，她率先将化学纤维和拉链

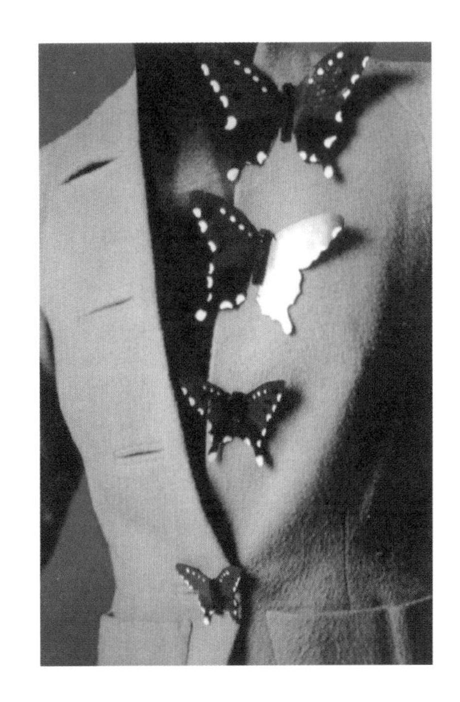

运用到服装设计中，使衣服的穿脱更为方便自如，加强了服装的功能性和职业化的便利性。

Schiaparelli 还以使用异想天开的题材而出名，她与著名的超现实主义大师 Salvador Dali 是十分亲密的朋友，因此，在设计上很大程度受到了 Dali 的影响，她设计的时装充满了奇思妙想，代表作品中有头骨纹毛衣、倒置的高跟鞋帽子以及昆虫造型的扣子，与那些漂亮而又俗气的女装形成了鲜明的对比如图 2-13 和图 2-14 所示。对于很多身材平平的女士，她的设计令她们焕发出特殊的风韵和气质。

三、Madeleine Vionnet

Madeleine Vionnet 于 1876 年出生于法国近郊的一个普通税务官家庭。11 岁时开始在服装店见习。18 岁时在父亲的劝导下结婚，但婚后生活并不如意，孩子夭折，夫妻离异，生活的不幸使其决心为改变环境和心境而外出寻找新的生活方式。1900 年，Vionnet 从英国回到巴黎，已经是一位有丰富工作经验和熟谙缝纫技术的服装设计师了。1912 年，她开设了自己的服装店。

-（左页从上至下）-
（图 2-12）1928 年，晚宴装
（图 2-13）1937 年，Schiaparelli

-（右页从左至右）-
（图 2-14）1937 年，Schiaparelli 设计的昆虫纽扣
（图 2-15）1922 年，Vionnet

1920 年，Vionnet 独创了著名的斜裁法。斜裁法是指裁片的中心线与布料经纬方向呈 45 度夹角的裁剪法。织物因为改变了经纬方向而显现出微妙的丝缕光泽变化，同时增加了伸缩性，产生了贴体效果且有良好的悬垂性，因而相对于原来的直裁法而言近乎发生了一次革命。Vionnet 还认为，服装设计应该在人体模型上完成，所以她的设计都直接利用衣料在人台上反复试验，不厌其烦地进行缠绕、打褶和剪裁，直到满意为止。这种在人台上进行的手工立体裁剪法，使人体与服装之间在形态结构和艺术效果方面都达到了完美的统一。 Vionnet 还善于将服装的面料和装饰与服装设计风格组成一个有机的整体。她习惯用泡泡纱、绉织物作为服装面料，喜欢使用黑色、象牙色、驼色、茶色、绿色和玫瑰色，追求匀称、端庄、高雅的古典风格。她创造的修道士领、露背装和打褶法，今天已作为专用词汇收入服饰词典中，如图 2-15 所示。

2.2.4 运动装

战争期间，为了行动方便，女性也曾像男子一样穿上了裤装。到 20 年代，随着女子体育运动热潮的兴起，运动装又一次流行起长裤、裙裤和短裤等裤装，如图 2-16 所示。但是日常装中仍没有裤装的位置，特别是正式场合，女人穿裤装更是大逆不道。

作为体育运动项目之一的海水浴，使海滩服和泳装得以进一步现代化，其造型已经基本上与现在差不多了，如图 2-17 至图 2-19 所示。

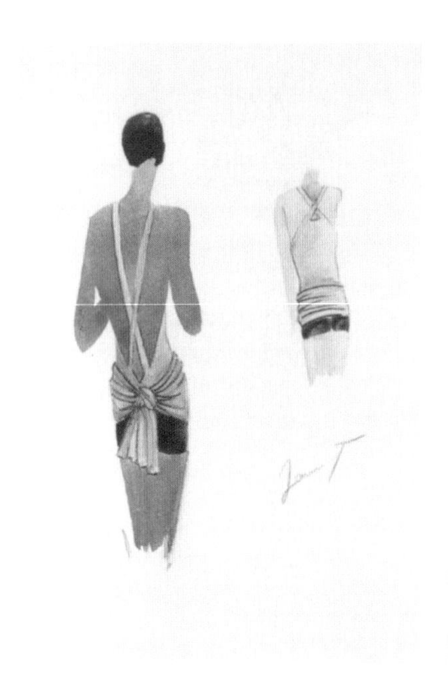

-（左页从上至下，从左至右）-
（图 2-16）1925 年，运动装
（图 2-17）1925 年泳装
（图 2-18）1927 年泳装

-（右页）-
（图 2-19）1920 年代，背心连裤式泳装

2.2.5 平民化设计与 Chanel

1883 年，Coco Chanel 出生于法国卢瓦尔县的索米尔，父亲是一个杂货小贩，母亲是一个牧家女，童年的夏奈尔一直生活在孤儿院。20 岁时来到巴黎，因在露天音乐咖啡座演唱过一首《谁看见过 Coco》而留下的可爱艺名“Coco”广为人知。1904 年，Chanel 与富家子弟艾迪安・巴尚一见钟情，巴尚喜欢观看赛马，Chanel 常戴一顶自己设计的硬毡草帽出入于赛马场，由于帽子造型独特，因而受到公众的关注，渐渐地有人开始请 Chanel 设计女帽。后来，鲍伊・卡波出现了，他不仅给予了 Chanel 刻骨铭心的爱情，而且还帮助 Chanel 实现了开一家帽子店的愿望。1914 年，Chanel 随卡波赴英伦海峡的休闲胜地杜威尔消夏时，又在当地开了一家时装店，并展示了她设计的第一件女装——大口袋、有纽扣和腰带的对襟宽松式毛衣，简洁的造型在当时脂粉气十足的贵夫人时装中显得格外清新优雅，从而吹响了解除女装束缚和女装男性化外观设计的号角。

Coco Chanel 是 20 世纪最成功的设计师之一，如图 2-20 所示。战后，她为女性服饰开创了全新的风格。所设计的时装面料素雅，款式简洁，恰好符合了 20 年代女性追求自由和解放的思想。她的设计遵循着适用、简炼、朴素、活泼而年轻的准则，喜欢用带人造珠宝的扣子、印花图案的衬里、品质上乘的皮革腰带等新颖时髦的细节处理。这些服装的加工工艺相对简单，有利于大批量生产，适合流行。她的服装打破了阶级界限，适合各种类型和阶层的女性穿着，使时装界向无阶级区别的设计领域跨进了一大步。

20 年代前后是 Chanel 设计生涯中的黄金时期。著名的 Chanel 套装就产生于这个时期，它由衣缘及领、袖镶滚边饰的夹克式上衣、衬衫及直筒裙组合而成，其直线型的简洁外观奠定了职业女装款式的基础，称为功能性和受新女性喜爱的“青春派”时装流行的契机，从而与战前流行的波烈的设计风格截然区别开来。20 年代的系列香水，特别是 1921 年上市的醛香型的 Chanel No.5 被视作“流动的黄金”，几乎与艾菲尔铁塔一样成为法国巴黎的象征。在这个时期，她还教会人们如何用人造珠宝来装饰自己，从而改变了长期以来人们把首饰的经济价值当做审美价值的传统观念，作品如图 2-21 和图 2-22 所示。

2.3 20世纪30—40年代

2.3.1 细长形女装

如果说20年代是年轻人的时代，那么30年代则是成年人的时代，人们崇尚的是一种成熟优雅的女性美。女装的重点从腿部转移到后背。女性化的趋向重新浮现，裙子的长度回落到离地面10英寸的地方，裙子的褶裥从原来的臀位位置下落到膝盖以下。腰身又明显起来，直线条的造型逐渐消失了。裙子紧紧地包裹着臀部，显现出臀部的明显轮廓，这在女装的历史上尚属首次，如图2-23和图2-24所示。由于30年代末的经济萧条，晚装的面料有时也采用毛、棉织物甚至府绸，这些平时只在日装中使用的面料使服装在阶层的划分上进一步模糊了。这样，棉制品进入高级时装的设计领域，加强了高级时装的平民化倾向。

-（从左至右）-
（图2-20）Coco Chanel本人
（图2-21）1926年，Coco Chanel，黑色绉缎晚装
（图2-22）1938年，Chanel，晚装
（图2-23）1932年，具有低背设计的晚装，具有修长外形
（图2-24）1935年，加垫肩装饰的细长型女装

2.3.2 军服式女装

第二次世界大战（1939—1945），进一步推进了女装的现代化进程。战前，女装就已经出现缩短裙子和夸张肩部的机能化倾向，战争爆发后以及整个战争期间，女装完全变成一种非常实用的男性味很强的现代装束，即军服样式，如图 2-25 和图 2-26 所示。

战后，军服式女装开始产生微妙的变化，腰身变细、上衣的下摆出现波浪，衣袋的设计很受重视因为腰被收得很紧，显得肩很宽，因此战后的军服式被称为 bold look.

2.4 20 世纪 40—60 年代

第二次世界大战的爆发极大地冲击了欧洲和美国的时装业。原本在 30 年代，欧洲的其他地区和美国的时装市场一直依赖法国所提供的时尚潮流，但是第二次世界大战阻断了时装信息的传播。美国设计师不得不自己寻找时装流行方向。他们在设计中反映了普通人的生活方式和美国制造业的风格，时装更倾向于适合户外专用的运动性服装。这种服装造型简单、易于进行大批量的生产加工，赢得了美国人的信任和许可。这些运动装对全世界的时装业也产生了巨大的影响。

二战期间，美国受到的损失较少，其时装业的发展也保持了相对的稳定。妇女也穿上了统一的工作服从事战争期间的工作，因此，工作服成了人们的共同需要，这使女装出现了简洁和中性化的趋势。由于物资的缺乏，美国政府规定每套服装限量用布，这些规定鼓励了紧身裙子的流行，套装也被鼓励不分白天晚上都可以穿用。英国也具体规定了服装的原料数量，并规定了包括大衣、套装、连衣裙和裤子为四种基本种类，它们的样式简单时髦，线条简练，比例适度，强调肩部的造型，腰间收紧，裙子的底摆通常在膝盖下沿。

1938 年，美国杜邦公司研制开发出新型纤维材料，初期只用来制造牙刷。1939 年生产丝袜产生轰动，由于它使双腿富于线条和光泽，成了美感和性感的象征，成为妇女们的钟爱。

在大战结束后的一项关于“妇女最想要什么”的调查中，三分之一的女性回答是“男人”，而三分之二的女性竟回答是“尼龙丝袜”。

尽管这种对服装的严格限制在服装史上是绝无仅有的，但它却使时装向平民化大大迈进了一步，时尚再也不是贵族和特权阶层的专利了。

战后时装业最大的变化之一是日常服装的多样化。时装已不限于以展示为目的的正式服装，而在休闲服装和工作服装的领域有所发展。工作服装强调的是实用性、严谨性和职业适应性，而休闲服装却带有放松、娱乐和“闲适”的特点，如图 2-27 和图 2-28 所示。

2.4.1　新样式与 Dior

Christian Dior 于 1905 年出身于法国格朗维尔市一个富有的家庭，就读过巴黎政治学院，后热衷于艺术，结识了毕加索、马蒂斯、达利等人。在他 25 岁时，家道中落，直到 30 岁时还在寻找自己发展的道路。后来有两个人改变了 Dior 的生活：一位是当时任巴黎高级时装商会会长的设计师勒隆（Lucien Lelong,1889-1958），是他让 Dior 在他的公司从事服装设计工作，Dior 在这里结识了著名设计师皮尔・巴尔曼（Pierre Balmain）；另一个是被称为“纤维大王”的马塞尔・博萨克，是他资助 Dior 于 1946 年在巴黎蒙泰尼大街 30 号开店并开始独立的设计生涯。

1947 年，Dior 发布了一款新装：圆润平缓的自然肩线，用乳罩整理得高挺的丰胸连接着束细的纤腰，用衬裙撑起大摆的长裙，摆长至脚踝上部，整个外形十分优雅，女性味十足。对于饱受战火煎熬的人们，这种用 20-25 码布料制作的华丽女装，象征着和平时代的到来，被称为 New Look，如图 2-29 所示。Dior 一举成名，巴黎的高级时装业也借机重新树立起威信，迎来了 50 年代支配世界流行的第二次鼎盛时期。人们的审美观和价值观迅速从男性味所代表的战争向女性味所代表的和平方向转变。因其外形酷似“8”字，故也称 8 字形，其实，这种新外观并不新，不过是流行的回归现象，是自 16 世纪以来西方服装反复出现的强调胸腰臀女性曲线美的现代变款。

-（左页从上至下）-
（图 2-25）1943 年职业女装
（图 2-26）1946 年女外套及套装

-（右页从上至下）-
（图 2-27）1940 年代的户外日常装
（图 2-28）1940 年代成衣化的正装

－（左页从左至右）－
（图 2-29）1947 年，Dior，New Look
（图 2-30）1947 年，Dior，花冠形礼服

－（右页从左至右）－
（图 2-31）1950 年，vertical line
（图 2-32）1951 年，oval line
（图 2-33）1953 年，tulip line
（图 2-34）1954 年，H line
（图 2-35）1955 年，A line
（图 2-36）1955 年，Y line

2.4.2 形时代

20 世纪 40 年代末到 50 年代初，Dior 不断追求服装外形的变化，成为当时时装的帝王。史上把这一时代称为“形时代”，又因他常用罗马字母为其外形命名，故也称为“字母形时代”，如：1950 年推出 vartical line（直线形）；1951 年推出 oval line（椭圆形）；1953 年推出 tulip line（郁金香形）、coupole line（圆屋顶形）；1954 年推出 H line（H 形）；1955 年推出 A line（A 形）、Y line（Y 形）；1956 年推出 arrow line（箭形）、magnet line（磁石形）；1957 年推出 liberty line（自由形）、spindle line（纺锤形）如图 2-29 至图 2-36 所示。

时装设计师 Cristobal Balenciaga 则极力推行简洁、单纯、朴素的女装造形，在解放女性腰身上做文章，开拓了运动型女装。如 1050 年推出 barrel line（酒桶形）；1951

年推出斗篷式大衣、middy blouse line（美国海军军校学生制服形）；1952 年推出 back fullness suit（背部宽松式套装）；1955 年推出 tunic derss（丘尼克女装）、tunic coat（丘尼克外套）；1957 年推出 chemise dress（衬裙式女装）。Balenciaga 与 Dior 的相同之处在于都推翻了紧贴肉体的设计，致力于创造独特、均衡的完美外轮廓形，但 Dior 为了完成造形，常常不择手段地对服装内部结构进行各种衬垫处理，而 Balenciaga 却开发了全新的裁剪技术，在塑造服装外形的同时保持了服装穿着的舒适性。在这一时代，他与 Dior、Pierre Balmain 一起被称为高级时装界的三巨头。Pierre Balmain 的典型代表作是 Gu ê pi è re Look 和工作服式女衬衫。

Jacques Fath 也于 1945 年推出帐篷形大衣。1950 年推出 oblique line；1952 年推出 mannish look；1954 年推出 S 形。

1954 年，Chanel 复出，她的无领粗花呢服装获得极大成功，成为标志性作品，在 50 年代末被到处复制。

2.5 20 世纪 60—70 年代

60 年代，在全世界掀起了一场规模空前的“年轻风暴”。在经济飞速增长的 60 年代，西欧社会的劳动阶层生活有了大幅度提高，但迫于快节奏的现代化消费生活，每个家庭的双亲都参加工作，年轻一代缺乏家庭温暖，在情感上饱受挫折和不安。暗杀、暴乱、反战游行和黑人运动是当时美国社会的家常便饭。嬉皮文化和摇滚乐在 60 年代的美国率先共同成长，取消唾弃物质世界的伪善，以长发披肩、佩戴花环、衣衫褴褛的形象反叛和逃避现实生活的种种失意，以非武力的方式表达反抗社会现状的不满情绪，同时也引发了乱性和迷幻药大肆泛滥的低迷颓废。随后在法国出现了“茄克族”、意大利出现了“国会族”、英国出现了“摩兹族”、东欧出现了“阿飞族”、日本出现了“太阳族”等。

2.5.1 嬉皮士运动与 Folklore

“年轻风暴”在服装上的表现为向正统服饰禁忌挑战，牛仔裤、迷你裙、喇叭裤、不戴胸罩等现象风靡西方世界各国。他们否定工业社会，全面排斥人造纤维，衍生出复古的风潮，孕育出追求民族、民间风味的流行趋势（Folklore）。在金钱上十分大方的嬉皮士们经常进行海外旅行，从印度带回的披巾、从阿富汗带回的上衣，或摩洛哥人工作时穿的长袍等，都被认为是比工业社会服装更富有自然美价值。这些流行倾向随之受到成衣界的重视，一时间成为服饰风尚。设计师们都推出了民族风格的设计作品，为国际成衣市场注入了新的生命力。

-（上）-
（图 2-37）1960's，Mary Queennt 的迷你裙

-（右页从上至下）-
（图 2-38）1965 年，André Courrèges 设计的裤装
（图 2-39）1966 年，Pierre Cardin 的太空风格

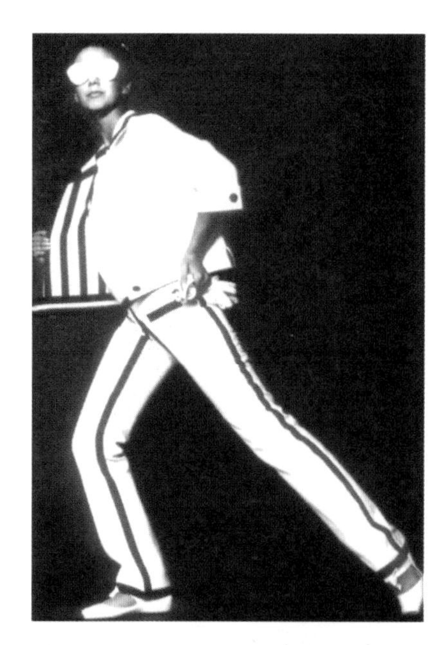

那些穿着一丝不苟、完美匀称的高级时装的贵妇们相比之下显得老气横秋，因而不得不紧随潮流。由于不经过假缝的成衣让人感到年轻入时，无形中扩大了成衣的穿着群体。包括上层阶级在内，西方世界女性的着装观开始平民化，高级时装一统天下的局面彻底告终，流行也不再由上层阶级流向平民大众，而是自下而上冲击高级时装，成衣终于占据了时装业的主导地位。

大约 1965 年，一个新的名词"成衣"(pret-a-porter) 取代了 confection，成为现代流行语汇。这个名词的转换可以说代表了当时整个服装产业体制的大变动，即将服饰整合带入了工业化阶段。在完全工业化之后，服装不可避免地成为大量制造的"标准化产品"。工业化程度的增加，使服装的流行更加容易和快速，它引导整个社会进入了一个流行加速变化的阶段。

2.5.2　迷你裙

50 年代末 60 年代初，英国年轻的设计师 Mary Queennt 以伦敦街头年轻人为对象，推出了富有革命性的迷你装——mini skirt，使 60 年代初伦敦服装界以年轻服饰领导了世界的时尚潮流，如图 2-37 所示。她的设计着眼于年轻的大众消费者，加入了一个向西方世界出口大批量成衣的集团公司，开创了一个专为年轻人提供时尚产品的市场。1968 年，迷你裙达到顶峰，膝以上 15-20cm 十分平常，最短到膝上 25cm 左右，称作 ultramini。

1965 年，巴黎设计师 Andr ê Courr è ges 第一个把迷你裙引入到高级服装设计中，并且强调服装表面的几何形构成，如：分割线、色彩拼接、镶滚边饰、缝纫线迹装饰以及口袋等，没有明显的省道。如果说 Dior 时代的服装具有雕塑感，那么 Andr ê Courr è ges 的几何学形则具有平面构成效果，是继 20 世纪 Paul Poiriet、Coco Chanel、Dior 之后，现代服装史的又一块里程碑。另外，他在高级女装中肯定了裤子的地位，先引导女性接受日常场合中穿着裤装，如图 2-38 所示，而后又将这种观念扩展到晚装设计中。60 年代末，他不断扩展自己的成衣市场，在运动装、针织服装和男装上都获得了巨大的商业成功。

设计师 Yevs Sant Laorent 于 1965 年推出蒙德里安风格，在针织的短连衣裙上以黑色线条和原色色块组合，以单纯、热烈的效果赢得了好评，是时装与现代艺术相结合的典范。他以年轻人为对象经营高级成衣，后来这个在塞纳河左岸开设的专营店发展成为世界性网络的"圣洛朗王国"。

1966 年，设计师 Pierre Cardin 推出了 cosmocorps look (太空风格)，如图 2-39 所

示，以具有铝箔色泽的新型材料加上几何形的设计表现苏美的太空竞争和人类太空时代的到来。他的设计善于将男装硬朗线条与女装的柔美完美地糅合在一起，形成既富有夸张立体造型又实用简便的时装风格。

2.6 20 世纪 70—80 年代

60 年代末和 70 年代初是服装非常混乱的时期。从 60 年代末开始，西方社会持续了 20 年的经济高速发展大大放慢，失业和通货膨胀伴随着经济滑坡进入了人们的生活。流行的概念发生了微妙的变化，无论是设计师还是消费者，都不再像从前那样在裙子的长短和样式的基本形态上寻求一致了，个性化和自我表现成为具有绝对优势的流行因素。以往那种以同一面貌出现的流行时代成为过去，取而代之的是多种风格和潮流方向的并存。

服装的中性化趋向达到了前所未有的程度，裤装已完全被女性接受。西服式女职业装在款式上看起来与男装没有什么区别。从 1965-1975 年间，年轻人所穿的裤子中，牛仔裤所占的比例比其他裤装的总和还要大。牛仔裤本来是美国西部淘金热时期的工作服，后来 Levi Strauss 率先采用蓝色斜纹布制作了这种带有双明线和铜铆钉装饰的裤子，因其牢固耐穿、价格低廉而深受年轻人的喜爱，很快风靡全世界。70 年代，牛仔裤的设计加入了许多时装化的元素，被主流社会的成熟女性所接受。

2.6.1 石油危机与宽松式时代

70 年代初期，宽松肥大的款式十分盛行，看起来像是穿了一件号型过大的衣服。普遍的看法是由于中东的石油商在暴富之后，纷纷专程到欧洲购买衣物。设计师为了迎合他们的口味，特意将服装设计得如同阿拉伯大袍般松肥。尤其是裤子的脚口宽大得像两只大口袋，后来逐渐演变成大腿部收紧、而在膝盖以下放松的喇叭裤。

女装中出现了来自东方的异国情调的宽松样式，如图 2-40 所示。以此为契机，Kenzo Takada、Issey Miyake 等来自东方的设计师登上了世界时装的舞台。他们不强调合体、曲线，而是采用宽松肥大的非结构式设计，与西方传统的窄衣文化截然不同。这是 20 世纪初 Paul Poiriet 取掉紧身胸衣、Andr ê Courr è ges 的几何形外观以来，东西方服饰文化的又一次碰撞和交融，推动着西方服饰文化朝着东西混合的国际化方向发展。

一、Kenzo Takada

Kenzo Takada（高田贤三）生于 1939 年，使用 Kenzo 即贤三的拼音作为品牌。他将当时的嬉皮风格与日本传统风格相结合，树立起以东方文明为特征，以西方理念为基础的时装风尚，如图 2-41 和图 2-42 所示。1970 年，他在巴黎开设了第一家专

卖店，并根据画家卢梭的画《弄蛇女》中丛林的画面来装饰墙壁，为店取名为“日本丛林”。当时 Kenzo Takada 设计的服装与大街上人们穿着的成衣大相径庭，《ELLE》总编辑将其搬上了封面，从此成功接踵而来，他走上了自己设计的成功之路。在 Kenzo Takada 的设计中，大量使用和服的造型和面料，并不断吸收中国、印度、日本、非洲等民族服饰精髓，形成了宽松、舒适、无束缚感的独特风格，领导了 70 年代服装的宽松式潮流。常常使用棉布来进行设计，采用直线裁剪，用纯度较高的两三色或多色搭配；并采用单件生产的方式，单件与单件之间任由消费者自由组合，显得随意多变。

二、Issey Miyake

Issey Miyake（三宅一生）（如图 2-43 所示）于 1938 年出生于日本广岛，父亲是一位军人，从小由母亲带大。1945 年，美国在广岛投下原子弹，母亲受到很重的创伤，4 年后去世，Issey Miyake 也因为原子弹辐射的影响，造成两腿长短不一，走路微跛。曾就读于东京多摩美术学院设计系，在校期间举办过名为“布与石之诗”时装展示会。1965 年赴法国巴黎高级女装联合会设计学校学习。1966 年至 1968 年，先后担任过法国时装设计师 Guy Laroche（基・拉罗什）和 Givenchy 的助手，学习高级时装设计方法和制作工艺。1969 年赴纽约担任设计师 Geffrey Beene（杰弗里・宾）的助手，并专研成衣设计。1970 年回到东京，成立设计室。1971 年，Issey Miyake 赴美，首次在纽约举办时装发布会，曾轰动一时。1973 年又成功地在巴黎举办首次高级成衣发布会。1976 年举办以“三宅一生和 12 位黑女人”为题的展示会，获得了很高的评价。

-（左页从上至下）-
（图 2-40）宽松样式的女装
（图 2-41）1983 年 Kenzo Takada，东方风格的女装

-（右页从左至右）-
（图 2-42）1986 年 Kenzo Takada，中东风格多层时装
（图 2-43）Issey Miyake 本人

Issey Miyake 的设计以善于演绎服装哲理、强化艺术效果、思路开阔、不循常规著称，是服装界的前卫设计师，也是服装的理想主义者。他认为，传统的欧洲高级时装过多地考虑服装结构的设计，因此他的设计从和服等东方服装中汲取灵感，利用平面的直线裁剪制作而成，可配合穿着者的喜好和体型，是一种自由穿着的构造。有评论认为，Issey Miyake 以及其他同时代的日本设计师活用了东方和西方的技术，结合西方的精神和东方的结构，为人们展开了一个衣料与肉体相对的空间，东西方之汇就此开始。作品如图 2-44 和图 2-45 所示。

2.6.2 复古思潮与形的复归

70 年代末 80 年代初，流行从推崇宽松肥大的轮廓造型向健康实体的潮流转变。与 50 年代的形有所不同，此次回归的突破点是肩线的强调，用垫肩来突出肩部造型，同时强调腰部的合体，用男装面料制作男式女西套装的魅力重新受到人们的推崇。其倾向有二：其一，以再次出现的迷你裙来表现 80 年代的女性魅力，追求新的性感；其二，以现代印刷美术风格和各种前卫派设计来表现未来志向的抽象主义风格。

2.6.3 破烂式与名牌热

80 年代，对公害引起的地球环境问题的研讨，使生态环境问题敏感地反映到时装

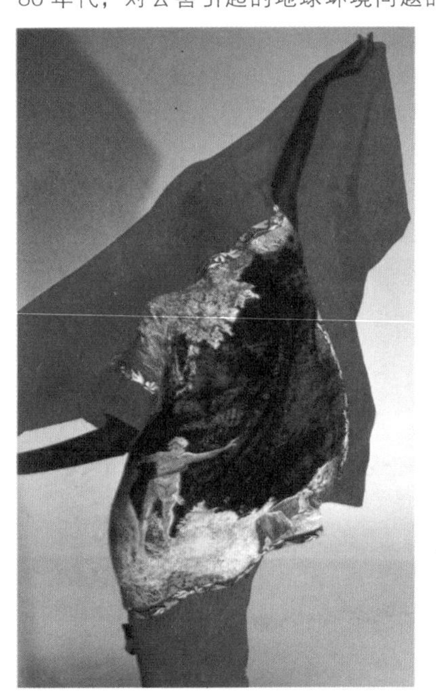

设计中，1981 年，两位来自日本的设计师——Kawakubo Rei（川久保玲）、Yohji Yamamoto（山本耀司）又一次对即成观念进行挑战，以黑色为基调，推出了令人膛目的“破烂式”和“乞丐装”，这种让很多人难以接受的“黑色冲击”又一次给巴黎时装界投下重磅炸弹，掀起了哗然大波，如图 2-46 所示。由此引发的的平民倾向的设计理念，体现了对生态环境的关注，此时流行出现了两种表现：一为保持大自然原味的返璞归真倾向，自然色彩、服装结构的非束缚性以及乡土古典风格成为时髦；二为伴随着生态保护意识同时出现的是对资源的珍视，节俭意识兴起，从旧物再利用到故意做旧、从衣衫褴褛到有意撕裂做出破洞、节俭成为时髦的象征，川久保玲、山本耀司以令人难以接受的极端形式预兆性地揭示了这一历史主题，影响了后来的许多设计师。

另一方面，由于经济总体水平的提高，高级时装与成衣都获得了发展，使服装工业成为一种奢侈的贸易。以自己的名字来命名成衣品牌的设计师成倍增加，消费进入一个讲求品牌的时代，品牌的影响力无处不在。名牌意味着高品质和高价格，能够显示穿着者的地位和荣耀，品牌意识深深根植在追求时尚的人们心中。

一、Kawakubo Rei

Kawakubo Rei（川久保玲）1942 年出生于日本东京。1965 年于庆应大学文学系毕业，先就职于旭化成公司宣传部，1967 年辞职，成为一名独立的服装设计师。1973 年创立“Comme Des Garcons”（男孩子气的）服装有限公司。1975 年举办首次个人作品发布会，1981 年在巴黎举办展示会和发布会，1982 年在巴黎开设专卖店，1985 年开始向纽约发展。

独创性和前卫性是 Kawakubo Rei 最令人敬佩的特点。她的原则是尽可能去掉多余的装饰，用色朴素，常用黑色和深蓝色，在 80 年代的服装界刮起了一股黑色的旋风。她的设计作品造型即为单纯、质朴，并在结构设计中融入了现代的建筑美学概念，其顾客也多为个性较强的“自立型”职业女性。1981 年所发表的 wornout look（破烂式）和 beggar look（乞丐装），大胆地打破了华丽高雅的西方女装传统，把裙子的下摆裁成斜的，毛衣上有破洞，衣服边毛茬暴露，或有意保留着粗糙的缝纫针迹。这股黑色的时尚风潮反映了当时社会政治和人们的心理状态，也为人们的衣着方式提供了新的选择，对以后的时尚潮流产生了重要的影响。作品如图 2-47 和图 2-48 所示。

－（左页从上至下，从左至右）－
（图 2-44）1981 年 Issey Miyake，抽褶服装
（图 2-45）1977 年，Issey Miyake，“迷失的伊甸园”
（图 2-46）Comme Des Garcons，1982-1983 年秋冬网眼毛线衫
（图 2-47）1995 年，Comme Des Garcons

－（右页）－
（图 2-48）2000 年，Comme Des Garcons

二、Yohji Yamamoto

Yohji Yamamoto（山本耀司）（如图 2-49 所示）与 Kawakubo Rei 一样，在 80 年代初打入西方主流设计，同样采用黑色。至今，黑色已成为服装设计中一个很基本的门类。与 Kawakubo Rei 相比，Yohji Yamamoto 的设计没有那么沉闷，比较欢娱一些，

－（从上至下，从左至右）－
（图 2-49）Yohji Yamamoto 本人
（图 2-50）1986 年，Yohji Yamamoto，带有裙撑的黑色长衣
（图 2-51）1999 年，Yohji Yamamoto，体现了包缠和不对称却舒适的设计理念

他的时装表演也很具有诗意的戏剧化效果。

Yohji Yamamoto 生于 1943 年，先毕业于日本庆应大学法学系，继而在东京文化服装学院深造。26 岁时获得“装苑”奖而正式进入服装界，29 岁时成立自己的时装公司 Width，其意为布料的宽度。宽度也成为 Yohji Yamamoto 服装的标志。Yohji Yamamoto 在 1981 年崭露头角，在巴黎展出了自己的设计系列，并开设店面，参加高级时装的流行发布。他设计的服装几乎都是宽松样式，而不强调人体的曲线，他认为人体本身并不重要，重要的是服装通过人体产生的外延美。他主张用披挂和包缠的方式来装扮女性，同时主张面料的肌理和宽松适体的样式比色彩更重要。因此，Yohji Yamamoto 的设计很少考虑性别问题，不对称处理随处可见，服装看似不合体却穿着舒适，外观不整却内涵丰富。作品如图 2-50 至图 2-52 所示。

2.6.4 Vivienne Westwood

英国设计师 Vivienne Westwood（维维安·维斯特吾德，如图 2-53 所示）于 1941 年出生于格罗索普城，她对时尚界的影响之大，超出大多数人的想象。美国杂志《妇女服饰报》称她是 20 世纪最有创作才华的六位设计家之一，她的敏锐的洞察力总能让她在一种潮流变成平庸之前就果断地转舵而去。

70 年代初，花童和披头士的装束还在流行，在英国伦敦街头上却成群结队地走着“性的手枪”（Sex Pistols）、“冲撞”（Clash）、“被剥削者”（The Exploited）等最早的朋克摇滚乐队，用一种街头革命的风格来演奏音乐。一向被视为具有女性诱惑力的网纱、动物图案、黑色皮革等面料被撕破、剪开，再扣拢，甚至印上色情挑逗的词汇，进一步阐释自由的新意，成为市场的畅销货。

此时，Vivienne Westwood 以所设计的服装粗鲁而直接地表达她对当时的社会政治的反对，抵制传统服饰。她的服装常常使穿着者看上去像遭到大屠杀后的一群受难者，但又像是心灵上得到幸福、满足的殉难者。所以，Westwood 被认为是伦敦最有创造力的勇敢的设计家，她的主导思想是”让传统见鬼去吧”！同时，她的狂乱的想法也反映在不断更换的店名上：1971 年，店名是”让它摇摆吧！”1972 年改作”走吧，快得没法活”；继而改作”年轻死了”,1974 年改为”性感”，开始为”朋克”经营橡胶和各种原始材质的服装 .1977 年又改作”叛逆者”，扯出反叛的旗号。因此在 70 年代，Vivienne Westwood 将传统的设计手法与不加掩饰的现代反讽结合在一起，尤以复古的裙撑造型、有折磨癖的高跟平台鞋等夸张的造型造成强力的冲击波。

80 年代初期，她开创了内衣外穿的着装模式，甚至将胸罩穿在外衣外面，在裙裤外加穿女式内衬裙、裤，她扬言要把一切在家中的秘密公诸于世。她的种种癫狂的设想，常常使外国游客们毛骨悚然。她甚至可以使衣袖一个长一个短，长的到四英尺，撕成碎块，拼凑不协调的色彩，有意缉出的粗糙缝纫线，总之，这些都成为她的设计手段、或者说设计风格 。在这个时期，Vivienne 的设计风格开始脱离强烈的社会意识和政治批判，重视剪裁及材质运用，早期所发表的多重波浪的裙子、荷叶滚边、皮带盘扣海盗帽和长统靴等带有浪漫色彩的海盗风格，一跃上国际流行舞台立即备受注目，到了 80 年代中期 Vivienne 开始探索古典及英国的传统，到了 90 年代 Vivienne 设计出不规则的剪裁和结构夸张繁复的无厘头穿搭方式、不同材质和花色的对比搭配等，这些已经成为 Vivienne 的独特风格。

-（从上至下）-
（图 2-52）1995 年，Yohji Yamamoto，宽松灵活的网眼外套
（图 2-53）Vivienne Westwood 本人

Vivienne 的设计最令人赞赏的是她从传统历史服装里取材，转化为现代风格的设计手法，她不断将 17、18 世纪的传统服饰里的特质拿来加以演绎，以特别的手法，将街头流行成功地带入时尚的领域；还有她将苏格兰格子纹的魅力发挥得淋漓尽致，将英国魅力推到最高点。从传统中找寻创作元素，将有如过时的束胸、厚底高跟鞋、经典的苏格兰格纹等设计重新发挥，又再度成为崭新的时髦流行品，无疑是 Vivienne Westwood 的经典作品。朋克教母 Vivienne Westwood 惯用的皇冠、星球及骷颅以高彩度的色泽出现在胸针、手链、与项链设计上，增添了不少冷艳时髦的俏丽，其源源不绝的丰富的创造力在时尚界享有盛誉。作品如图 2-54 至图 2-56 所示。

2.7　20 世纪 90 年代

20 世纪 90 年代是伴随着全球局势的大改组而一同到来的。1990 年 10 月，将柏林一分为二长达 40 年之久的柏林墙被捣毁，德国统一了。而在罗马尼亚，政治气候的根本改变似乎标志着一个旧时代的结束和一个新体制的诞生。1991 年，本世纪初列宁创立的第一个社会主义国家——苏联解体，标志着冷战的结束。继而是伊拉克入侵科威特和海湾战争的爆发，消费急剧下降，市场萎缩，失业剧增，经济陷入危机。当世界的政治格局发生着巨大变化时，时装界也重新调整着自己的步伐。时尚潮流的国际化成为不可抵挡的趋势。美国设计师的产品开始渗透到美国以外的市场，Ralph Lauren、Calvin Klein、Donna Karan、Anna Sui 等美国设计师的作品开始被欧洲消费者全面接受，一改以往美国人推崇欧洲时尚品牌的局面。

随着观念意识的改变和生活节奏的加快，法国高级时装业面临着每况愈下的局面。为了重振往日雄风，法国高级时装界聘请了许多“新生代”设计师出任大牌时装的设计工作，其中包括在 80 年代还被认为是另类风格的设计师，他们为高级时装业和高级成衣业带来了新的活力。

2.7.1　经济萧条与环境保护

进入 90 年代以来，欧美经济一直处于不景气的状态，能源危机进一步增强了人们的环境意识，“保护人类的生存环境”、“资源的回收再利用”成为人们的共识，这使人们对 80 年代的大量消费开始反省，生态问题和俭朴风格反映在设计师们的作品之中。

–（左页从上至下）–
（图 2–54）1991 年，Vivienne Westwood，带有切割的紧身胸衣和红色外套装
（图 2–56）Vivienne Westwood，"煽动"时装发布会作品，具有明显的朋克风貌

–（右页）–
（图 2–55）1995–1996 秋冬发布，Vivienne Westwood

其设计倾向有：一是表现为未完成的半成品状态，故意露着毛边或有意把毛边强调成流苏装饰，粗糙的大针脚成为一种饶有趣味的装饰，呈现出未完成的装态，透着浓烈的原始味和后现代设计的特征；二是旧物、废弃物的再利用，或把从旧货市场上淘来的或衣柜中的旧衣物创作出新的作品、或故意做旧，即在织造、染色、缝制或后加工处理时有意织染缝或后加工成破旧的样式，如牛仔裤的褪色、撕裂、洗磨等做旧处理一样。60 年代的“嬉皮”文化和 70 年代的“朋克”装束也卷土重来。另外，由于认识到保护生态平衡的重要性，许多国家禁止捕杀野生动物，因此，在消费中出现了拒绝穿真皮、真裘的倾向，仿毛皮、仿皮革以及印有动物纹样的面料大受欢迎。同时，90 年代还是一个“新素材”的年代，人们不仅注重节约资源，还有衣着简化的意识，以高科技为背景推广的合成纤维高弹力织物被用来做运动服装；彩色生态棉、生态羊毛、再生玻璃纤维、碳纤织物以及酒椰纤维、黄麻、大麻、龙舌兰等植物纤维都被用来做衣料，尽量避免染色时使用化学药剂的水染法、有机染色法也应运出现。从造型上讲，90 年代较为流行重叠穿衣的着装方式。一般内紧外松、内短外长或内长外短，整个外型以 H 型或 A 型等宽松修长的造型为主，如图 2-57 所示。

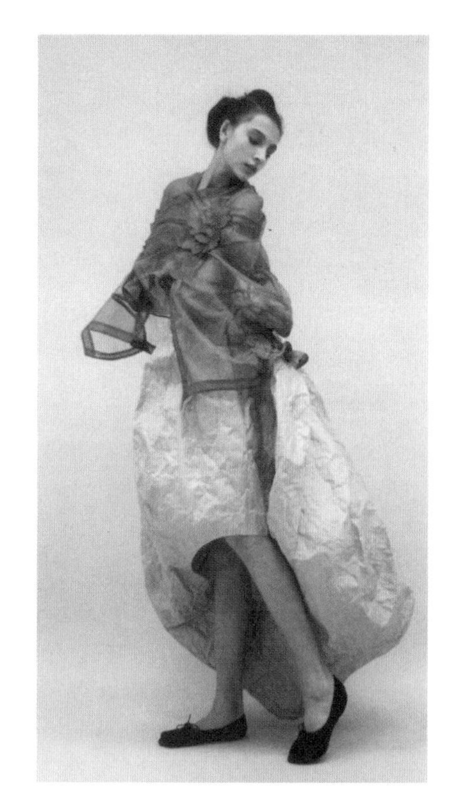

2.7.2 美国设计师的崛起

美国设计师在这个时期以娴熟的全球市场运作取得极大成功，一系列设计师，如 Ralph Lauren、Calvin Klein、Donna Karan 不但是美国人喜欢的设计师，也是欧洲妇女喜欢的设计师，他们简洁的、成衣化的设计风格顺应时代的趋势，加上成功的市场营销政策，是获得成功的主要原因。

Ralph Lauren 的设计具有不受时间影响的中性特点，为中产阶级女性设计了舒适田园的风格，并且注重树立自己的品牌形象，讲究品牌的权威性，因而赢得了人们的喜爱。他特别喜欢美国西部传说中的硬汉形象，欣赏他们神奇的装扮：皮靴、牛仔裤、缀着流苏的小羊皮外套。经过他的精炼加工，这些装束已被提升为美国面貌的一部分，成为“优秀”、“卓越”的象征，连他本人也被当成美国服装界的牛仔。在他的产品目录中，既有典雅的女服，又有从美国西部风格发展出来的运动服装，还有从英国乡绅风格获取灵感的传统风格。一如他的服装广告中所展示的：一个家庭的几代成员安逸地在庄园里谈笑风生，将英国乡绅生活方式带回到现实生活中，而这正是美国白人上层

-（左页从上至下）-
（图 2-57）1997 年 Kawakubo Rei 作品，体现了 90 年代的宽松修长的造型特征，以及对天然材质效果的追求
（图 2-58）80 年代的 20 年代样式休闲服，Ralph Lauren

-（右页从上至下）-
（图 2-59）80 年代的手工针织毛线衫，Ralph Lauren
（图 2-60）John Galliano 本人

阶级多年来最津津乐道的，作品如图 2-58 和图 2-59 所示。

Calvin Klein 则是一个非常突出的市场营销专家，他推出的设计穿着自由、舒适而又青春有品味，针对年轻人的市场定位非常准确，因而获得了极大的成功。他于 60 年代起家，70 年代中，他和同时代的设计师一起，以男装为蓝本设计女装。他设计的单排翻领运动型夹克几乎成了所有美国妇女必备的行头；他的带点阳刚气的长裤女套装刚在 T 台秀出，就马上受到追捧，和精心剪裁的衬衫一起大行其道。80 年代，Klein 的设计变得比较抽象，以长裤女套装、T 恤式的连衣裙，以及紧身牛仔裤体现了美国文化的特征，即平民化风格。Klein 的审美中心主要是性别特征，不论是内衣还是牛仔裤、香水广告，营造的都是一种男性文化对异性躯体的迷恋和困惑。

Donna Karan 的设计定位更加注重欧洲人的喜好，喜用纯度高的色彩系列，很适合职业女性的需求。其设计理念是以可以整天穿着、无需考虑场合而更换的修身上衣为基础款式，可配裙子、裤子、外套以及其他服饰，因而最大限度地体现了快捷舒适的职业穿衣需求，是第一个具有国际影响的美国女设计师。

2.7.3 英国设计师

英国是服装设计的重要国家之一。20 世纪初的几位服装设计先驱就来自英国。由于最早进入工业化阶段，最早形成中产阶级消费群，因此也就具有比较成熟的成衣市场。不过英国与法国不同，很少跟随欧洲的潮流，反而影响着国际。60 年代以来，Mary Queennt 为代表的设计师独树一帜，自成一统，所设计的超短裙成为国际流行的样式，非常代表英国成衣化的设计走向。英国设计的核心是伦敦，这里聚集了大量杰出的设计师，有庞大的时尚运作机制，有比较广泛的时尚销售点网点，有相当可观的客户群，是世界最重要的 5 个时装中心之一。其中，Norman Hartnell、Vivienne Westwood、John Galliano、Alexander Mcqueen 等都是颇有国际影响力的设计师。

一、John Galliano

1961 年 John Galliano（约翰·加利亚诺，如图 2-60 所示）出生于及博拉尔塔，父亲是一位水管工。1984 年他发表了处女作，从法国大革命中汲取灵感完成在英国圣马丁艺术学院的毕业设计作品发布会“LESIN-CROYABLES”，其作品的精湛新颖在整个英伦引起了轰动。英国品牌 BROWNS 甚至在发布会刚结束就将整台服装买下并在其店铺橱窗内展示，他也被誉为“服装界的天堂鸟”。

1985 年，John Galliano 很快就打出了个人冠名的牌子，他的标新立异不仅体现在作品的不规则、多元素、极度视觉化等非主流特色上，更是独立于商业利益驱动的时装界外的一种艺术的回归，是少数几个首先将时装看作艺术，其次才是商业的设计师之一。1988 年 John Galliano 被评选为英国最佳设计师。在其后每季度的时装展示会上，他都推陈出新，展现顽童般天马行空的思维。

1995 年，John Galliano 被 Givenchy 聘请为设计总监，1996 年又在 Dior 公司任设计总监，并成功地实现了将 Dior 品牌年轻化的任务——颠覆所有庸俗和陈规，而“无可救药的浪漫主义大师”之名也从此成为 John Galliano 专属的称谓。

John Galliano 被业界公认为具有创造传奇服饰才能的杰出设计师，他那与生俱来的丰富想象力就像是一把开启梦中传说的钥匙，使他的设计充满了激情与亢奋。他所设计的服装大胆前卫，又不失历史的厚重感并且极富有戏剧性。更为重要的是除了展示推广的成功之外，John Galliano 通过他的服装作品营造了一个唯美的时尚空间，勾起人们对往日岁月的无限回味，展现了介于真实与虚幻之间的美妙境界。

纵观 John Galliano 历年的作品，从早期融合了英式古板和世纪末浪漫的歌剧特点的设计，到溢满怀旧情愫的斜裁剪裁技术，从野性十足的重金属及皮件中充斥的“朋克”霸气，到断裂褴褛式黑色装束中肆意宣泄的后现代激情，人们总能真切感觉到穿着这些衣装的躯体不再是单纯的衣架，而是有血有肉的生命在彰显灵魂的驿动。作品如图 2-61 至图 2-63 所示。

二、Alexander Mcqueen

Alexander Mcqueen（亚历山大·麦奎因，如图 2-64 所示）1969 年出生于伦敦，22 岁毕业于圣马丁艺术设计学院，他的毕业创作被认为是该校有史以来最具创新精神、最富原创性的作品。1996 年 Alexander Mcqueen 推出了他的第一个设计系列，包括胯部开得很低的裤装，并通过这一设计宣称臀部是一个新的裸露点。同年他被 Givenchy 任命为 John Galliano 的接班人，并荣获英国最优秀设计师大奖。他善于拿捏展示的视觉效果和情绪控制，并认为服装与裁剪是同义词，设计离不开精湛的工艺，因此，他设计的作品表现出了完美的裁剪，并喜欢加上一线挑逗或者色情的小细节来

-（从左至右，从上至下）-
（图 2-61）1997-1998 年秋冬 Dior 品牌发布“美之战”，John Galliano
（图 2-62）1999 年，John Galliano
（图 2-63）1999 年，John Galliano
（图 2-64）Alexander Mcqueen 本人

冲淡其严肃性。

Alexander McQueen 的作品常以狂野的方式表达情感力量、天然能量、浪漫但又决绝的现代感，具有很高的辨识度。他总能将两极的元素融入到一件作品之中，比如柔弱与强力、传统与现代、严谨与变化等。细致的英式定制剪裁、精湛的法国高级时装工艺和完美的意大利手工制作都能在其作品中得以体现。另外，Alexander McQueen 充满创意的时装表演，更被多位时装评论家誉为是当今最具吸引力的时装表演。

1992 年，Alexander McQueen 创立了品牌 Alexander McQueen。他把过去与 Anderson & Sheppard（英国一有名传统服装裁剪公司）及舞台服饰制造商 Bermans & Nathans 工作时学习到的英伦传统剪裁手工溶入了其个人设计系列，令其配合了细腻剪裁的后现代时装系列赢得外界的一致好评。另外，McQueen 更把于日籍设计师 Koji Tatsuno 及意大利名设计师 Romeo Gigli 担任设计师时得到的启发混入其设计上，并配合其传统英国裁剪手艺，令作品更多元化及极尽完美。1997 年 McQueen 将日本和服手袖（Kimono Sleeve）用在设计上，令时装界出现了一阵亚洲传统服饰热潮。

作为 90 年代其中一位最有前途的年轻设计师的自家品牌，McQueen 在美国、英国及意大利均开设了旗舰店。McQueen 首间旗舰店于 2002 年 7 月于纽约开设，而其余两间也在翌年 3 月及 7 月分别于伦敦及米兰成立，令 McQueen 的名字在三大时装之都得以巩固。香港地区的 I.T. Limited, Joyce Boutique 和 Lane Crawford 均引入了 McQueen 的产品。

Alexander McQueen 一生得到了 4 次“英国年度最佳设计师”的荣誉。2010 年 2 月 11 日，Alexander McQueen，这位当代最有才华、最富创意的英国籍设计师在伦敦的家中自杀。而这一天正是梅赛德斯 – 奔驰纽约时装周的第一天，时装界因为痛失这位“坏男孩”而黯然失色。

作品如图 2–65 至图 2–67 所示。

–（从左至右，从上至下）–
（图 2–65）2001 年，Alexander Mcqueen 时装表演现场
（图 2–66）1998 年，Alexander Mcqueen，木扇外衣，Givenchy 高级时装发布会
（图 2–67）2000 年，Alexander McQueen，银币装

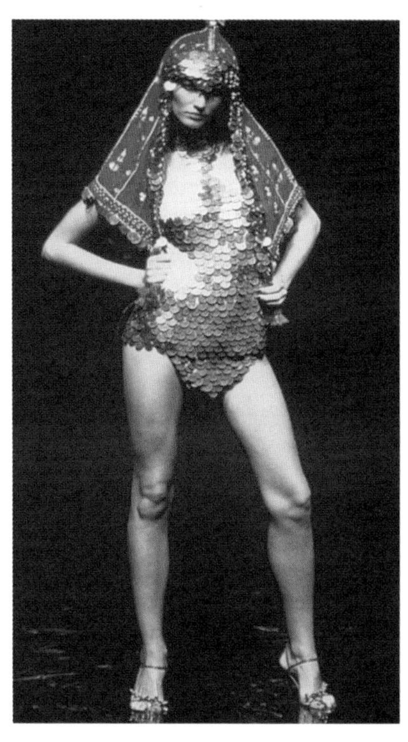

第 3 章　后现代主义设计与发展趋势

3.1　后现代主义设计概念

3.1.1　现代主义设计

所谓设计，指的是把一种计划、规划、设想、问题解决的方法，通过视觉的方式传达出来的活动过程。现代设计的计划、构思是受到现代市场营销、一般心理学和消费心理、人体工程学、技术美学、现代技术科学等因素约束而形成的；而传达这种计划和构思的方式，可以从简单的、传统的效果图、模型到复杂的电脑设计预想表现，因具体的设计要求而不同；最后的设计应用则与具体设计所涉及的生产方式、技术条件密切相关。所谓的现代设计，其本身并不玄妙，而是具有高度实用功能的。

现代设计是现代经济和现代市场活动的组成部分，因而，不同的市场活动也造成了不同的设计分类。现代设计一般包括现代建筑设计，即室内和环境设计；现代产品设计，即工业设计；现代平面设计，包括包装设计、平面设计以及企业形象设计；广告设计；服装设计，含时装设计和成衣设计等；纺织品设计；以及特殊技术部门，如摄影、电脑和影视制作、商业插图等。

现代设计是 20 世纪期间发展起来的设计活动，其特征表现在与大工业化生产和现代文明的密切关系，与现代社会生活的密切关系。而 20 世纪现代设计最重大的发展和突破是现代主义设计的发展。现代主义设计奠定了现代设计的基础，成为设计进一步发展的可能。现代主义设计是影响人类物质文明的重要设计活动。它源起于 20 世纪 20 年代的欧洲，通过几十年的发展，特别是在第二次世界大战以后的美国迅速发展，最后影响到世界各国。各个国家和地区基于对这种设计风格的反应，又产生了当代的许许多多新的设计运动，产生出形形色色的新风格、新流派。现代主义是 20 世纪设计的核心，不但深刻地影响到整个世纪的人类物质文明和生活方式，同时对本世纪的各种艺术和设计活动都有决定性的冲击作用。

“现代主义”是 19 世纪末期、20 世纪初期在欧美出现的一个内容庞杂的文化艺术、意识形态运动，包括的内容非常广泛，而具体到每个运动中，它的意义是不尽相同的。艺术上的现代主义运动与设计上的现代主义运动具有明显的区别。其共同之处在于对传统的挑战。除此之外，几乎完全不一样。艺术、文学上的现代主义是一种创作原则，主要向传统的理性观念和现实主义挑战，以强调个性与自我，突出个人表达、探索新的表现形式，追求艺术创作上的个性；而现代主义设计的目的是把设计从以往为少数权贵服务的方向改变为为广大平民服务，充满了社会乌托邦主义和社会工程动机，是一种具有高度民族化和社会主义色彩的知识分子的探索。其目的不是创造个人表现，而是致力于创造一种非个人的、能够以工业化方式大批量生产的、普及的新设计。对于现代主义设计而言，重要的不是风格，而是动机，风格只是解决问题后的自然附带品而已。

现代主义艺术包含了各种各样的运动，比如立体主义、达达主义、超现实主义、表现主义、象征主义等，而现代主义设计则就是现代主义设计，本身的目的明确，风格清晰，旗帜鲜明，如图 3-1 所示。国际主义设计则是现代主义设计在战后的发展，从设计风格上是一脉相承的，无论是战前的现代主义设计还是战后的国际主义设计都具有形式简单、反装饰性、强调功能、高度理性化、系统化和理性化的特点。在设计形式上，国际主义设计受到米斯 凡德洛的“少则多”（less is more）主张的深刻影响，在 50 年代下半期发展为形式上的减少主义化特征，逐步从强调功能第一发展到为达到减少主义的形式，甚至可以漠视功能要求。因此，战后流行的国际主义设计在风格上虽然与战前的现代主义设计一脉相承，但是从意识形态上看，则进一步遵循减少主义、“少则多”的原则，节约成本、提高利润的商业目的使得国际性的现代主义设计走向单调的极端，因而非常脆弱，受到 60 年代末 70 年代初各种“后现代主义”风格的挑战。

（图 3-1）简约的现代主义设计

3.1.2 后现代主义设计

一、概念

“后现代主义”(Post-Modernism)从字面上看，是指现代主义以后的各种风格，或某种风格。因此，它具有向现代主义挑战或否认现代主义内涵的特点。在英文中，“后现代”(Post Modern)和“后现代主义”(Post Modernism)的内容是不同的。“后现代”在设计上是指现代主义设计结束后的一段时间阶段，从70年代以后的各种各样的设计探索都可以归纳入后现代时期的设计运动，目前也还是后现代时期；而“后现代主义”，则是从建筑设计上发展起来的一个风格明确的设计运动，无论观念还是形式，都是非常清晰的。

如同设计上的现代主义，设计上的后现代主义也是从建筑设计开始发展起来的。虽然后现代主义设计的风格繁杂，但是，与后现代主义的文化现象比较，依然是宗旨一致、风格接近、面貌完整。从意识形态上看，设计的后现代主义是对现代主义、国际主义设计的一种装饰性的发展，其中心是反对米斯·凡德洛的“少则多”减少主义风格，主张以装饰手法来达到视觉上的丰富，提倡满足心理要求，而不仅仅是单调的功能主义中心。后现代主义设计大量采用各种历史的装饰，加以折中的处理，打破了国际主义多年来的垄断，开创了新装饰主义的新阶段。后现代主义设计采用了大量古典装饰为设计动机，因此有明显的符号可以追寻，与文化上混杂的后现代主义相比，应该是非常简明、清晰的。

二、实质

现代主义设计采用新的工业材料，以造价低廉为经济目的，强调功能的基本要素，虽然在国际主义设计发展中有所极端，但基本的原则是没有受到动摇的，现代主义设计的高度理性化的特点，对于国际交往日益频繁的商业社会极为吻合，以不变应万变的中立、中性特点，是国际经济发展中的最好设计方式。无论建筑、家居、服装，还是平面设计、字体设计，国际主义风格都能够提供虽然单调、但是非常有效的设计基础。现代主义、国际主义设计之后的任何运动，基本都是对它们的修正，而不是简单的推翻和否定。后现代主义虽然运用大量的装饰要素达到光彩夺目的绚丽效果，但这个设计运动的核心内容，仍然是现代主义、国际主义设计的架构，只不过在作品的外表加上一层装饰主义的外壳。

后现代主义是一种文化上的自由放任设计风格，它无法否认现代主义所具有的民主性、大众性、工业化特征，因而也无法动摇现代主义所产生和代表的意识形态背景和思想内涵。它的关注中心是形式内容，而不是复杂的社会、技术、文化发展等一脉相承的体系，因此缺乏明确的意识形态宗旨，对现代主义的功能主义核心、民主主义实质是很难完全否定的。

三、特征

由于“后现代”和“后现代主义”这两个术语被混淆使用，因此，目前流行的“后现代主义”其实包含了两个方面的内容，一个是真正的“后现代主义”设计风格，一个是后现代时期的，非后现代主义的其他设计探索，如以改变现代主义依赖的严谨的结构主义原则为中心的解构主义。

大概来讲，后现代主义一方面具有高度隐喻的设计风格，追求诗歌式的象征来反对现代主义的抽象性，因此更多强调特殊形式造成的象征意义。另一方面，则强调以历史风格为借鉴，采用折中手法达到强烈表现装饰效果的装饰主义作品，其表现有三：一，从历史中汲取装饰要素加以运用，因而具有历史的痕迹和高度的装饰感；二，后现代主义对历史的风格采用抽取、混合、拼接的方法，折中处理在现代主义设计的构造基础之上；三，强调娱乐性和处理装饰细节上的含糊性，大部分后现代主义的设计作品都具有戏谑、调侃的色彩，反映了经过几十年严肃、冷漠的现代主义、国际主义设计垄断之后，人们试图利用娱乐性的装饰细节达到设计上的宽松和舒展。其含糊的设计倾向则旨在反对现代主义所强调的明确、高度理性化、绝对化的设计原则。对于解构主义设计来说，这种含糊性主要体现在创造出含糊空间感上。

3.2　服装中的后现代主义

3.2.1　特征

由于后现代主义建立在反理性的基础之上，因而反对附加在理性之上的先验性和绝对性，并否认认识的确定性和客观性，否认价值的客观性、历史的规律性和进步性。后现代主义者认为传统理性主义者所追求的绝对哲理和终极价值都是虚妄的。因此，否定了理性和经验的服装设计，抛弃了比例、人体协调、线型等基本要素，而传统的时装业正是以这些审美要素发展起来的。

另外，后现代主义设计还抛弃了时空的顺序，即现实和历史的混淆，否定传统对理解现实的意义。后现代主义设计师们常常将历史的片段似是而非地运用到设计中，造成时空感上的含混。最常见的是将历史上的样式取其片段，与现代样式相融合，或将历史图片印在现代样式的服装之上，如图 3-2 所示。

另一方面，后现代主义思潮有着深刻的思想文化背景和社会历史背景。当代科学的发展为后现代主义理论的诞生提供了契机。爱因斯坦的相对论、海森堡的测不准原理、哥德尔的不完全定理等新的科学理论的提出，对传统理性主义的绝对性等信念形成了巨大的冲击。这些新的科学理论提出的“不确定性”、“非中心性”、“非整体性”、“非连续性”等核心内容被后现代主义吸收和利用。第二次世界大战以后，资本主义世界的弊端充分显露出来，世界范围的生态灾难、环境恶化更加深了后现代理论家对理性的怀疑。资本主义国家在六七十年代所经历的动荡与经济危机，促进了以“否定”、“消解”、“颠覆”现存理念、价值制度为目的的后现代主义思想的诞生，引发了对后现代主义服装设计产生重要影响的“嬉皮士”和“朋克”运动，他们的反社会、反传统思想通过他们的着装反映出来。后现代工业社会所面临的重重危机，例如环境恶化、道德问题、地区矛盾等被服装设计师作为主题用于设计中，如图 3-3 所示。设计师们用人造毛皮作为面料设计服装，以抗议人类对自然界动物的滥捕滥杀，用不经染色和后加工处理的面料宣传绿色环保，甚至用裸体来表示对人类原始的自然状态的回归。

成衣设计中的“后现代”时期被称为“没有潮流的年代”，其综合、多元化的特点使后现代成衣设计缺乏特殊的主导风格，风格丢失是后现代成衣设计的重要特征。风格具有统一性，使设计具有协调感；风格具有时间性，这样可以判断设计的年份和起源；风格具有独特性，对于古典主义和现代主义设计来说，风格是一项永恒的成就。后现代主义设计则对所有风格进行复制、模仿、改造，使风格丢失了存在的基础，称为没有风格的风格。风格在后现代主义设计的折中、包容、模糊中消失。因此，“游戏”成为后现代主义成衣设计的典型特征，设计师们可以拿任何东西来进行游戏。如图 3-4 所示，2001 年，Hussein Chalayan 发布了一场名为 Finale to Ventriloquy 的时装秀，这一次，模特手持重物将由玻璃纤维制成的服装敲碎，碎裂的自然痕迹形成了服装新的外观，充满游戏的趣味感。

–（从左至右，从上到下）–
（图 3-2）2010 年，Alxander Mcqueen
（图 3-3）环保反战时装，Comme Des Garcons
（图 3-4）2001 年，Hussein Chalayan

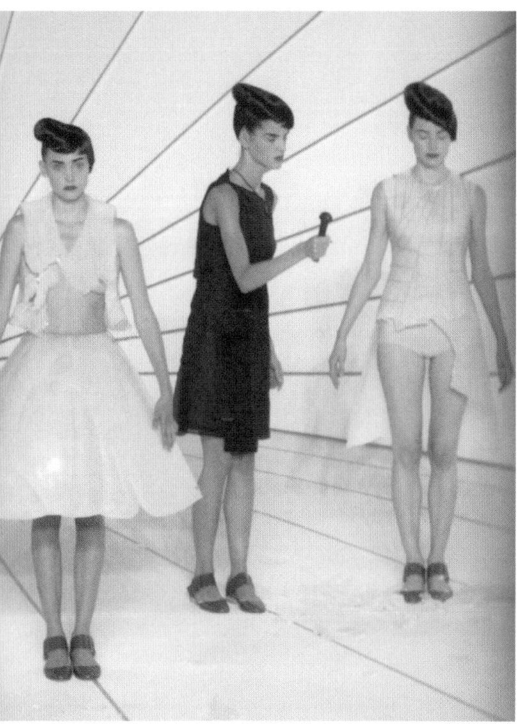

3.2.2 形式语言

一、解构

解构主义是从“结构主义”中演化而来的，其形式实质是对结构主义的破坏和分解。解构主义是现代主义面临危机时的一种设计探索形式。从字意来看，解构主义是指对于现代主义原则和标准的否定和批判。最早反映在弗兰克·盖里（Frank O.Gehry）的建筑设计作品中。他的设计基本采用了解构的方式，即把完整的现代主义、结构主义建筑整体破碎处理，然后重新组合，形成破碎的空间和形态。他重视结构的基本部件，认为基本部件本身就具有表现的特征，作品的完整性不在于建筑本身总体风格的统一，而在于部件充分的表达。其破碎的总体形式形成了一种新的形式，是解析了的结构。因此，解构主义并不是设计上的无政府主义方式，虽然其外观貌似凌乱，而实质有内在的结构因素和高度的总体规划性。

而自 1992 年起，时装杂志就时不时在宣布“Dior 公司正在‘解构’礼服”或“Karl Largerfeld 在解构裘皮时装”等。从理论上，时装界中的后现代主义者们认为解构的本质即破坏那些被认为是天经地义的信条，或对它们提出质疑。为什么小夜礼服一定要有缎面的新月领或尖角领，为什么裤侧一定要用缎条装饰？同样，Largerfeld 也在设计中初步尝试把裘皮时装的皮块之间的粗糙拼缝全部暴露出来，破坏了裘皮时装给人的完美无缺的印象。

成衣设计中的解构通常表现在：

1. 对服装结构的解构

将符合人体运动特征的服装结构分解，使用颠倒、支解、重组的方法，打破原有的视觉审美习惯，从而形成貌似破碎的外观，甚至使结构脱离了功能性而成为纯粹的、若有若无的装饰，混淆功能与装饰之间的原有界限，从而形成新的设计外观。

如图 3-5 所示，对服装本身所固有的常规结构的穿插与破坏，形成貌似破碎的外观。而图 3-6，则进一步将内衣外穿的模式进行到底，混淆穿着场合的正式与非正式，服装本身的结构、骨架甚至缝纫线迹的外露，成为装饰的重要因素。图 3-7，结构的分割则彻底抛弃其功能性而成为纯粹的装饰方法，进一步混淆了服装结构所应有的功能与装饰的原有界限。

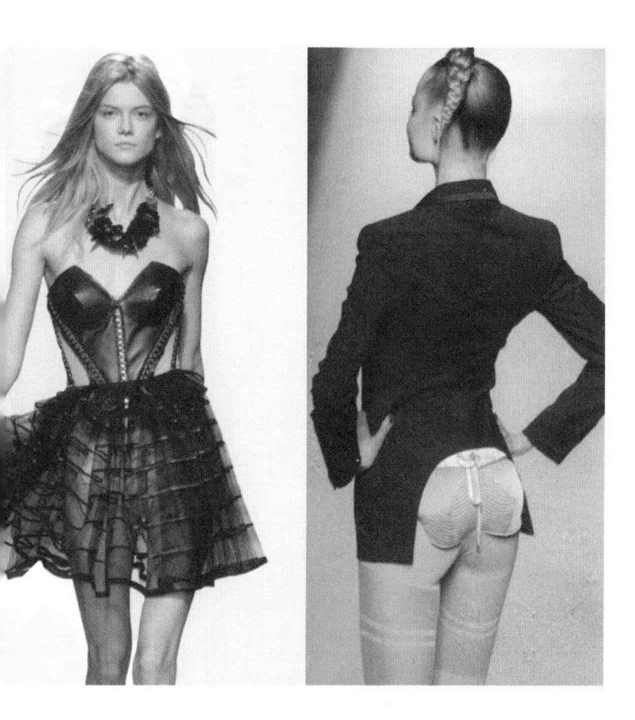

-（从左至右）-
（图 3-5）2010 年，Alexander Mcqueen（左），Christopher Kane（右）
（图 3-6）2010 年，Giles（左），Jean-Paul Gaultier（右）
（图 3-7）2010 年春夏，Pei Kawakubo

2. 对装饰图案的解构

后现代时期的社会是一个图形泛滥的世界，杂志、录像带、VCD、DVD、电影、电视、网络等载体将大量图像传递给大众。因此，对传统装饰手法的解构，首先是服装面料和图案的解构。主要包括：对图形的不同风格、时期和含义的支解、重组；对不同的装饰工艺的局部拼凑运用；对图案所存在的服装上的固定空间的游移解构等，如图 3-8 和图 3-9 所示。

-（左页）-
（图 3-8）2005 年，Chanel

-（右页）-
（图 3-9）2007 年，Vivienne Westwood

另外，对服饰图案元素的选取范围几乎无所不包，如图 3-10 和图 3-11 所示。

另外，装饰图案的表达也呈现出多元化的装饰手段，如图 3-12 左图所示，装饰材料的另类以及工艺技术的革新则给予装饰图案以金属化坚硬感的视觉体验；右图中图案材质的创新使得经验中的遮掩与暴露反向异化。

-（左页从左至右）-
（图 3-10）Balenciaga（2011 年，左、右上），Alexander Mcqueen（2010 年，中），Jean-Paul Gaultier（2010 年，右下）
（图 3-12）Alexander Mcqueen（1999 年，左），Ann Sofie Back 作品（2010 年，右）

-（右页）-
（图 3-11）2008 年，D&G

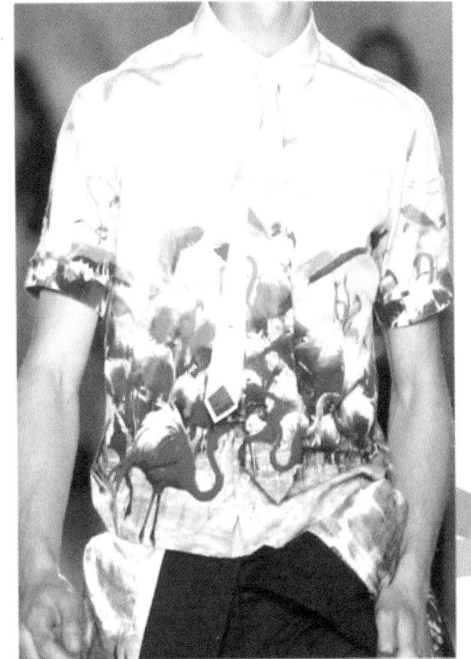

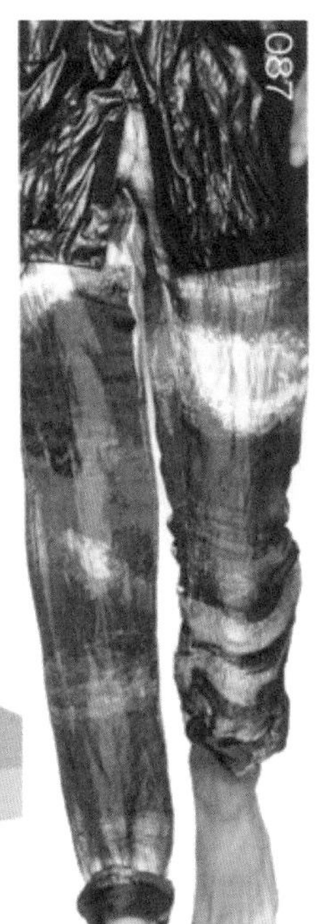

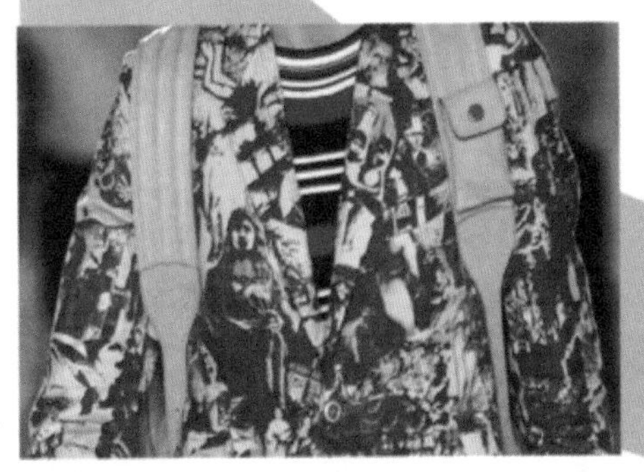

DYNAMIC
MAKE LOVE NOT WAR
UP BEAT
SOFTBALL
UNDERHANDED

3. 对材料的解构

（1）对非常规服装材料的运用，甚至木头、金属、塑料等都可运用到服装上。如图3-13所示，均体现对服装材料的非常规运用。

（2）材料与材料的搭配方式也充满突破视觉常规的想象，主要体现在厚与薄、软与硬、粗与细、朴素与华丽的对比与综合运用。如图3-14和图3-15所示，作品中的材质肌理均具有薄厚、软硬的富有层次的对比效果。

（3）通过切割、撕裂、堆砌等各种增量、减量方法和特殊装饰工艺对服装材料进行改造和创新，使材料的肌理以及外观造型产生经验常规之外的新效果。如图3-16所示，突出运用对材料的切割和堆砌达到夸张的体量感；图3-17，则运用撕裂达到对材料外观的破坏和重新定义。

-（左页）-
（图3-13）Hussein Chalayan（2000年，左）；Alexander Mcqueen（2010年，中；1999年，右）

-（右页从左至右，从上至下）-
（图3-14）2010年，Balenciaga（左）；2009年，Alexander Mcqueen（右）
（图3-15）2007年，Vivienne Westwood
（图3-16）2010年，Viktor&Rolf
（图3-17）2010年，Jean-Paul Gaultier

二、无风格的风格

服装设计师们在设计中大量采用各地区、各民族、各历史时期、各流派的手法风格，将设计置于过去与未来、激进与传统、中心与边缘、理性与非理性等模棱两可之间，并不需要统一的风格来标榜自己的成功。他们通过消解艺术风格本身来换取艺术上的更大可能性，这也是与现代主义设计完全不同的地方。现代设计具有鲜明的风格性，其风格处于一种诞生和消亡的更替之中，而后现代设计既然回避风格的确立，也就可以免于风格从出现到消亡的过程。

全球化的开放进程使得各时代、各民族的艺术风格可以不分高低地出现在同时同地，这也同时体现了后现代设计的包容性，以及对民族和历史的借鉴、肢解和挪移，现代主义设计师们往往在打破旧的风格的同时找到新的风格，而后现代主义设计师则游离于各种风格之间，得到的是无风格的风格。

1. 复归与再现

后现代设计师善于用当代的工艺技术再现历史和传统，看似模仿和复归，其实其色彩、材质以及款式和细节仍然带有明显的当代特征。如图 3-18 所示，Kumiko Iijima 作品以数码印花技术将一些看似杂乱无意义的影像和文字图案处理在一件类似传统袍服的造型上；图 3-19，Alxander Mcqueen 则以新的裁剪技术还原了 20 世纪二三十年代的流行风貌。

复归和再现的手法还表现在对民族元素的借鉴和挪移，以新的服装技术手段获得传统意味上的装饰感，如图 3-20 所示。

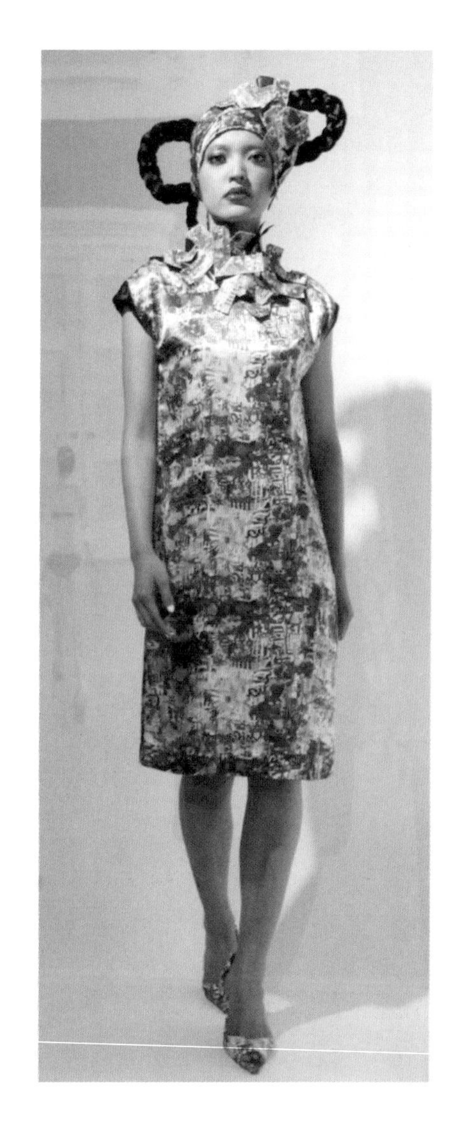

-（左页）-
（图 3-18）2007 年，Kumiko Iijima

-（右页从上至下）-
（图 3-19）2009 年，Alxander Mcqueen
（图 3-20）2003 年，Jirat Supbisankul

2. 折衷

折衷是后现代设计的重要特征之一。后现代设计师善于从各流派、各民族、各地区的样式中汲取灵感，看似无章地堆砌在一起，即在历史与现在、中心与边缘等矛盾体之间找到支点，不含有任何倾向性，即中性的表达。如图 3-21 所示，从前苏联政权中获取灵感；图 3-22，则从藏族原生态的生存现状中获取灵感，其服装表现形式具有试验性和原创性。

三、戏拟反讽

后现代时代，艺术和通俗之间的区分变得模糊。追求形式简单、反装饰性、强调功能、高度理性化、系统化和理性化的现代主义设计风格进一步推进了服装的成衣化设计趋向，高级时装逐步没落，代之以成衣业的蓬勃发展，贵族与平民的穿着看起来不再有明显的阶级差别。后现代主义设计则进一步将历史、现实、梦幻并置在同一服装款式之中，设计师以一种超然、戏谑的态度支解和组合各种要素，与传统的一切相对抗。这在某种程度上更加强了成衣设计的无等级性。来自美国西部矿区的牛仔裤同样被上流阶级穿着，而工薪阶层则带着几可乱真的人造珠宝首饰享受华丽的乐趣。另一方面，后现代主义设计也消除了各种文化之间的界限，体现在对时代文化现象的包容。

如图 3-23 所示，以叠加和拼凑表达好莱坞老房子所带来的戏剧感，以戏谑的服装语言调制出现实、梦幻与过去交错的“鸡尾酒”；图 3-24，2010 年，Vivienne Westwood 发布“年轻学者的乡间舞会”，以戏谑的形式给模特画上两撇小胡子，头戴剪成的国王头冠，服装通过款式混搭、图案涂鸦、以及材质所形成的破碎感构成对常规舞会理念的反讽与解构，却从另一角度反而契合了轻松活泼的聚会气氛。

设计中的游戏感还体现在对服装穿着过程的玩味，设计师在服装表演的过程中运用舞台戏剧形式来加强设计的趣味感，Alxander Mcqueen 、Hussein Chalayan 均是其中

–（左页）–
（图 3-21）2008 年，Sabysachi Mukherjee

–（右页从左至右，从上至下）–
（图 3-22）2007 年，马可
（图 3-23）John Galiano（2010 年，左），Kazuaki Takashima（2007 年，右）
（图 3-24）2010 年，Vivienne Westwood

的佼佼者。其中，Hussein Chalayan 是英国新生代设计师的代表人物之一，他的设计往往与流行无关，带有强烈的实验意味。2000 年，他发布了名为 Afterwords 的一组立体构成味很浓的服装，家具在舞台上由模特操作，逐步变为可穿服装，以服装与家具之间的形态转换表达人与空间的关系，如图 3-25 所示。

图 3-26 为 2010 年 Issey Miyake 设计作品，也运用平面与立体的转换关系，传达穿着前后的游戏感。

–（左页）–
（图 3–25）人与空间的关系

–（右页）–
（图 3–26）2010 年，Issey Miyake

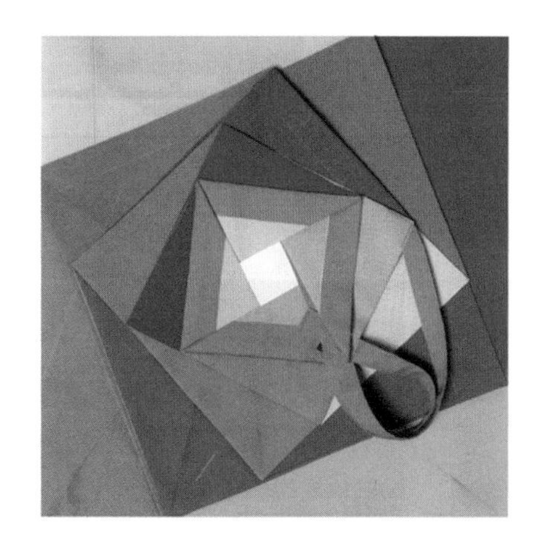

实用篇

第 4 章　设计定位

任何公司的产品研发工作都是围绕特定的定位展开的，定位决定着产品的内容和设计的方向。设计定位是整个服装产品过程的先导环节，是在品牌的基础上展开和进行的，是品牌运营的重要手段，因此设计定位要以品牌定位作为依据，品牌的风格确定后，设计定位将围绕本季的流行趋势与品牌目标展开，在整个成衣设计环节中具有重要作用，是成衣项目效果的有力保障。本章首先从品牌定位的内容入手，然后通过对设计条件与设计流程的解析展现设计定位的内容。

4.1　品牌定位

品牌定位是在综合分析目标市场与竞争情况的前提下，建立一个符合原始产品的独特品牌形象，并对品牌的整体形象进行设计、传播，从而在目标消费者心中占据一个独具价值地位的过程或行动。其着眼点是目标消费者的心理感受，途径是对品牌整体形象进行设计，实质是依据目标消费者的特征，设计产品属性并传播品牌价值，从而在目标顾客心中形成该品牌的独特位置。

4.1.1　定位目的

品牌定位是塑造品牌的先决条件，准确的定位可以为品牌赢得更好的市场机会，使企业有针对性地进行产品的销售，让品牌形象深入人心，在目标顾客心目中占有一个独特的、有价值的位置，从而产生持续性的购买行为，形成品牌忠诚度，这无疑是众多知名品牌所希望达到的目的。而不能准确进行品牌定位的企业往往达不到预期的效果，因此，企业首先需要对自己的品牌进行清晰的定位。

品牌定位的目的是为了获得潜在顾客对产品的认知、认可，在同类产品中获得竞争优势，纵观成功的品牌，都是依靠一种无形的力量将消费者的心理需求与品牌价值连接起来，通过这种连接方式将品牌定位信息准确传达给消费者。品牌定位最终是要建立一种竞争优势，触动消费者感兴趣的部分，强化心理认识，在消费者心中占据一个有利的位置，实现商家与消费者利益的双赢。

品牌定位也是基于产品质量、性能及服务雷同、产品个性缺失趋势中而提出的，可以说品牌发展已经迈入“定位时代”，定位是品牌发展的前提和基础，也是品牌致胜的法宝。

品牌定位的过程同时也是找准目标市场的过程，目标市场即品牌的消费人群，不设定一个明确的顾客群体，销售就带有很大的盲目性。例如，Chanel 品牌定位在高端奢侈品，消费人群为精英人士和上流社会名流明星；Zara 的消费人群定位于追求高档时尚但能力有限的

年轻人，正是这个人群，有个性、追求时尚，有着比高档时装消费群体大得多的规模，被牢牢抓住了。而 NIKE 品牌定位在充满活力而又喜爱潮流时尚的年轻群体。因此，企业确定了产品的目标消费人群，也就决定了品牌的定位，同时也决定了企业的营销策略。

4.1.2　定位内容

一、消费对象定位

对目标消费群体的考察有诸多的方法，通过多种因素和多个角度的考察，可以全面而细致地了解消费者，使市场细分得以实现。目标市场的消费特点受到消费者年龄层次、性别、职业特点、收入水平、受教育程度、生活方式等多方面的影响。

1. 消费主体结构

• 年龄层次

任何产品都有自己特定的年龄段，不同年龄段的顾客对服装的风格、品质、价格、功能等有不同的要求，二十岁左右的年轻人喜欢时尚化、个性化的服饰，款式的新颖多变性是考虑的重点，而四十岁左右的中年人，更倾向于服饰的品质感和合身份性，对面料的要求也更高。考察消费者的年龄层次，可以更有效地为目标消费群提供恰当的设计和服务。

• 性别

性别不同，消费习惯和对服装的喜好就会存在明显的差异，一般而言，服装产品以性别来区分是产品定位的常用标准。

• 职业特点

消费者的职业，是学生还是商务人士，是高级白领还是老年人等通常会影响他在服装上的选择，因为职业不同，穿衣的环境和适用场合就变得十分重要，而在实际的产品系列规划中，多数企业也根据不同的穿着环境推出了不同风格的着装，例如，上班装、日常装、Party 穿的礼服类等。同时，根据工作的环境，室内还是室外；根据工作方式，体力劳动还是脑力劳动等，都会有不同的设计考虑，如图 4-1 所示，为都市白领办公室女性职业装类型。

• 收入状况

收入水平的高低或者可自由支配收入的多少是决定消费者购买力的关键因素，决定了消费者可以消费哪些品牌的服装。考察消费者收入状况，直接关系到企业对产品价位的确定。

• 受教育程度

消费者的受教育背景会影响到其审美方式，进而表现在不同的着装偏好上，在对同一

（图 4-1）办公室女性职业装

产品的时尚认知和认可方面也存在一定差异。因此，消费者的受教育程度同样对成衣设计的产品定位有重要的作用。

2. 消费习惯

消费习惯是指消费者受文化传统、社会习惯、教育水准、地域环境等的影响所形成的消费偏好。考察消费者的消费习惯不仅仅是为了满足和迎合他们的消费偏好，同时还要善于引导，在产品符合消费者消费需求的前提下，我们可以对消费者的消费习惯进行引导，把消费者引向一个全新的领域，塑造出差异化的产品形象。如图 4-2 所示，品牌风格透露出浓浓的田园复古风味道。

3. 生活方式

生活方式作为涉及人们衣、食、住、行方方面面的行为系列，在消费者的消费行为中扮演着重要角色。从根本上来说，消费是每个消费者为了满足自己生活方式中的社会角色而进行的角色武装的采购行为。如图 4-3 所示，都市女性消费者对于时尚的鞋包有着特别的钟爱。

同时，消费者购买行为反映着他们的生活方式。在通常情况下，绝大多数消费者存在着现有的实际的生活方式和渴望中的生活方式两种形式，这种清晰程度不等的“渴望中的生活方式”正是某些设计产品所能够带来有效触动的基点，企业不仅仅要导

入产品到现有的生活方式中，也要引导消费者进入更丰富的产品内容中去，赢得消费者对产品的认可度和持久的钟爱。

二、品牌风格定位

品牌风格反映着目标消费群的个性，是以设计师的审美意识为基础，通过品牌的独特的设计理念和趣味而表达出来的一种稳定的精神力量。品牌风格的创立与稳定也是形成顾客品牌忠诚度的前提，是形成品牌高价值的基石。

通过国际知名的一些成衣品牌中，我们认识到，尽管流行浪潮不断演进，设计元素加速翻新，但品牌的风格却长期贯彻下来，未曾发生改变。例如，Chanel 的优雅风格，Burberry 的经典英伦风格，Dior 的奢华美艳风格，Anna sui 的梦幻田园风格……每个品牌都有自己明确的定位，尽管随着岁月的变化和设计师的更替，会造成其风格微微变动或转型，但并没有为品牌风格带来巨大的颠覆。具体的风格介绍将在后面章节中做详细陈述。

在服装设计中，对风格的准确定位与表达，是服装品牌企划的核心，风格不同，会反映出不同的服装面貌，同时决定着相关的材质变化、色彩因素、陈列展示设计等多种元素的差异。

三、产品定位

1. 产品构成

在市场细分的基础上，产品定位首先需要决定品牌的产品类别，这是在服装领域进行细分时所必需的，即首先要决定是经营男装、女装还是童装，然后再决定经营运动装、休闲装还是职业装，同时要细化到具体的品种，如大衣、风衣、连衣裙、裤子、衬衫等。同时根据品牌风格，对产品类别和不同品种的数量配比关系作出具体的设计规定。

每个品牌的产品因经营理念与发展目标的不同，其主攻方向会有所不同，有的重点在于单一品类的形式，比如有的品牌只做衬衫，有的则是着重于产品的系列化和整体性运作。无论是何种形式，产品构成通常以前卫类产品、畅销类产品、基本类产品三种类型呈现。

前卫类产品主要突出体现时尚流行趋势，流行感强，常作为陈列展示的对象，作为每一季的形象款，达到吸引消费者眼球的目的。此类产品主要针对那些对时尚敏感度很高的消费者，对该类商品的需求有时难以估量。畅销产品一般为在某一季卖得好的产品，有一定流行时尚特征，所针对的是大多数消费者，有较大的市场需求。该类产品常作为品牌中的业绩点，往往能为品牌带来巨大效益，也是品牌的优势所在。基本类产品也被称为常销款，通常为比较经典的款式，是指在各季都有稳定销售的产品，具有简洁且易于组合搭配的特点，受流行趋势的影响较小。三类产品的构成比例应根据品牌的定位和目标消费群的特性而定。

-（左页）-
（图 4-2）田园风格碎花连衣裙

-（右页）-
（图 4-3）消费行为反映着生活方式

2. 产品价格

价格指标是产品档次确定的关键，基于高、中、低不同档次的价格定位，有利于设计师在面料的选择、工艺制作的难易程度等方面做出判断，在满足设计要求的同时控制成本，对经营者确定预算和收益有更清晰的统计。

商品的价格构成受到诸多因素的影响，合理的定价策略既能保证产品的利润空间，又能得到目标消费群的认同。价格制定得过高或过低都不利于企业的发展，定价就是在目标消费者的心理承受能力与企业经营利润之间取得“双赢”的效果。

每个品牌都有自己特定的价格策略，在定价之前，企业要参考以往的销售记录再加之以个人的经验进行分析推断。同时，需要和销售人员通过相关毛利率的计算，设定预期的盈利状况，综合考虑不同款式的价格弹性究竟如何，打折的比例和力度，判断由于一些降价促销因素带来的销售业绩的增长是否可以弥补因价格战而损失的毛利，共同制定零售价格，从而准确地预测未来的盈利状况。

3. 营销策略

营销策略即企业或品牌采取怎样的销售方式。成衣销售方式包括批发和零售。而零售体系中，又分为直营和代销两种方式，如今，还存在网络销售的模式。无论是何种销售方式，都需要企业经营者根据本企业营销的策略，综合品牌的发展规划做出适合企业状况的举措。

产品价值的实现要在市场中才能得以体现，产品销售的好坏直接关系到企业的发展，影响着下一季的投入。因此企业经营者制定科学合理的营销方式是产品成功的重要因素。

4.1.3 定位策略

一、补缺策略：先入为主

补缺即为弥补不足、填补空缺之意。在竞争激烈的市场上，企业要擅长挖掘市场中的一些盲点，如率先在市场中推出独有品牌，随着市场的不断细分，总会出现新的消费空间。寻找新的尚未被占领的，但同时又是许多消费者所重视的位置，从而填补市场上的位置，获取先入为主的竞争优势。

在行业发展过程中，采用补缺型策略的企业一般会针对普遍被大家忽视的或不感兴趣的规模较小的市场进行产品和市场的深度挖掘，通过产品和服务的专门化、特色化来把握市场机会，获得目标群体认可，最终形成巨大市场效益。例如，冰箱中小容量冰箱的产生，商家就是通过补缺型策略，定位于特定的市场，通过产品服务提供专门化的产品，小容量冰箱迅速满足了大学生的需求。

二、差异策略：市场潜力巨大

差异策略即寻求差别，随着市场的细分和竞争的加强，这种策略成为品牌定位的必然选择，只有寻求与竞争对手的同类产品产生差别，提供个性化的产品才能取得竞争优势。即使类似的定位，也要有不同的侧重点，品牌的差异性策略可以使品牌在竞争中保持自身特色，并成为推动消费者建立品牌忠诚度的重要因素。

1. 定位制造差异

营销者的目的不是填补所有的缺口，而是要在目标市场上显示其有明显优势的市场定位，如高端品牌凸显的是其服务优势，甚至进行更为个性化的定制服务，而大众品牌更倾向于平价与时尚度并重的定位，突出平价优势。

2. 定位中的差别

- 产品质量——你的产品质量是否比别人更为优越。
- 产品美观度——你的产品是否更能满足消费者的审美需求。
- 穿着舒适度——你的产品是否能为消费者带来更为舒适、愉悦的穿着感受。
- 产品的价格——相同产品的价格是否更为优惠?
- 产品服务——是否提供了超越竞争对手的完善的服务。

三、并存挑战策略：企业实力强劲

品牌定位要着眼于潜在市场。不少企业在做产品和品牌定位时，往往看到的是目前的市场需求状况，并没有深入对当前或者表面现象之外的因素做过多的考虑，也不关注目标市场几年之后的状况，没有放眼长久与未来，造成品牌发展中欠缺规划和高瞻远瞩的能力，甚至放弃当前看来较低迷而未来有更大潜力的市场，致使品牌无法发展壮大，错失良机。

另外要注意产品和品牌概念的一致性，企业在经历了快速发展后，一般都会推出新品，进行多元化经营，比如海尔最初就是从做冰箱开始的，现在涉及家电的各个领域，这就更需要在进行品牌塑造时，找准品牌的概念和定位，保持一致性，使企业的品牌推广更迅速和有效。

这是一种对抗策略，面对激烈的市场竞争，在定位相似的品牌林立的环境中，敢于迎难而上的企业也不在少数，一般而言，企业需要依靠自身强劲的实力，雄厚的资金、先进的运营方式、优秀的人才储备等因素在激烈的竞争中赢得发展。

总之，企业在实施品牌定位过程中，要充分考虑到品牌的文化内涵，结合品牌充分的市场与目标消费群的考察，同时应根据企业所处的不同市场地位来选择品牌定位策略，如此才能保持品牌较强的竞争力和持久的生命力。

4.2 设计条件

4.2.1 TPO 原则

TPO 原则是国际通行的着装标准，是有关服饰礼仪的基本原则之一。T.P.O. 三个字母分别代表 Time（时间）、Place（场合、环境）、Object（主体、着装者）。TPO 原则的含义，即着装应该与当时的时间、所处的场合和地点相协调。要求人们在选择服装、考虑其具体款式时，首先应当兼顾时间、地点、目的，并应力求使自己的着装及其具体款式与着装的时间、地点、目的协调一致，较为和谐搭配。总的来说，着装要规范、得体。

一、时间原则

首先，在不同时段的着装原则上男士和女士有所区别，一般男士着深色西装或中山装足以应付大部分时间段，而女士的着装则要随着时间而变换，白天工作状态中，女式应穿正式套装，体现专业性；工作时间着装应遵循端庄、整洁、稳重、美观、和谐的原则，能给人以愉悦感和庄重感。晚上出席 Party 就必须换下套装，着礼服参加，并搭配相关的配饰，增加修饰感。同时，着装的选择还要适合季节气候特点，保持与时代同步，跟进流行趋势。

二、场合原则

着装要与场合相协调，这些场合是基于社交礼仪而展开的。如参加正式会议，着装应庄重考究，款式简洁大方；与朋友户外郊游或逛街购物，则应着轻松舒适的便装；而参加比较正式的宴会，为了表示对宴会主人的尊重，则应着中式或西式的礼服。在不同的场合应选择合适的着装类型，做到得体，符合着装场合。

三、着装者原则

人是服装设计的中心，服装设计最终服务于人。在进行设计前我们要对人的各种因素进行分析、归类，才能使设计具有针对性和定位性。服装设计应对不同地区、不同性别和年龄层的人体形态特征进行数据统计分析，并对人体工程学方面的基础知识加以了解，以便设计出科学、合体的服装。从人的个体来说，不同的文化背影、教育程度、个性与修养、艺术品位以及经济能力等因素都影响到个体对服装的选择，设计中也应针对个体的特征确定设计的方案。

总之，着装最基本的原则是体现“和谐美”，上下装呼应和谐，饰物与服装色彩相配和谐，与身份、年龄、职业、肤色、体形和谐，与时令、季节环境和谐等。
根据 TPO 原则，设计师在进行设计定位时，就应当把穿着者穿着的时间、场合、地点因素全面了解清楚，根据特定的条件设计服装。

4.2.2 5W 原则

服装设计的条件除了 TPO 原则之外，还有一个更为详细的设计方针，称为 5W 原则，即对象（Who）、时间（when）、地点（Where）、目的（Why）、设计物品（What）。

• 对象（Who）——为什么人而做设计？即设计的主体对象，具体的人。对其性别、年龄、职业等因素有一个清晰的认识。

• 时间（When）——时间因素包含两层含义。其一，服装的季节时令性较强，成衣设计基本把服装设计周期划分为春夏季和秋冬季两个时间段，两个时间段所选择的材质、款式、色彩及品类都有很大的不同。其二，服装穿着的具体时刻。白天与晚上穿着的服装应考虑到因时间差而产生的温度上的差异，从而影响到着装者的具体装扮，同时服装的华丽程度也受一定影响。白天仍以简洁大方为主，而晚上的着装可以稍微隆重与华丽一些。要充分发挥设计的最佳效果，很好地掌握消费者的时间细节十分必要。

• 地点（Where）——在什么地方穿？服装使用者的使用场合会经常改变，设计自然须根据不同场合对待。例如，海边郊游需要搭配泳衣或沙滩装一类的服装，居家时需要休闲放松，可以摆脱职业套装的刻板，而选择舒适的家居服作为室内的穿着。

• 目的（Why）——为什么而穿？指穿着的目的和用途，是现代服装设计的目的。例如穿礼服是为了出席一个正式的晚宴场合，穿套装是为了符合办公室的工作情景等，得体的着装不仅可以凸显自身气质，同时也是对他人尊重的有效表达。

• 设计物品（What）——即设计的具体内容、外在的表现形式以及性能。根据不同的穿着对象，配合场合、时间、目的等因素，把设计内容全面表达出来，不仅仅是服装本身，还包含相关的搭配，如配饰、发型、化妆等，放眼整体，使服装更能体现和谐美。

4.3 设计流程

产品设计的程序多种多样，有的公司会根据品牌定位和属性自行选择最适合公司的一套流程，比如快速消费品牌多会采用多个设计小组、每个小组完成一个产品线，这些

产品线最终组合成整体货品的设计流程；而另外一些品牌公司更注重卖场货品的整体性，一般在首席设计的领导下，按照服装功能和产品结构划分小组完成设计。

产品设计流程所需要的时间长短，即一个设计周期，每个公司各有不同，最初的产品设计会用去大部分时间，生产时间受生产方式不同的影响会有长有短。一个运营稳定的公司，已经在一定程度上适应市场，产品设计和生产的时间都能缩短。一般情况下，服装设计开发的周期时间表是 4-6 个月。根据产品的上市销售时间和生产时间倒推，可以基本设定产品开发的开始时间。

在公司的运营中会根据实际需要灵活组合产品设计的各个步骤和要素，所呈现的形式是多种多样的，但产品设计的目标是一致的，就是保证产品最终的设计效果有序而完美地呈现出来。产品的设计包括一件衣服从构思到生产的全部过程，品牌公司的产品设计一般包括以下几个步骤：前期的设计调研，规划设计方案，产品设计，样品的制作和修正，制作工业性样衣和制定技术性文件。

4.3.1 设计调研

设计调研包括流行趋势预测和市场调研两个部分。

一、流行趋势的预测

流行趋势预测是指收集流行趋势资讯并归纳分析以指导新产品开发的内容。流行预测可以汇集整个季节的预测，为产品设计开发流程提供方向，作为服装设计、生产决策和市场销售的重要依据，促进产品设计师从服装发展特点的变迁来把握市场的发展脉搏及时调整设计思路，也可以促使生产投向和经营策略的及时调整，提前生产出符合下一流行周期的服装，从而增强产品的市场吸引力和竞争力，不断满足消费者对于时尚的追求。

1. 购买流行趋势资讯

各个国家都有自己的时尚预测机构，并发布相关信息，大部分的内容都作为资料出售给品牌公司，小部分公开在各种媒体上。比如在色彩预测方面，美国棉花公司每年都会发布颜色方面的流行预测信息。

时尚快讯和流行预测服务现在已经具备相当的规模和专业性。这项服务专门用于环境调查和进行自身的媒体搜索，在世界时尚胜地购物并观测街头流行，参加面料展览以及 T 台上的服装表演。这些服务的市场趋势分析覆盖的领域广，分析透彻，具有很大的实用价值。时尚快讯和流行预测服务通常会在服装的色彩、面料、廓型和细节等方面提供指

（图 4-4）品牌新一季产品 T 台发布

导，也会提供部分时尚胜地和品牌的橱窗图片，以及 T 台表演和街头时尚的内容。

在众多的资料中，国际时装中心巴黎、纽约、米兰、伦敦、东京等地每年的时装发布会聚集了时装大师们创造下一季流行趋势的最新设计作品，我们可以通过时装报刊杂志、发布会的 VCD、电视、时装网站等对发布会的报道，进行信息的收集和整理，分析时装发布会整体风格上的倾向，从而获取自己最需要的素材。如图 4-4 所示，时装品牌秀场的新一季产品发布正在进行。

2. 参加贸易展销会

面料和纱线都是服装的媒介，需要通过触摸感受其质感和垂感及舒适性，因此，每年都会举行许多国内国外的面料和纱线展，向设计师提供收集面料咨询和寻找面料灵感的机会。面料展览一般是在成衣上市的一年前或半年前举办，这里面有着十分重要的流行信息。同时，也是面料和纱线销售商展示当季系列产品的机会。

随时市场的发展和竞争的加剧，展示会的内容越来越丰富，在展会上可以了解到最新的面料趋势，展商都会花尽心思展示新的工艺和花色，设计师可以直观地接触到面料和纱线，充分运用触摸、观察、与厂家交流等方法，了解面料的垂感、质感、手感、透明度，询问其纤维原料组成状况，观察面料的色彩、花纹构成情况。可以在展会上调取样品，用于新品开发。

展商也会制作样衣，这样有助于设计师和采购人员了解面料和纱线的特性，也可以促使设计师找到新的灵感用于产品的设计中。

二、市场调研

市场调研主要包括上一季品牌自身及竞争品牌产品的销售信息和目前市场中潜在需求的判断与调查两个内容，具体内容将在后面章节中详细陈述。

作为以市场为主导的品牌公司，上一季的销售信息对新一季产品的开发有着很大的影响。在品牌公司中，设计部门需要产品企划部门提供详细的销售数据分析资料作为新品开发的参考依据。在运用的品牌公司中，会有专门的部门把每一个销售季节的信息按照主题进行分析，并提供给相关部门参考。

在这些数据中需要显示每个月份每个品类的销售情况，并以图表的形式清晰展示（如图 4-5 所示，某公司 8 月份的销售数据分析表格），这些数据会影响设计师调整新品系列中的品类比例、素材比例、颜色比例和廓型比例。

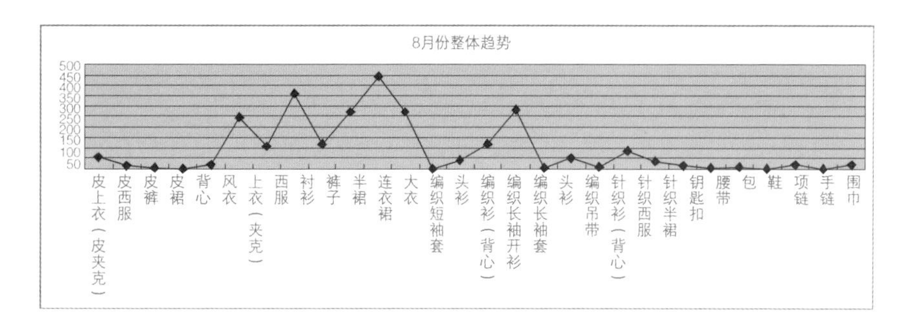

-（左页从上至下）-
（图 4-5）8 月份的销售数据分析
（图 4-6）流行趋势展板

-（右页从上至下）-
（图 4-7）流行趋势分析概况图
（图 4-8）纱线色卡

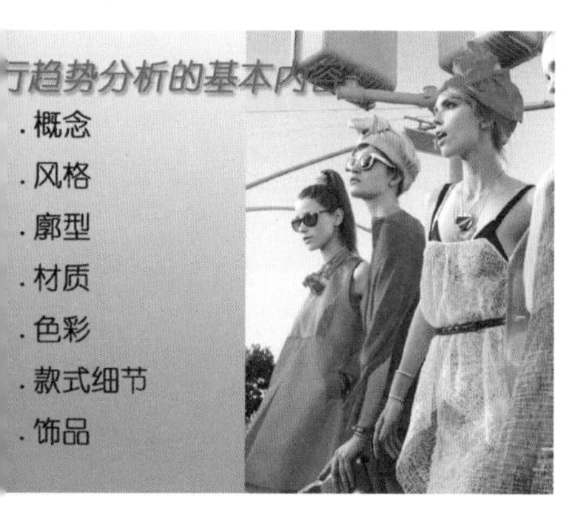

三、设计调研咨询分析及成果展示

经过上述几个小节的资料搜集，负责趋势预测的设计师需要用一定的形式展示收集资料的整理和分析结果。设计师会将展会上调取的面料，纱线小样和色卡，流行趋势资料图片或者其中的局部，市场调研中搜集的各种样品等集中在一起，并对色彩和面料的搭配组合进行研究，从而调整出新的流行趋势预测，这将影响到下一步的产品设计，并以一定的形式渗透到产品中。也有的公司把这一组合称为“灵感展板”，如图 4-6 所示为某品牌的流行趋势展板。

展板完成之后，设计师需要更加具体地分析流行趋势，以便设计产品的方向更加明确，对接下来进行的设计方案规划也有指导作用。在具体工作中，会从以下几个方面分析流行趋势：概念、风格、廓型、材质、色彩、款式细节、饰品，涵盖产品的各个方面，如图 4-7 所示。以 2010/2011 年秋冬成熟女装为例，这一季在概念上强调了几何形式装饰、复古、男装女穿、层叠混搭的概念，而在廓型上更突出 A 型款式，斗篷式款式和灯笼型的款式特点。

4.3.2 规划设计方案

在流行趋势收集的过程中，设计师也在同步地完成面料的选择和调样品的工作，这些都属于设计前期的准备工作。调面料和纱线样品的工作需要采购部门协助完成。在产品开发的阶段也是各商家推销其面料和纱线产品的时间，设计师会搜集尽可能多的适合品牌风格的内容以便下一步的工作顺利进行。

通常情况下，设计师会先在展会上选择合适的面料或者纱线，由商家把面料卡板和纱线卡板，如图 4-8 所示。色卡先邮寄或者送到公司，在进行一定的筛选之后，再由公司的采购部门调取

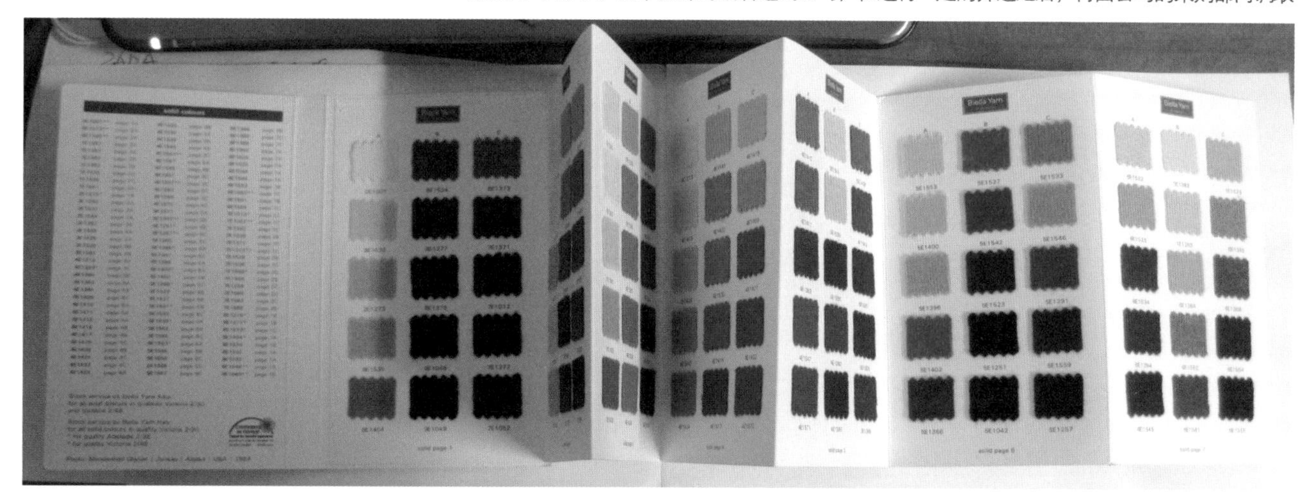

一定数量的样品，进行样衣制作，调取样品的工作一般是在产品的款式设计之前就展开。

一、制作产品系列概念和方向

在灵感展板和趋势分析的指导下，设计师需要开始产品设计的面料和色彩的审查、挑选、整理。在从供应商那里拿到的众多面料和纱线中选择出符合品牌定位的内容，并按照销售的季节进行分类，在每个销售阶段要做好产品的搭配，使产品饱满。这部分工作有三个要点：

- 产品色彩
- 面料
- 纱线

这三个部分要完整地表达每一个销售阶段的内容，并且充分展示品牌的风格。如图 4-9 所示为某女装品牌 1 月份选择的面料和纱线，同时也显示了这个批次货品的色系——灰黑色系。

根据所选择的面料所完成的产品设计意向，如表 4-1 所示，这里面包含了这个销售时段所必须的所有内容：风衣、套装、毛衫外套、毛衫内搭、裤子、裙子、衬衫、连衣裙、围巾、包等。

面料在选择的时候需要考虑到销售季节的特点，面料和纱线之间的相互搭配，颜色的协调和统一，当然这些都是在品牌定位的前提下进行的。在品牌公司里，每一款面料或者纱线往往被设计成 2 ~ 5 个单品，这样可以方便采购部门提高材料的订购数量，以便降低价格节约生产的成本。

表 4-1　秋冬编织货品品类明细表

品类　月份	6月	7月	8月	9月	10月	11月	合计
背心、吊带	1			3			4
套头	3	2	4	7	3	2	21
开衫	2	4	9	3	2		20
连衣裙	1	1				1	3
围巾	4	2	1	1			8
帽子	2		1		1		4
手套	1						1
合计	14	9	15	14	6	3	61

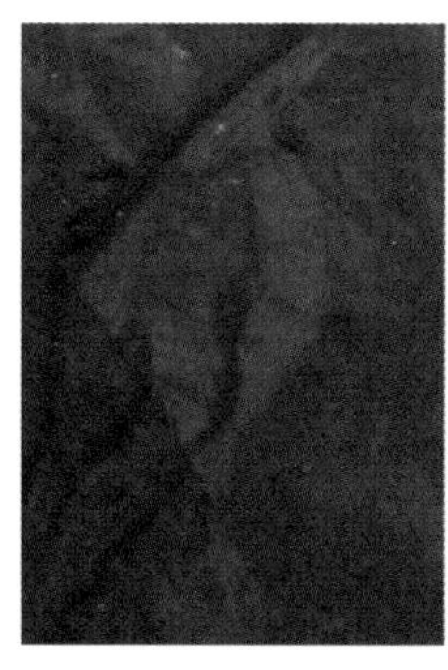

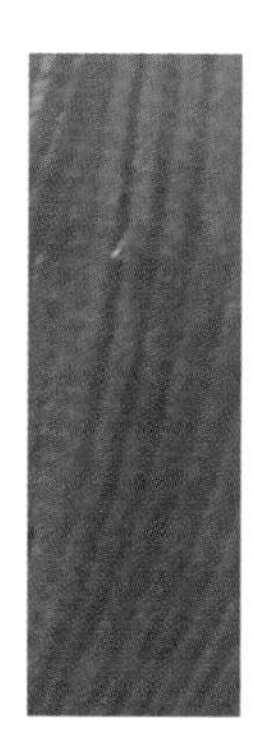

（图 4-9）系列纱线、面料组合图

二、制定产品结构的详细内容

制定产品结构是为了选择适合品牌风格的产品组合以取得良好的销售业绩。任何品牌的最终目标都是要提供一个平衡的产品类别，以适应销售季节和迎合目标消费群体的消费需求。在企业中，产品结构和计划表格数据根据企划部门提供的销售数据分析得出，设计部门需要在这个结构的基础上，把新一季的流行元素加进去，使产品结构丰满。

这个观念表达起来容易，却是服装企业中一个很大的难题，这个结构需要在持续的潮流变化中随时变化以完成良好的销售任务。

4.3.3 产品设计

设计师将灵感展板的信息转化为服装效果图和款式草图，这一阶段称为设计阶段，设计师还需要将这些草图进行精选，并把其中的一些元素进行拓展，这样可以使产品的系列感和整体感加强，可以为面料的生产提供一定的便利，也可以节约一定的生产成本。

一、设计图

在新品开发阶段，设计师需要设计最终上市产品数量几倍的设计草图来供选择。设计图可以传达出设计师的款式理念，那么对设计图有什么样的要求呢？设计图稿要准确传达的内容包括成品廓型、结构和比例，而不是像创意插画那样可以夸张和美化；它们还需要正确地表达工艺技术，传达缝制过程中所需要注意的细节。

在品牌公司的工作中，这样的设计草图（如图 4-10 所示），比时装效果图更实用，也更有助于提高工作效率，所以它往往根据需要不必填充色彩，当然，如果是以色彩搭配为主题的设计还是需要做出明确的效果图。

表达设计图可以用手绘的方式，也可以用电脑 绘制（如图 4-11 所示），根据工作的需要而定。

二、设计理念的取得与实施

设计的终极目标都是为了使产品符合目标消费者的需求，如何将设计的创意转变为当季市场需求的具体系列款式，实现的手段有两个方向：从市场上购买符合构思创意的样衣进行参考，借鉴其中的某些部分，转变为已计划的产品的色系和面料；也可以从

一些设计素材中提炼自己的设计意图，并通过不断修改设计草图，完成原创的设计款式。绝大部分的设计师都是在这两个方式之间灵活运用，最终完成具备品牌风格和定位所需要的设计。设计师取得创意的来源有以下几种：

- 买样衣。
- 从杂志或者网站上收集素材。
- 在做市场调研的过程中迅速记录灵感。
- 研究一些素材，如敦煌壁画、陶瓷工艺品等，从中寻找灵感。

– (左页从左至右) –
(图 4–10) 设计草图
(图 4–11) 电脑绘制图

– (右页从上至下) –
(图 4–12) 梭织工艺单样本
(图 4–13) 编织衫 (毛衫) 工艺单样本

4.3.4 工艺单与样品制作

完成产品系列的设计之后，就进入到样品制作阶段，在进行产品设计时，所调取的面料和纱线样品也在陆续到达。在成衣制作之前需要制作样品的工艺单，这也是保证成衣效果的重要前提。

制作样品工艺单是为了在设计图之外给技术部门清晰地表明设计师的设计意图，以及需要在设计作品上展现出来的工艺设计要求，如图 4–12 和图 4–13 所示。这样可以方便两个部门的沟通，有助于技术部门理解设计师的要求，做出符合设计风格的纸板。

在工艺单上，需要清楚的表明以下内容：

- 设计款式的廓型、风格 (也可参考设计图)。
- 款式的结构线、缝纫线的工艺要求。
- 特殊的设计部位的变化。
- 所使用面料或者纱线的小样。
- 所使用辅料的基本要求。

款式开发通知单

品牌：M　　款式编号：　　样衣编号：　　年　月　日

效果图（配料）

部位	样板尺寸	样衣尺寸
前衣长		
后衣长		
胸围		
腰围		
臀围		
肩宽		
袖长		
袖口		
袖肥		
裙长		
裤长		
臀围		
腰围		
裤口		
立裆		

款式说明

整体造型：身型参照 尤其腰身

配料：顺色丝线

主料	面料	里料	配料1	配料2	填充物	其它
品名	面料	里料	配料1	配料2	填充物	其它
色号	[illegible]		✓			
料样		有里布 ✓	顺色丝线			

辅料						
名称	扣子1 2.5cm 3	扣子2 2.1cm 4	拉链	拉链	钎子1	钎子2
编号	丝线包扣					
名称	铆钉	气眼	吊钟	丝带	饰带	明线
编号						
名称	打结线	珠边线	线绳	橡根	毛条	其它
编号						

制单：　　设计：　　版师：　　审核：

编织衫工艺制作单

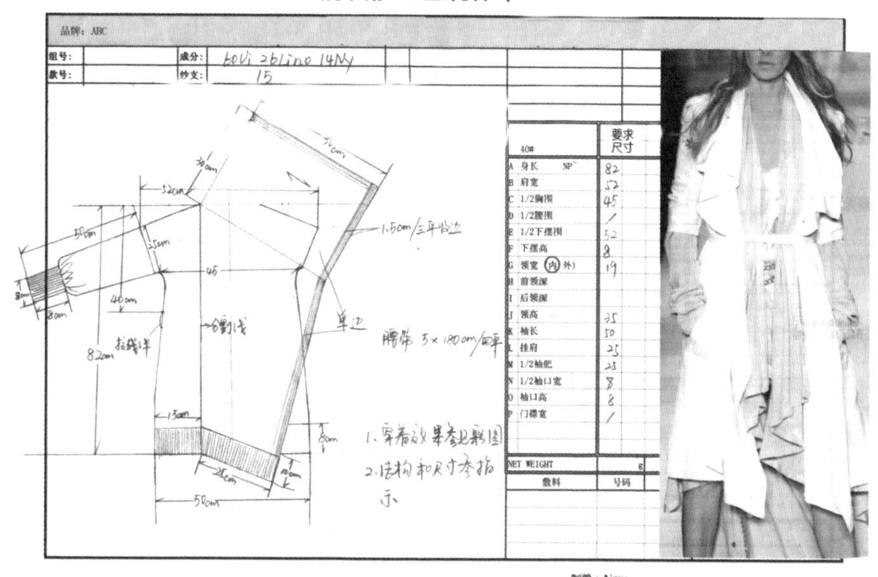
品牌：ABC

组号：　　成分：60Vi 26line 14Ny

款号：　　纱支：15

40#	要求尺寸
A 身长 NP	82
B 肩宽	52
C 1/2胸围	45
D 1/2腰围	/
E 1/2下摆围	52
F 下摆高	8
G 领宽（内 外）	19
H 前领深	
I 后领深	
J 领高	25
K 袖长	50
L 挂肩	25
M 1/2袖肥	23
N 1/2袖口宽	8
O 袖口高	8
P 门襟宽	1
NET WEIGHT	
数料	号码

制单：Aimy

梭织工艺单样本

编织衫（毛衫）工艺单样本

工艺单的制作是为了清楚地表达设计师的设计意图，如廓型，细节设计等，让技术部门可以实现设计，所以工艺单的制作一定要细致。由于编织产品设计的特殊性，所以需要制作专门的样品工艺制作单，需要更加详细的尺寸和细节介绍，如工艺单上展示出的。另外需要详细注明以下内容：

- 纱线的成分和纱支。
- 制作样品的针型或者入纱的股数，这个信息表达了样衣的厚度。
- 样品的密度也是样衣需要的参数，一般会在样衣进行前织出小纱片，由设计师确认它合适的密度。
- 细节部位的工艺要求和尺寸要求。

4.3.5 审查并修正样衣

在技术部门按照样衣的工艺单要求做完版，并由样衣制作部门按照要求完成样衣缝制之后，设计师要根据之前的要求和样品出来的效果做调整，样品的整体比例，每条结构线的位置和状态都要进行调整，这时需要设计和技术部门的人一起合作，以达到最好的效果。在图 4-14 的示例中，设计师在样衣上做了以下调整：

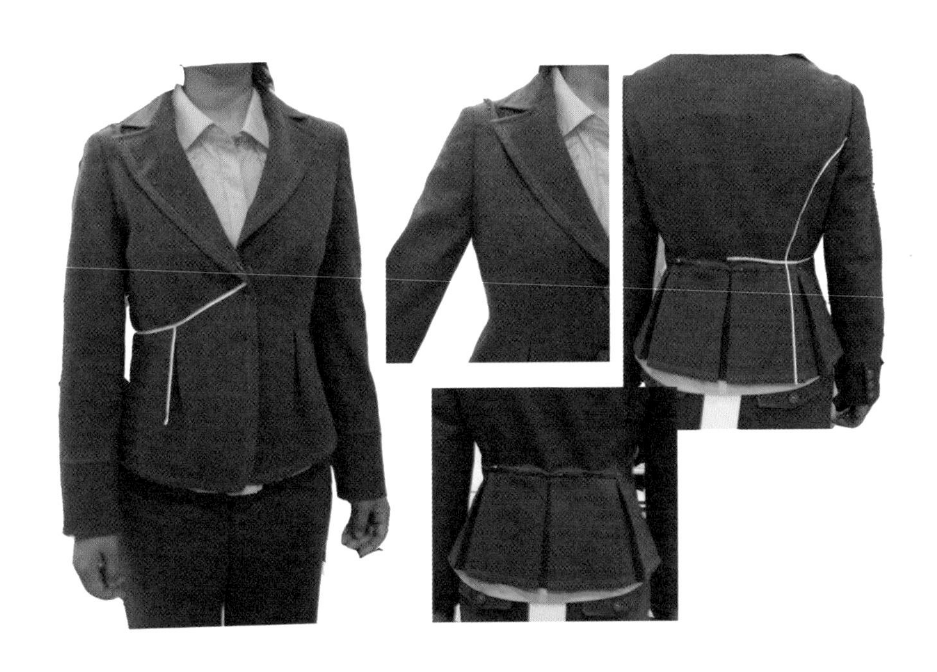

• 前片分割线的位置用修正带做了重新标注：比样衣的位置提高了。
• 肩宽减窄：公主线部位收了一定的量。
• 用大头针提高了衣服后腰线的位置。
• 后片刀背线的位置和形状也用修正带做了调整。

4.3.6　制作工业性样衣和技术文件

在样衣修正的工作结束以后，就进入到大货之前的确认阶段，这个阶段会要求工厂用大货用的面料或者纱线做出两件样品，样品按照样衣的最终修正要求进行，这两件衣服一般被称为“大货封板样”，封板样确认之后由技术部门的工艺负责人写出详细的工艺指示单。其中一件封板样连同工艺指示单会交给生产部门，作为生产的标准。至此产品设计的工作全部完成。

附：
品牌公司设计部门的设计流程：趋势和市场调查（收集信息与资料）——趋势、市场分析——确定产品设计风格——季度新品企划与产品设计——确定设计方案——绘制设计草图——初审——产品设计阶段——试制样品——试制品评估——修正稿图——绘制产品设计正稿图。如图 4-15 所示，为品牌公司产品设计流程图。

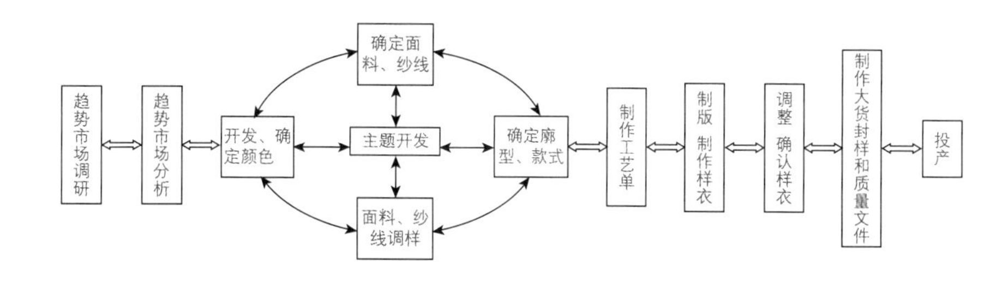

–（左页）–
（图 4-14）样衣修正图

–（右页）–
（图 4-15）品牌公司产品设计流程图

第 5 章　成衣分类

成衣有多种形式，在成衣设计过程之前必须明确成衣的不同类型，根据不同类型进行设计调研，从而实施不同的设计方法，做到有的放矢。成衣的分类，可以按照消费者的消费水平分类，如高级成衣、大众成衣；可以按照性别和生理结构进行分类，如男装、女装、童装；可以按照穿着场合分类，如礼服、职业装和休闲装等；也可以按照生产特点的不同进行分类，如针织、毛织、裘皮等。按照不同的分类方式，成衣的设计也以此分类而展开。本章将通过不同的方式进行成衣的分类认识与了解，探讨成衣设计在不同条件下的表现形式。

5.1　根据场合分类

5.1.1　职业装

职业装，简单的理解就是上班时统一的着装，英文名称为 Uniform，即“统一的形”，通常称为制服。与平日的便装不同，职业装的穿用是根据一定的目的、有特定的形态、着装要求、加上必要装饰、具备机能性特色，又有必要的材质、色彩、附属品等，既有区别又统一的服装形式。同时职业装还要满足职业活动的便利性，跟平时便装不同的是，不仅需要考虑着装者的体型特征，还要充分研究、考察从业人员的各种动作并能适应职业活动而去进行职业装的设计，并且考虑外观上的美观性。

从行业的角度进行分类，职业装可以分为办公室人员的服装、服务人员的服装和车间作业人员的服装。为此，可以从以下三个方面了解。

一、职业时装

职业时装主要是指现今称为“白领”和部分政府部门的着装，其设计偏向于时尚化和个性化，穿着人员规范、美观、统一。职业时装一般在服装材质与制作工艺上比较考究，对色彩的选择与搭配也有较高要求，整体造型简约流畅，自然大方，贴近流行趋势，在款式细节中多有变化，在国内外成衣品牌中，职业时装在整个服装体系中有着重要的地位，成为职业人士上班着装的必备服饰类型，如图 5-1 所示。

二、职业制服

职业制服是狭义职业装的概念，即各行各业不同职位的工作人员在工作场合所穿用的服装，应用范围较广。职业制服，更多的是对于其标志性与统一性的强调，体现着不同行业的特征和规范性，同时显示功能性。职业制服的材料取决于行业对于不同职位着装的要求，根据一定的预算进行服装面料的采集与工艺的制作。但材料的选择要兼顾到不同工作的实际，尽量选择舒适耐磨，外观平整且经济实用的类型。职业制服主要根据以下

-（右页）-
（图 5-1）时尚的职业时装

三种类型进行相关的设计：

- 商业性职业装，如商场、酒店、餐饮、旅游、航空、铁路、邮政等系统，如图 5-2 至图 5-4 所示。
- 执法行政与安全，如军队、警察、法院、海关、税务、保安等。
- 公用事业与非赢利性，如科研、教育、学生、医院、体育等。

三、工装

工装的使用范围一般为一线生产工人和户外作业人员等，对工作着装的功能性要求非常高，服装的功能性、安全性和标志性是重点考虑的因素。特别是在面料性能方面，突出其防油污、防水、防火、防化学侵蚀等特殊功效，如图 5-5 所示。

5.1.2 商务装

商务装一般来说是基于一定的商务活动而穿着的相对正式的服装，设计简洁大方，广义上讲属于职业装的一种特殊形式。男性的商务装一般都是西装形式，女性的商务装范围更广一些，除了套装形式外，还包括出席商务派对的商务礼服类型。但总体而言，商务装以凸显优雅、庄重为主，尽显穿着者自信得体、高雅端庄的气质，如图 5-6 至图 5-8 所示。

-（左页从左至右）-
（图 5-2）航空系统员工职业装
（图 5-3）航空系统空姐职业装

-（右页从左至右，从上至下）-
（图 5-4）商场系统员工职业装图
（图 5-6）户外作业人员工装图
（图 5-5）男士商务装图
（图 5-8）某品牌男士商务风衣与西装
（图 5-7）办公室行政人员商务套裙

5.1.3 礼服

礼服以裙装为基本款式特征，是基于一定社交礼仪场合而产生的服装类型。

随着现代社会生活的变化，礼服的形式及穿着方式也有了新的形式，特别是新的科技应用，新材料、新款式在服装领域层出不穷，使得礼服的设计更加符合现代人的需要，品牌成衣中礼服的款式造型也变得简洁、时尚且平民化、大众化。在成衣品牌中，礼服的比重也有逐渐扩大的趋势，与高级服装礼服相比，在设计手法上有一致的地方，但多为半正式的小礼服类型，隆重的晚礼服类型较少，样式上更为简洁，如图 5-9 所示。礼服设计的概念往往会根据一定的元素展开，但在形式上还是走相对简洁的成衣化路线，有一定的对于面料表面整理的方式，以增加服装变化。

一、礼服特色

礼服在款式、色彩、面料上都有它的独特性，礼服的设计注重体现个性美，集古典和现代于一身；色彩非常丰富。同时礼服用料一般以有光泽的丝绸、丝绒、上等的毛织物或者化纤混合纺织物为主。

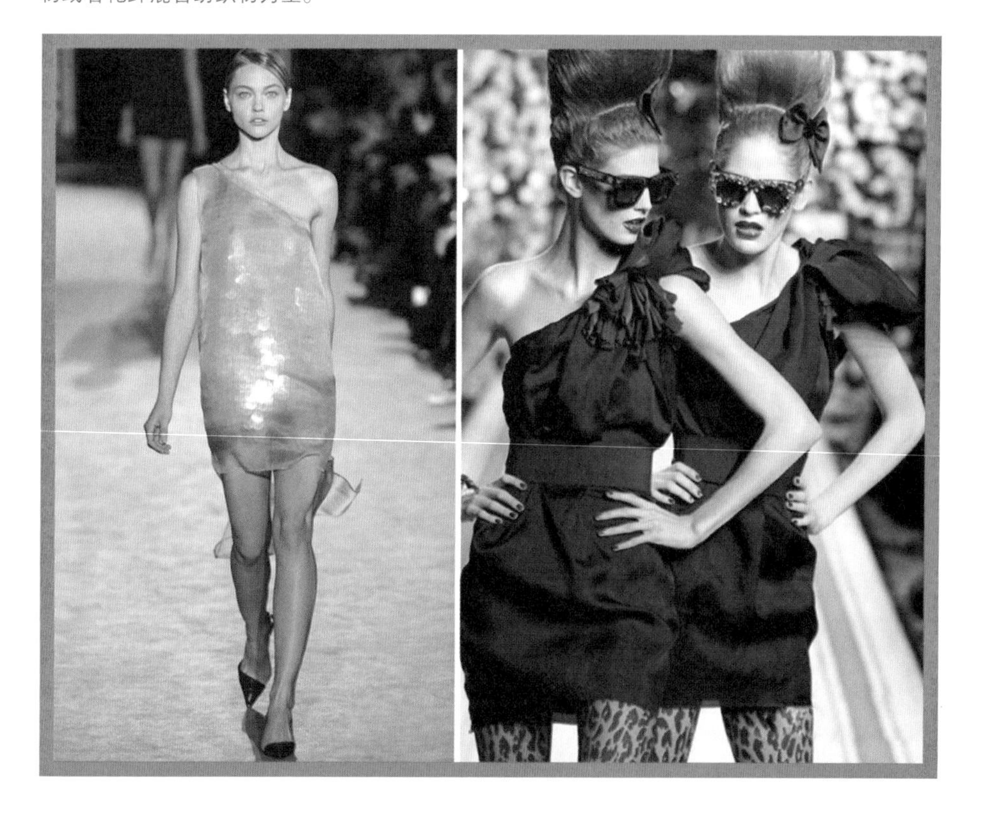

-（左页）-
（图 5-9）设计简洁别致的斜肩礼服

-（右页）-
（图 5-10）品牌 channel 的日礼服

在工艺制作过程中，做工考究，并以刺绣、钉珠、镶嵌、镂花等方法营造高档、华丽的效果。同时，礼服的服饰配件也是构成礼服整体效果必不可少的一个方面，如头饰、项链、胸针、耳饰、腕饰、裙带、戒指以及与礼服相配的鞋、靴、帽、包、手套等都会给整套礼服锦上添花。

二、礼服的常用分类

得体的礼服穿着，不仅可以显得更加美丽，还可以体现出一个人良好的修养和独到的穿衣品位。礼服的分类有多种形式，常见的有以下几种：

按照风格分，有中式礼服、西式礼服、中西合璧式礼服；按照礼服形式分，有正式礼服和半正式礼服；按照穿着方式分，有整件式即连衣式、二件套、三件套、多件组合式；按照用途分，有日礼服、晚礼服、婚礼服、舞会服、小礼服等。以下按照用途分类对礼服做更深入的了解。

1. 日礼服

在传统观念中，礼服只是夜间社交场合穿用的服装形式，其实随着现代社交生活的日益丰富，白天出席设计活动时穿用礼服也成为人们生活中不可缺少的服饰，如开幕式、宴会、婚礼、游园、正式拜访等，外观端庄、郑重的套装均可作为日礼服，更为便利的短款小礼服也可作为日礼服，它不像晚礼服那样有特别的规定。面料多为毛、棉、麻、丝绸或有丝绸感的面料，如图 5-10 所示。

2. 晚礼服

晚礼服也称夜礼服或晚装，是在晚间礼节性活动中所穿用的服装。 晚礼服有两种形式，其一是传统的晚装，形式多为低胸、露肩、露背，收腰，以及贴身的长裙，适合在高级的、具有安全感的场合穿用；其二是现代晚礼服，随着社会生活的不断变化发展，晚礼服已成为人们社交和娱乐活动不可缺少的服装。

现代晚礼服与传统晚礼服相比，在造型上更加舒适实用，经济美观，如西装套装式、短上衣长裙式、内外两件的组合式，甚至长裤的合理搭配也成为晚礼服的穿着。如图 5-11 和图 5-12 所示，为某品牌晚礼服系列发布的 T 台展示。

3. 婚礼服

在结婚时新娘所穿的服装称为婚礼服。西式婚礼服源于欧洲的服饰习惯，在多数西方国家中，人们结婚要到教堂接受神父或牧师的祈祷与祝福，这样才能被公认为是合法的婚姻。因此，新娘要穿上白色的婚礼服表示真诚与纯洁，并配以帽子、头饰和披纱，来衬托婚礼服的华美。

西式婚礼服从造型、色彩、面料上都有一些约定俗成的规律，从造型上多为 X 形长裙，色彩上通常为白色，象征着真诚与纯洁，如图 5-13 至图 5-15 所示。

我国传统的婚礼服是旗袍，色彩多以红色为主，象征着喜庆、吉祥、幸福。

4. 舞会服

舞会服是人们参加舞会时所穿用的服装，一般根据舞会的内容、规模而有所不同。舞会服装注重一种动态效果和装饰性，充分体现穿着者的动态美。

5. 小礼服

小礼服是在晚间或日间的鸡尾酒会正式聚会、仪式、典礼上穿着的礼仪用服装。裙长在膝盖上下 5cm，适宜年轻女性穿着。与小礼服搭配的服饰适宜选择简洁、流畅的款式，着重呼应服装所表现的风格。如图 5-16 和图 5-17 所示，为风格各异的小礼服设计。

5.1.4 休闲装

休闲类服装是为了满足消费者日常休闲场合需要而设计的，休闲类的便装在款式上更加轻松随意，突出设计风格的表达。成衣企业一般在产品设计之初，就将品牌的风格首先作出定义，休闲类服装还可以细分为两大类型：时尚休闲与运动休闲。

一、时尚休闲服装

时尚休闲服装是人们在闲暇生活中从事各种活动所穿的服装。该类服装适用性广，属于广义上的时装范畴。时尚休闲服装与流行变化连接紧密，同时时尚休闲服装与现代生活方式高度相关，对生活质量的重视以及对闲暇生活方式的追求是休闲服成为主流的原因。典型的时尚休闲服装有 T 恤、牛仔裤、牛仔裙、衬衫、针织衫、连衣裙等类型，牛仔服可以说是休闲服装中最重要的一类。如美国第一设计师品牌，反映极简休闲风格的 Calvin Klein；地中海式热情浪漫并融合性感元素的意大利品牌 DOLCE & GABBANA；以民族风格著称的 Anna Sui，带有强烈的波西米亚风情，如图 5-18 至图 5-20 所示。

–（右页从上至下）–
（图 5-11）某品牌晚礼服系列
（图 5-12）某品牌花卉元素的晚礼服设计

-（左页从上至下，从左至右）-
（图 5-13）西式婚礼服
（图 5-15）褶皱元素的婚礼服设计
（图 5-14）X 型的白色婚礼服

-（右页从左至右，从上至下）-
（图 5-16）品牌 Lavin 小礼服
（图 5-17）T 台中优雅的小礼服
（图 5-18）以民族风格著称的 Anna Sui
（图 5-19）ZARA 品牌 TRF 系列
（图 5-20）法国品牌 LACOSTE 时装系列

LACOSTE

二、运动休闲服装

运动休闲服装是一种更为专业的服装细分，随着社会的发展，人们也越来越重视运动与健身，运动休闲服装的流行与普及其实也是运动理念升级到了一定程度才出现的现象。运动休闲服装是一种专业运动服装与平时休闲装相结合的服装，如慢跑装、高尔夫球装等。运动休闲服装的特点是必须能够承受得起长时间的日晒和汗水的侵蚀，吸汗透气，色泽持久耐磨，造型宽松舒适。例如 POLO 恤的创造者设计师品牌 Ralph Lauren，法国品牌 Lacoste、美国的 Nike、德国的 Adidas、德国的 PUMA、意大利的 KAPPA 等，如图 5-21 所示。

5.1.5 运动装

随着全球时尚潮流的演进，人们对时尚的热爱程度也逐渐增加，运动已经成为人们生活的一部分，穿着运动装在一定程度上表达出人们对新的时尚生活方式的追求。特别是在流行杂志、报刊、网络等媒体中把运动、时尚、健康等元素汇集起来，不断向消费者传播运动装的流行信息，使品牌设计师、媒体、消费者共同将个性化元素带入到运动装中，使得运动装成为了功能性、专业性、潮流感、个性化并重的服装品类，如图 5-22 所示。

运动装的定义，从狭义上来说，为专用于体育运动竞赛的服装。通常按不同的运动项目的特定要求进行设计与制作，例如，田径类、球类、水上运动类、举重装、摔跤装、击剑服等。广义上还包括从事户外体育活动穿用的服装。例如户外品牌的在中国市场上不断的发展，户外运动的爱好者、俱乐部逐年增加。国内外的户外运动服装和用品的品牌及零售商也迅速增加。例如，冲锋衣公认的顶级品牌始祖鸟（ARC' TERYX），带有法兰西式浪漫情结的 AIGLE，在中国影响面最广的国际品牌 THE NORTH FACE 等。

按照运动装的穿着用途，可以将运动装划分为专业运动装和休闲运动装两大类型。

专业运动装更加强调服饰的功能性，比如透气性、舒适性、防水、以及运动过程中对服装伸缩度的要求，以确保自由运动的需要。而休闲风格的运动装，与休闲装类型中的运动休闲类型接近，更加强调服装的潮流与时尚感，在材料选择上相对宽泛，讲究色彩搭配与结构变化。在穿着上，也更加日常便装化，休闲运动装在休闲装市场上有较高的占有率，在衣橱里放置几套运动装已经非常普遍，甚至体育明星和名牌运动装可以对运动装市场带来一定的引导作用。运动装一般由专业的运动装设计师和企业来完成，比如 Nike，Adidas 等。同时，一些非专业运动装品牌，也会在自己的产品系列中加入运动系列，充实产品内容，如图 5-23 和图 5-24 所示。

－（从左至右，从上至下）－
（图 5-22）时尚的运动装
（图 5-21）法国品牌 Lacoste 的运动休闲系列
（图 5-24）简约运动风格的 Lacoste2011 春夏系列
（图 5-23）BURBERRY 2010 运动男装系列

5.1.6 舞台装

舞台装是演艺人员在演出中穿用的服装，是为了塑造人物角色，反映表达演出风格的重要手段之一。舞台装往往是针对一个或多个特定的目标而展开的，源于日常着装，根据舞台服装设定的主题，又有不同程度的夸张表现形式。配合化妆是演出活动中最基本的造型因素。舞台服装设计的目标体现了人类文化演进的机制，是创造审美的重要手段，如图 5-25 所示。

一、舞台装分类

舞台装一般分人物角色服装和演员服装两大类。

1. 人物角色服装

通常指的是在影视剧或戏剧小品中，角色扮演着所穿用的服装，这一类的服装基于角色的要求而产生，不同角色的人物，其着装类型也有较大区别，以更好地表达剧情为目的，如图 5-26 所示。

人物角色服装包括影视人物服装，戏剧人物，如话剧、歌剧、舞剧，戏曲、戏剧小品、拉场戏、独角戏中的人物服装。

2. 演员服装

演员服装也称为演出服，一般在晚会中作为表演性服装出现，根据不同的节目类型选择相应的具有舞台表现力的服装，比人物角色服装更加注重舞台气氛的表达。

演员服装包括音乐、舞蹈、杂技、魔术、曲艺等演员服装，如图 5-27 所示。

二、舞台服装设计要求

舞台服装的设计不仅要考虑到人物的需求，同时还要兼顾社会的、经济的、技术的、情感的、审美的需要。需要协调各种需要之间的关系，现代舞台服装设计理念在不断更新，同样需要遵循舞台服装设计的规范，平衡各种需求关系。舞台服装注重与表演内容、舞台设计、灯光等一系列因素的协调性，突出端庄高雅或轻松娱乐的效果，如春节联欢晚会主持人服装具有喜庆、吉祥、欢乐的气氛，高雅音乐会主持人的服装则应该体现庄重、严肃的效果。如图 5-28 所示，演员的服装体现出喜庆的节日气氛。

不同时期的舞台形象表现手法会有所不同，但总体而言，舞台服装应该符合以下要求：

（1）帮助人物角色和演员塑造剧中形象。

-（从左至右，从上至下）-
（图 5-25）千手观音中舞台表演者着装
（图 5-26）体现不同人物角色的舞台服装
（图 5-27）音乐剧中演员的舞台服装
（图 5-28）具有浓烈节日气氛的演员服装

KNIGHTLEY
FIENNES
RAMPLING
COOPER
ATWELL
THE
DUCHESS

（2）设计应力求与全剧的演出风格相统一。
（3）注重实用性与审美性的统一，在满足舞台效果的同时利于演员的表演活动。
（4）舞台服装的设计应符合广大观众的审美要求。
（5）舞台服装不仅要服从于剧目的要求，同时要兼顾流行性，更好地体现舞台服装的时代性和社会价值。

5.2 根据消费者分类

5.2.1 按生理状态分类

按照消费者的生理状态，可以把成衣划分为女装、男装、童装三大类，这也是最简单的划分方式。

一、女装

男装是三类服装类型中与时尚流行结合最紧密的，无论在材料、色彩、造型上都极具流行变化，女装是时尚的中坚分子，现代服装的流行也是以女装为中心而展开的。如图 5-29 所示，女装的设计总是紧跟流行与时尚。

女装的设计重点如下：
（1）女装的设计首先要与时尚相结合，与流行相接轨。
（2）造型要变化多端，要能突出女性的优美身段。

（图 5-29）受流行变化影响较强的女装

（3）局部造型丰富多彩，恰当运用各种装饰。

二、男装

男装在造型、色彩、材料上的变化不像女装那样变化多样。即使有创意的表达，但基本沿袭了现代男装三件套的形式，特别是在造型线的运用和结构构成的形式上，仍然按着一定的程式语言作基本的表述，显然男女装所运用的服饰语言乃至表述方式均存在一定的差异。而现代男子对时尚的热衷和追求却并不亚于女性，这在男装的日常服装中体现得尤为明显，男装与时尚的结合也日益紧密，如图 5-30 所示。

三、童装

童装按照生长的阶段，可以分为婴儿装（0 ~ 1 岁）、幼儿装（2 ~ 5 岁）、大童装（6 ~ 14 岁）。

在婴儿出生到 1 周岁这段时间，其生长发育最为旺盛，出生 3 个月内身高可增加近 10cm，到 1 周岁身高将增加 1.5 倍，体重增加 3 倍。与此同时，婴儿的活动量逐渐增加，爬坐、站立直到能独立行走，如图 5-31 所示。

婴儿服装的设计一般选用平面造型，款式力求简洁，以易于调节放松量的款式为佳。面料多采用天然无刺激的纯棉材料，以更好地保护婴儿。

2 ~ 5 岁幼儿期时孩子体重和身高都在迅速增长，学走路、学说话，具有了一定的模仿能力，对一些简单、醒目的色彩和事物尤为注意。由于幼儿的活动频繁，服装的造型、款式要适度宽松，以方便活动，如图 5-32 至图 5-34 所示。

6 ~ 14 岁的儿童体型身材变化较大，已经逐渐趋于青少年，其服装在舒适宽松的基础上对服装的时尚度和流行性要求也逐渐增强，穿着个体对着装也开始形成自己个性的偏好，特别是十几岁的童装款式类型和成人服装差异不大，如图 5-35 所示。

童装设计重点如下：

（1）设计注重功能性，成为童装设计的首要前提。不追逐时尚但要与时尚相结合。
（2）色彩相对活泼亮丽，体现儿童的纯真可爱。
（3）图案要具有童趣，特别是儿童热衷的卡通形象，符合了童装消费者的心理诉求。
（4）面料要舒适、环保，对身体无危害性。

－（左页）－
（图 5-30）T 台中的时尚男装发布

－（右页从上至下）－
（图 5-31）婴儿着装
（图 5-32）色彩鲜明的童装

5.2.2　按消费阶层分类

根据消费者消费水平的不同，可以将成衣分为高级成衣与大众成衣两种类型。

一、高级成衣

高级成衣英文称 Ready-to-wear，译自法语 Pret-a-porter，是指在一定程度上保留或继承了高级定制服装、亦称高级时装（Haute couture）的某些技术，以中产阶级为对象的小批量多品种的高档成衣，是介于高级时装和以一般大众为对象的大批量生产的成衣之间的一种服装产业。其服装的材料、价位以及品质感都优于普通成衣，而与高级定制服装相比，其手工含量略低。

与普通成衣相比，高级成衣的版型、规格更多一些。面料更为考究，多采用一些成本较高的面料，在版型设计、工艺制作、细节装饰上更细致讲究，同时会根据款式的需要加入一定的手工，重视品牌的风格和设计理念，多数高级成衣品牌带有强烈的设计师个人风格。特别是随着“快时尚”风潮的演进，高级成衣与普通成衣的区别已不仅仅在于成衣产品批量的大小和质量高低，关键在于其个性与品位，因此多数国际高级成衣品牌都是一些设计师品牌，如 Prada、Dolce & Gabbana、Ralph Lauren、stella mccartney 等，如图 5-36 所示。

-（左页从上至下，从左至右）-
（图 5-33）zara kids 系列一
（图 5-34）zara kids 系列二
（图 5-35）大童装与成人服装差异不大图

-（右页）-
（图 5-36）品牌 prada 高级成衣

同高级时装一样，高级成衣每年每季都会在巴黎、纽约、米兰、伦敦、东京等地方进行服装发布展示，表达新的设计理念和流行趋势。

二、大众成衣

大众成衣指的是一般的服装设计公司创立的成衣品牌，在这样的品牌中更多的是通过设计团队的力量对流行元素进行整合，设计师个人的风格与个性相对弱化，而是以目标市场的需求为出发点，跟进流行，是面向大部分消费者的成衣类型，如 Mango、Zara、H&M 等，如图 5-37 所示。

这些品牌的目标市场为中档或中低档消费层，采用普遍低价的面料和简单的加工工艺制作，使成衣售价更低廉，普及面更广。只有规模化、批量化的生产，工序的减少才能节约成本，成本降低才能为更为广泛的大众群体提供可以接受的产品与服务。

总体来说，大众成衣有以下特点。

1. 服装的流行周期短，价格低

在目前以快时尚为主导的大众成衣品牌中，服装的流行周期缩短，几乎消费者在每周进入到终端店内都会看到新的产品上市，节奏大大加快，大众成衣的设计师在设计上不断对流行趋势进行采集跟进，每一季源源不断地推出新产品。规模化的生产和对成本严格的把控，使得大众成衣具有相当的价格优势。

2. 规模化加工和批量化

大众成衣为了满足大众消费者必须保持价格优势，因此成衣设计中秉承的是简洁、实用、美观的原则，减少了规模化生产过程中的工序，从而在有限的时间内带来更大数量和更有效率的产出。

3. 企业资源投入的制约

服装企业同其他企业一样，通过提供一定的服务满足消费者，同时达到赢利的目的，因此，企业在服装原材料、资金、技术、信息等的方面投入中都会设定一定的预算，根据有限的预算实施设计过程，利用有限的资源产生最大化的效益。

4. 目标消费群的制约

服装是服务于人的，穿着者自身的体型、气质、修养等因素都会对成衣效果产生影响，设计不能脱离穿着者本人。在大众成衣系统中，需要对目标消费群的体型特征进行充分的调研，以人体工学为理论依据，结合材料的性能，在舒适性原则的基础上，通过一定的质量标准和科学检测，来实现工业化的批量生产，目标消费群体的需求始终是企业进行产品研发的依据。

5.3　根据生产特点分类

5.3.1　针织服装

针织面料是采用各类单纱通过各类大圆机制成的面料，利用织针将纱线编织成线圈，并相互串套而形成针织物的一种方法。如罗纹布、卫衣布等，这类布通过染色、印花、整烫后才裁剪制成服装，大部分是全棉与混纺纱，以休闲服装款为主。由于其织造方式灵活，花色繁多，因此可以织造成很多廓型夸张的毛衫、T恤。由于编织松散，所以在透气性、弹性、延展性上都有不错的表现，并且不易折皱，手感柔软，穿着舒适、轻松，支数越高越薄，质地越好。但易于脱散，织物尺寸稳定性欠佳。

在针织服装设计中，应充分考虑到纱线的性能以及要表达的服装款式效果，选择恰当的针织材料去做设计，同时随着针织工艺的发展，许多梭织设计的手段也不断出现在针织设计作品中，如图5-38所示。

-（左页）-
（图5-37）大众成衣类型的快时尚品牌产品系列

-（右页）-
（图5-38）Sonia Rykiel“针织女王”2011春夏系列

5.3.2 裘皮皮革类

裘皮服装通常指的是用鞣制的动物皮制作的服装，包括裘服装和皮革服装。由于裘皮皮革是天然的多层交错的网状纤维组织，结构紧密，而又能透气，因此制成的服装既有挡风御寒的作用，又能吸汗透湿，穿着舒服，具有良好的服用性能，如图 5-39 所示。

一、裘革类

裘，通常也称为裘革、皮草，是用鞣软的带毛哺乳动物皮制成的服装。可以用来作为服装以及围巾帽子等配件，裘服装外观华贵，皮板不透风，保暖性能好，是理想的冬季御寒衣物。

裘革的种类很多，按照其用途可以分为两类：一类是以御寒为目的的毛朝里穿服装；另一类是以装饰为主要用途的毛朝外穿裘皮服装。

按照裘革的市场价值，可以分为以下几种：

1. 昂贵的小毛细皮类

主要包括水貂皮、紫貂皮、元皮、灰鼠皮、水獭皮、麝鼠皮、毛丝鼠皮等，制裘价值较高。通常此类针毛稠密，较为细短，色泽光润，弹性较好，毛色鲜艳美观。皮板薄韧，张幅较小，主要用来制作轻便的高档裘皮大衣、领子、披肩等。其服装价格高昂，属于奢侈品，如图 5-40 所示。

2. 高档的大毛细皮类

一般为犬科和猫科动物的皮张，主要包括各种狐狸皮，如蓝狐皮、金岛狐皮。貉子皮、猞猁皮、玛瑙皮等。此类为大毛细皮类，针毛较长，直而较粗，稠密，光泽较好，常呈多色节毛，张幅大，色泽鲜艳，板质轻韧，具有较高的制裘价值，如图 5-41 所示。

– (从左至右，从上至下) –
(图 5-39) 个性化皮革服装的设计
(图 5-41) 丰厚的狐狸毛裘皮外套
(图 5-40) 身着皮草的模特
(图 5-42) 采用拼接方式的裘皮服装
(图 5-43) 羊皮上衣

3. 中档毛皮的粗毛皮类

常用的有羊皮、狗皮和豹皮等，毛长并张幅稍大。常用来做大衣、背心、帽子、衣里等。山羊裘革的毛比较稀并且不易掉毛，毛针粗而方向不完全顺，山羊裘革正面全是皮的一面，可以做成绒面、喷花、印花和滚成不同效果的图案。山羊裘革可以染成所需要的不同颜色。

4. 少量的杂毛皮

以兔皮居多，兔皮毛色较多，可以染成所需要的各种颜色。獭兔毛柔软而细密，光滑而细腻，比其他兔毛不易掉毛，獭兔裘毛在兔毛中是最好的一种。

5. 人造皮草：仿毛

仿皮草是通过多种类型的化学纤维混合而成的，仿皮草幅面较大，可以染成各种明亮的色彩；另外，它具有动物皮草的外观，各种野生和养殖的皮草种类都可以仿制，而其价格则较低廉。但其最大的缺点就是不环保，不易降解，对环境有污染。

裘革的工艺制作十分精巧，要根据毛皮的特性，毛的粗细、长短、软硬、颜色、花纹等进行归纳，合理配料，运用拼接、嵌革等方法进行色彩的搭配，设计出更富于变化的裘革服装，如图 5-42 所示。

二、皮革类

皮革按其种类分，常见的主要有牛皮、羊皮、猪皮、马皮等。羊皮分为山羊皮和绵羊皮；牛皮又分为黄牛皮和水牛皮。按其层次分有头层、二层和三层。

1. 羊皮

羊皮包括绵羊皮和山羊皮两种。

• 绵羊皮

绵羊皮的特点是皮板轻薄，手感柔软光滑而细腻，毛孔细小，无规则地均匀分布，呈扁圆形。绵羊皮在皮革服饰中是比较上档次的一种皮地原料。绵羊皮可以通过加工形成压纹、水洗、印花等不同风格。

• 山羊皮

山羊皮的结构比绵羊皮稍结实，所以拉力强度比绵羊皮好，皮表层比绵羊皮厚，更加耐磨。但山羊皮粒面层较为粗糙，手感比绵羊皮稍差。同样，山羊皮也可以做成多种风格，可以仿旧，可以在皮的表面上涂一层油腊，可以直接放入水中清洗，不脱色并且缩水率很小。

一般高档服装革多数采用的是绵羊皮，如图 5-43 所示。山羊皮除去做服装革外，常用于高档皮鞋、手套和软包的制作。

2. 牛皮

牛皮相比羊皮具有更强的牢度与更大的厚度，牛皮的特点是毛孔细小，分布均匀紧密，革面丰满，皮板比其他皮更结实，手感坚实而富有弹性。主要用于皮具和皮鞋上。牛皮都要经过切割成多层，头层皮因有天然粒面，故价值最高；二层皮（或以下）的表面为人工压制而成的粒面，其强度和透气性比头层皮差的太远，故价值越来越低。

3. 猪皮

猪皮的显著特点是粒面粗糙、纤维紧密、毛孔粗大，且三个毛孔在一起呈品字状分布。猪皮的手感较差，一般在服装革上都做成绒面革，以掩盖其粗大的毛孔；也有做成光面革的，但感观较差，档次较低。

5.3.3 毛织服装

毛织物一般以羊毛、特种动物毛为原料，或以羊毛与其他纤维混纺、交织的纺织品。纯毛织物手感柔软、光泽自然柔和，色调优美雅致，吸湿性好，保暖性强，重量范围广，品种风格多，是一种高档的服装用料。用毛织物制作的服装挺括，有良好的弹性，不易折皱。毛织物可分为精纺毛织物、粗纺毛织物和长毛绒三类。

一、精纺毛织物

精纺毛织物是以细支羊毛为主要原料，采用高支毛纱线织制的织物，表面洁净，织纹清晰，手感好，有弹性，光泽柔和，适合做男女高档西服、职业套装、时装等。

二、粗纺毛织物

粗纺毛织物使用较粗的毛纱线制织而成，一般比精纺织物厚重，织物手感丰满、质地柔软，表面一般都有或长或短的绒毛覆盖，给人以暖和的感觉。适用于春秋季、冬季作外套和大衣（如图 5-44 所示），在女性服装中更能显出它色彩鲜艳、花型表现力强、富有装饰美的特点。

三、长毛绒

长毛绒是经纱起毛的立绒织物。在机上织成上下两片棉纱底布，中间用毛经连结，对剖开后，正面有几毫米高的绒毛，手感柔软，保暖性强。主要品种有海虎绒和兽皮绒。

此外，三种毛织物的幅宽也有所不同，精纺毛织物一般幅宽为 144cm 或 149cm，粗纺毛织物为 143、145 或 150cm，长毛绒为 118 ~ 122cm。

5.3.4 内衣类

内衣是最贴近身体的衣物，其设计首先体现的是内衣的功能性，随着穿衣观念的变化，内衣跟外衣之间的搭配也成为内衣设计考虑的内容。同时内衣的设计离不开体型的依据，内衣的材质也多为天然纤维制品。

内衣的种类，按照功能可划分为以下几种：

- 基础内衣——文胸（如图 5-45 所示）、内裤。
- 调整型内衣——胸衣、束裤、腰封、连体塑身衣（如图 5-46 所示）。
- 家居服——分身睡衣、吊衣、睡袍（如图 5-47 和图 5-48 所示）。
- 保暖内衣——保暖衣、保暖裤、保暖腰封。
- 运动内衣——运动文胸、瑜珈服。
- 生理内衣——生理裤。
- 孕妇内衣——哺乳文胸、托腹裤。

-（左页）-
（图 5-44）毛织大衣

-（右页）-
（图 5-45）光面文胸

-（左页从上至下，从左至右）-
（图 5-46）调整型塑身胸衣
（图 5-47）夏季款家居服
（图 5-48）秋冬款家居服
（图 5-49）Valisere2010 系列

-（右页）-
（图 5-50）Victoria's Secret 内衣

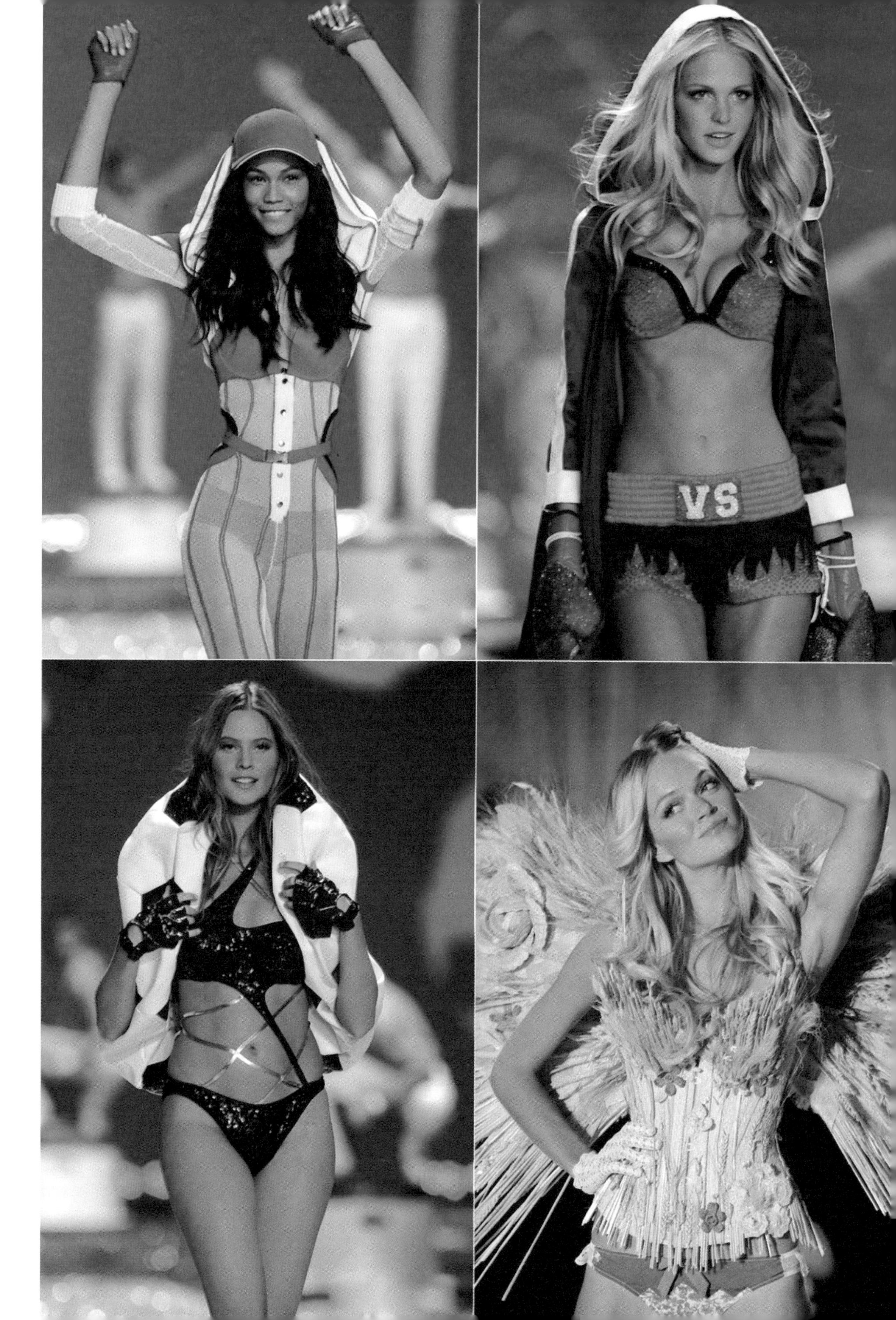
VS

5.3.5 羽绒服类

羽绒服作为冬季极具防寒性能的服装品类成为寒冷地区人们的必备类型，也通常为极地考察人员穿用。通过高密度的涂层织物作为面料，内充羽绒填料，能保持衣内有较多的空气，轻柔蓬松，保暖性能极佳。羽绒是迄今为止最好的用于人类保暖的天然材料，经过洗涤、干燥、分级等工艺处理以后，被人们制成羽绒服。与人造材料相比，羽绒的保暖能力是一般人造材料的三倍，如图 5-51 所示。

羽绒是由绒（Down）和羽（Feather）构成的。绒（Down）是由不含毛杆的羽毛，在其羽枝上长出的许多簇细丝，通过绒上的细丝相互交错形成了稳定的热保护层。因此，绒是羽绒保暖的主要材料，如图 5-52 所示。每一盎司的羽绒大约有 2 百万根细丝。较好品质的绒细丝较长，形成的绒朵也相应较大。羽（Feather）是鸭或鹅的背部和尾部的带羽杆的小羽毛，也有长羽毛打碎后形成的，羽的含量不能太高，但因为它有提高羽绒蓬松度的作用，因此必须含有一定的比例。

衡量羽绒服的穿着性能有多种因素，以下提供几项指标：

（1）充绒量。充绒量是基于一件羽绒服所填充的全部羽绒的重量而提出的概念，与羽

绒的品质并无直接关系，一般户外羽绒服的充绒量根据目标设计的不同在 250 – 450 克左右，而日常普通穿着的轻便型羽绒服的充绒量略低。

（2）含绒量。含绒量指的是一件羽绒服填充的羽绒中绒的含量所占的比例。例如，户外羽绒服的含绒量一般在 80% 以上，即这件衣服中绒的含量占了全部羽绒的 80%，羽仅占 20%。

（3）蓬松度。蓬松度是衡量羽绒保暖程度的重要指标，指的是在一定条件下每盎司（30 克）羽绒所占体积立方英寸的数值。如一盎司的羽绒所占的空间为 600 立方英寸则称该羽绒的蓬松度为 600。羽绒的蓬松度越高，说明在同样充绒量下的羽绒可以固定更大体积的空气层来保温和隔热，所以羽绒的保暖性越好。即羽绒足够蓬松，可以保持住空气，隔绝温度，如图 5-53 所示。

一、羽绒分类

羽绒分类可以从颜色和来源两方面进行分类。根据来源，羽绒可分为鹅绒和鸭绒，相对来说，更好的羽绒一般来自更大、更成熟的禽类，因此鹅绒会稍好于鸭绒。根据颜色可以分为白绒和灰绒，相对而言，白绒可用于浅色面料而不透色，比灰绒更受欢迎。羽绒的成分，其范围为 5% ~ 95%。例如，通常能在羽绒服的成分标注中，会有“90% 白鹅绒”的标识等。

二、对羽绒服面料的基本要求

1. 透气性

羽绒服要有一定的透气性，如果羽绒服的面料、里料、胆料的透气性差，会造成穿着过程中的水汽不易散发，引起潮湿而感到不舒适，并且洗涤后不易晒干。

2. 防绒性能

增强羽绒面料的防绒性有三种方式，一是使用涂层面料，通过薄膜或涂层来防止漏

–（左页从上至下）–
（图 5-52）白鸭绒
（图 5-51）色彩丰富的羽绒服产品

–（右页）–
（图 5-53）轻便蓬松的羽绒服

绒，但其透气性稍差，特别是在运动量较大的情况下，容易使羽绒吸收较大水份而无法排出，造成羽绒性能下降；二是配合高密度的面料，将高密度织物通过后期处理，提高织物本身的防绒性能；三是在羽绒面料里层添加一层防绒布，防绒布的好坏将直接影响整衣的品质。缺点是重量变大。目前在羽绒服市场上，一些高端的品牌基本通过第二种方式，使用含绒量超过 95% 的高品质羽绒产品，并且配合高密度的面料，基本实现不漏绒，而且保暖性能极佳。

3. 轻薄化

在装备轻量化的今天，羽绒服面料的轻薄程度将直接影响一件羽绒服的整体重量，而且柔软的面料，对于本身就臃肿的羽绒服而言，会增强羽绒服穿着的舒适度。另一方面，轻薄柔软的面料有助于更好地发挥羽绒的蓬松度，因此保暖性也会更高，如图 5-54 所示。

5.4 其他分类方式

5.4.1 根据特殊功能分类

主要是指对穿着者具有防护与安全功能的防护服类型，例如有耐热的消防服、高温作业服、潜水服、宇航服、登山服等。防护服是成衣中比较特殊的类型，是一种在工装的基础上改进而来的适用于特殊要求的服装，在特殊工作条件下为穿着者提供某些防护性能。防护服的结构，一般都有高覆盖、高闭锁和便于工作的特点，一些特殊防护服如宇航服、潜水服，除服装外还包括鞋袜、头盔以及各种外挂设备。

一、防护服分类

1. 健康型防护服

健康型防护眼如防辐射服、防寒服、隔热服及抗菌服等。

防辐射服大多是采用金属纤维混合织物制成、具有减少或屏蔽电磁辐射、电波辐射作用的服装，制造工艺较为复杂，如图 5-55 至图 5-57 所示。

2. 安全型防护服

安全型防护服如阻燃服、防静电服、防弹服、防刺服、宇航服、潜水服、防酸服及防虫服等，如图 5-58 所示。

-（左页）-
（图 5-54）轻便的羽绒服

-（右页从左至右，从上至下）-
（图 5-55）医疗卫生系统防护服
（图 5-56）医疗卫生系统防护罩衣
（图 5-57）医疗卫生系统防护服
（图 5-58）安全型防护服

航天服是航天员进入太空必须穿着的服装，一般由压力服、头盔、手套和靴子等组成。航天服是保障航天员生命安全的最重要的个人救生设备，如图 5-59 所示。

潜水服不仅能起到保暖作用，同时也能保护潜水员免受礁石或有害动植物的伤害，如图 5-60 所示。

3. 一般卫生型防护服

一般卫生型防护服是为保持穿着者卫生的工作服，如防油服、防尘服及拒水服等。是矿山、建材、化工、冶金、食品、医药、军工等行业有关作业人员避免接触粉尘、油污等危害体肤的物质而穿着的专用服装，如图 5-61 所示。

二、防护服材料

防护服的材料，一般要满足高强度耐磨要求，因防护目的和原理的不同也存在差异，除了棉、麻、丝、铅等天然材料外，还包括橡胶、塑料、树脂等合成材料，以及包括一些新型的复合材料，如抗击冲击力、抗辐射、抗静电、抗菌等合成纤维织物，凸显了服装在该领域的科技含量与特殊性能。

5.4.2 根据服装的基本形态分类

依据服装的基本形态与造型结构进行分类，可归纳为体型式、平面式和混合式三种。

一、体形式

体形式服装是符合人体形态结构的服装，起源于寒带地区，也称为“窄衣形态”。该类服装一般为上衣和下装分开的两个部分，裁剪缝制较为严谨、注重服装与人体之间的贴合关系和服装的廓型，如西服、包身礼服裙装等多为此种类型。

二、平面式

平面式服装是以宽松、舒展的形式将衣料覆盖在人体上，起源于热带地区的一种服装样式。也被称为“宽衣形态”。这种服装不拘泥于人体的形态，较为自由随意，裁剪与缝制工艺以简单的平面效果为主，如睡衣、宽松式的礼服、连衣裙等。

三、混合式

混合式结构的服装是寒带体形式和热带平面式综合、混合的形式，兼有两者的特点，剪裁采用简单的平面结构，但以人体为中心，基本的形态为长方形，如中国旗袍、日本和服等。

-（从左至右）-
（图 5-59）航天服
（图 5-60）潜水服
（图 5-61）一般卫生用防护服

第 6 章　设计调研

针对设计产品开发展开的调研是设计工作开始的重要准备工作，它为随后展开的设计工作指出了明确的方向。该调研活动包罗对市场、产品、竞争对手的研究。大到对品牌运作的宏观环境，小到产品本身的生命周期，企业对产品的包装、宣传效果等，都是设计调研工作的范畴。调研工作应该贯穿整个设计和品牌维护的过程中，帮助设计人员和品牌营销人员随时掌握各种信息，从而对设计和营销随时调整和做出正确的决策、判断。

服装市场调研是为了发现目标消费者的需求，以及就产品在设计和销售中所出现的问题而进行的系统的收集、分析信息，从而不断提高和完善企业经营策略的过程。

6.1　调研方式

调研工作按照进行的方式和调研的受众面进行划分，如调研资料的来源、途径进行划分；按照调研活动的规模划分等。不同的调研内容决定了设计调研选择的方式。

6.1.1　按调研规模分类

一、普查

普查是指对被研究总体的所有单位进行全面调研。可以进行全方位的调研，也可以就一个问题对所有研究单位进行调研。如对 2011 春夏全部女装品牌的颜色进行调研。普查的优点是数据全面，能够客观反映问题。但缺点是工作量大、耗时较长，调研成本较高。甚至可能在调研未结束前市场情况已经发生变化，导致调研结果失实。

二、典型调研

典型调研是在被研究的总体当中选择有代表性的个别单位进行专门的调研。目的是以典型样本的指标推断总体的指标。如选择运动装市场中高档品牌进行典型调研。其优点是调研对象相对较少，可以对研究的个体进行更深入的调查，更节约时间和成本。但如果典型选择不当，就会导致调研结果全盘无用。因此，选择典型调研一定要做足事前准备，确定准确的典型个体。

三、抽样调研

抽样调研是在被研究总体中抽取一定数量的称之为样本的单位。以对样本观察为基础，推算总体情况，目前大多数营销调研多采取这种方式。抽样调研还分为随机抽样、等距抽样、固定样本连续调研[1]等方式。

---

① 从调研的总体中抽出几个样本，使它们成为固定样本，定期对固定样本进行持续的调研，提取调研报告作为重要参考。

6.1.2　按调研途径分类

按照资料收集的途径对调研方式进行分类，有如下几种方法。

一、直接调查

直接调查法指调研人员在详细周密的调研方案和程序的指导下，亲身获取信息资料的调查方式，优点是获取信息的方式更加直接、及时、针对性强，有利于发现更多的问题，拓展市场。不足之处是需要制定周密的调研方案并且要求调研人员具备一定的专业素质，才能够保障调研结果的正确性。直接调查法可以分为如下几种具体方式。

1. 询问法

询问法是调查人员通过各种方式向被调查者提问问题或征求意见来搜集信息的方法。可分为深度访谈、问卷调查（如图 6-1 所示）等方法，其中问卷调查又可分为电话访问、网络问卷、邮寄调查、入户访问、街头拦访等调查形式，是比较常用的调查形式。

2. 观察法

观察法一般会在固定的时间和地点进行，通过对现场消费者的消费状态的记录，例如在专卖店或销售网点观察目标消费群的数量、比例，消费者的着衣状态等获取信息。服装调研的人员会制定一个指标到市场上进行信息采集，如图 6-2 和图 6-3 所示。其表格样式如下：

市场调研表格			
品牌名称	色系	造型特点	设计元素、手法
A 品牌	橘红、宝蓝	H、O 型	不对称裁剪
B 品牌	米色、白色、灰色	合体 X 型、A 型	装饰性分割线

3. 实验法

成衣品牌的设计师也需要以“站店”方式实践调研，一般在客流高峰时段会安排设计师到店内观察客人选择的倾向、询问有关产品的问题等，如图 6-4 所示。因而，实验法是通过实际的、小规模的现场调研活动来调查关于某一产品或某项营销措施执行效果等市场信息的方法。实验调查的主要内容有产品的质量、品种、商标、外观、价格，促销方式及销售渠道等，常用于新产品的试销和展销。

- （左页从上至下）-
（图 6-1）调研人员在工作
（图 6-2）市场调研 - 店面陈设

-（右页）-
（图 6-3）市场调研 - 店面风格

二、间接调查

间接调查指调查人员通过收集企业内部现有的各种资料如销售记录、顾客意见记录等，

以及企业外部相关资料，如新闻报道、统计报告等。通过归纳、分析这些资料，提出对产品开发的有效建议。间接调查成本低、获取信息的渠道更广，适合缺乏直接调研条件的时候，不过间接调查时效性稍差，并且，二手资料由于提供者本身的个人观点，容易产生误导，需要在归纳分析资料时去伪存真、去粗取精。研究上一季度本企业的销售记录等资料，根据市场的反馈，把较受市场欢迎的产品更新、升级，提炼出受欢迎的元素，将其开发成为系列产品，再次投入市场。这是较为简单、保守，开发成本较低的一种方法。

6.2 调研内容

6.2.1 调研的内容

调研内容从宏观上可以包括以下 4 个方面。

1. 宏观环境

对于成衣品牌的发展，不得不考虑品牌的目标市场所处的大环境，包括政治法律环境、经济环境、社会文化环境、人口环境、技术环境甚至自然环境。政治法律环境涉及国家相应的政策、法规和群众团体的影响力，例如群众团体消费者协会就对服装市场的影响逐渐增强。经济环境主要涉及到成衣消费者的收入状况等情况。社会文化环境主要指当地的风俗习惯、宗教信仰、价值观以及教育程度等，社会文化的环境深刻地影响着消费者的购物习惯和审美倾向。人口环境主要指向当地的人口结构、地理流向和数量、人口增速等。人口的流动变化使成衣消费的品类和风格都发生变化，是一个不容忽视的变量。技术环境也是制约成衣设计的一个重要指标，设计工作不能够无视技术的制约而随意发挥。

调研工作从宏观环境的变化对成衣企业的影响着手，跟踪最新的政治、经济、社会、文化发展动态，从大处着眼，寻找成衣品牌的发展机会，并能够及早发现变化做好应对准备。图 6-5 至图 6-7 描述了不同的宗教、文化、风俗习惯。

2. 市场需求

服装市场调研应包括针对消费者的特点进行的调研，如细分市场内的消费者数量、消

费水平、消费结构以及消费者的需求发展趋势等。只有掌握市场需求，才能在产品开发环节保证正确的方向，使产品具有强劲的生命力，保证品牌的发展。

在分析和研究目标人群时，往往会通过年龄、性别、收入水平、生活方式等方面进行考察，从而得出品牌相应的目标消费群体。其中对消费者收入的划分会作为品牌价位的依据，一般我们也会采取对消费者的收入水平做考察的方式，但需要注意的是，考察消费者的消费水平会更有价值、更为合理。因为消费者的生活方式和消费习惯往往是品牌市场定位的重要因素。

图 6-8 和图 6-9 中目标市场的消费者因年龄、工作性质、生活状态等不同，其消费和审美也大有不同。

3. 产品销售

任何产品销售的调研内容都包括价格、产品、地点、促销四个方面，成衣销售调研也可从这四点着手。市场能够接受的价格水平直接影响成衣设计的成本。因而，消费者对价格水平和价格波动的反应非常关键。成衣产品是品牌运作的一个重要载体，现有产品所处的生命周期以及相应的产品策略、包装、新品开发情况、售后服务等产品情况，如图 6-10 所示，这是市场调研的一个重要内容。另外，本企业现在产品的销售手段和广告包装是否恰当有效，也应该囊括在调研范围之内。

4. 竞争对手

在激烈的市场竞争中，品牌需要实现差异化经营，企业可以通过对商品结构的调整实

-（从左至右，从上至下）-
（图 6-4）市场调研 - 设与顾客沟通
（图 6-5）宏观环境 - 风俗习惯
（图 6-6）宏观环境 - 文化
（图 6-7）宏观环境 - 宗教
（图 6-8）目标人群的生活方式
（图 6-9）目标人群的工作性质
（图 6-10）产品陈列、包装等商品情况

现这种差异化。除了要对自己品牌的市场进行预测分析之外，竞争品牌的分析也是企业研究市场的重点，以此多角度考量品牌，通过对市场上竞争对手的分析，确定品牌自身在市场中的位置。

设计师或营销人员会定期对竞争对手进行全面的调查，包括对手的数量、品牌名称、生产能力、产品特点（如货品款式、面料、价格）、市场分布、销售策略、市场占有率以及发展战略等。时刻关注对手的发展状况。作为专业的设计师，必须时刻关注市场，明确自己在市场中的位置，只有这样才能使货品的组合达到最佳效果。

对于产业内同行竞争对手已经开发并获得成功的一些产品，可以直接采纳其成功元素，结合自身品牌风格进行开发。这种方法开发成本低，方法简单，在市场竞争激烈的情况下，一些中小型企业会采用这种方法。其弊端就是原创性不高，会导致市场同质化现象严重。

6.2.2 市场调研的程序

市场调研是一个科学性很强、工作流程系统化很高的工作，它是由调研人员收集目标材料，并对所收集的材料加以整理统计，然后对统计结果进行分析以便为企业的决策提供正确的预测的方法。其目的是通过收集与分析资料，解决品牌运营当中存在的问题，并且提出相应的解决措施。因而，它大致应包括提出问题、调查收集信息分析问题、最后提出解决问题的途径三个部分。

一、分析现状，发现问题

市场调研首先要确定问题之所在，如某系列成衣销量不佳，究竟是消费者对质量有意见还是整体的市场原因。负责调研工作的设计师或营销人员首先应进行初步情况的分析。对企业内外的有关资料（企业月报、报告资料、用户来函、间就机构的调研报告、中间商或行业刊物、传媒刊登信息等）进行收集和初步的分析，探索问题之所在，发现和了解各个影响因素之间的相互联系。

二、确定调研课题

在初步了解情况的基础上，调研人员可以找企业内部有关人员座谈，或者向有代表性的客户征求意见，听取他们对这个问题的看法和评价。以此将问题进行定位，从而明确调研课题。

三、设计调研方案

进入正式调研阶段要制定详细、准确的调研方案，之后的调研工作全部严格按照此方案进行，因此，调研方案的制定事关重大，影响整个调研工作的方向和结果的正确性。

1. 确定数据的来源和方法

主要包括确定收集什么资料；如何收集，即采用什么方法收集；调研时间、地点、对象的确定。

2. 设计调研问卷

简单而又一语中的的问卷可以最直观地收集到企业需要的市场信息。在问卷设计时，应避免对个人信息直白的询问，如年龄、收入、职业类型等应放在问卷后面。问题应设计的稍微有吸引力，同时应该一目了然避免字面产生歧义。问题的难度和题量应该适中，整个回答过程应控制在 5 分钟以内。

3. 确定调研人员

应派遣具有一定专业知识的人员参与调研，并负责调研活动的进展。专业人员如设计师或助理设计师能够在发生突发情况时根据专业知识适时调整调研的角度，以保证调研正确、顺利进行，也利于在调研过程中及时发现新的问题，并付诸解决。

4. 选择调查样本

调查样本的选择可以根据前文所介绍的调研方式随机抽样，也可以选择典型样本。一般来说，会选择自己的竞争对手作为样本，也就是重点调研相同目标市场中较为成功的品牌。另外，选择比目标市场的消费、生活方式更高级的市场样本也非常重要，因为相似阶层的消费者有“学习”的意愿，尤其中级阶层乐于向高一阶层的人群学习，因而，从发展品牌质量、拓展公司业务、吸引消费者等多重角度都应该对调研的样本进行详细而科学的分析和选择。

5. 经费与时间预算

在调研经费上主要考虑不应该投入过度，应对调研成本进行控制。而服装设计和生产具有很强的时间性，因而，设计调研应该有严格的执行时间表。

四、调研计划的执行

调研计划总的程序即为以下三个步骤：资料收集、资料整理、资料分析。原始信息通常比较杂乱，只有经过分析处理才能成为决策的依据。数据分析能够有效地压缩信息量，从浩繁的数据资料中抽取出市场的主要特征，揭示市场变化的内在规律。并且分析过程中应避免带有主观成分，使结果更加准确可靠。

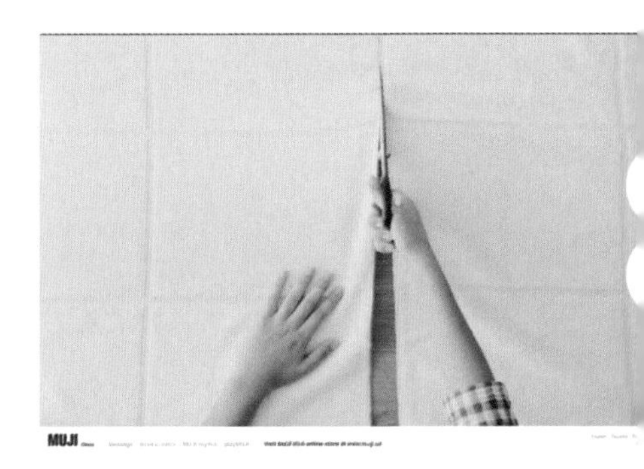

五、提交调研报告

调研报告应紧扣调研主题，突出重点，将庞杂的信息资料整理归纳，合理分析，最后得出说明，对服装产品开发到生产经营过程中出现的问题给出可供参考的对策建议。

6.3 流行趋势调研

流行与时尚是一个动态的过程，考察流行趋势就必须首先从各个方面了解流行，进而才能从中提取适合本品牌定位的元素，用以流行趋势的预测以及产品规划的指导。

设计师需要时时关注流行趋势，但与普通消费者对流行的关注所不同的是，设计师要考虑流行信息与品牌自身的融合性，以及流行趋势在未来市场的效果。因为设计师的部分工作是发生在季节之前的，需要预测消费者在下一季希望购买到什么产品。流行趋势的预测不是简单的猜测，而是要根据企业所服务的人群进行选择性的分析判断，有取舍地跟随而不是创造流行和时尚。

现今国内外诸多的时装杂志、各种媒体高效率地传达着最新的流行趋势，企业需要和设计师一起站在时尚潮流的最前端，将潮流传递给消费者。为确定流行趋势而进行的调研是设计调研的一个重要组成部分，它是公司开发新产品的重要灵感来源。通过对时尚生活的方方面面的参与和调查，得到对新一季流行趋势的系列观点，因而，流行趋势调研应从以下几方面着手。

6.3.1 流行生活方式

流行的生活方式深刻地影响着时尚的发展，任何设计师都不应该忽视生活方式的变化。快速时尚风潮、新享乐主义生活、优质生活方式以及慢生活等新近形成的价值观念和生活方式都是影响服装未来流行趋势的重要因素。以慢生活为例，大工业时代留下的“后遗症”使得全球 40% 的人有不同程度的时间强迫症，奉行效率至上，超快的工作节奏增加了人们的精神压力。在这种情形下，都市精英开始反思自己的生活方式，形成了以休闲、度假、健身为时尚的新生活方式，用这些奢侈的休闲活动来平衡自己的身心，释放都市生活的压力，因而形成了慢生活（slow life）和乐活（Lohas）族群。设计界提出的慢设计（slow design）就是基于这种生活方式，设计师以更加审慎的态度进行设计，以环保价值观创造可持续的现在和未来，在产品开发、设计、制作甚至营销的过程中注入生态环保、关爱与节制、平衡和悠然的慢设计味道，产品中体现更多天然、低调、知性、品质和艺术美，如图 6-11 所示。

-（左页从上至下）-
（图 6-11）品牌理念
（图 6-12）流行生活和活动 1
（图 6-13）流行生活和活动 2

-（右页从左至右，从上至下）-
（图 6-14）流行生活和活动 3
（图 6-15）日本历史服饰
（图 6-16）中国历史服饰
（图 6-17）欧美历史装饰
（图 6-18）帝政样式
（图 6-19）帝政风格时装

同时，设计师应该经常参与流行活动，了解目标顾客的生活方式。时尚派对往往会给设计师提供很多设计灵感，派对的主题常会代表目标客户的生活方式和喜好。亲身参与到目标市场当中观察、记录和体验人们对待事件的反应、看法和处世态度，更便于设计师创造流行生活方式。如图 6-12 至图 6-14 展示了流行生活和活动。

6.3.2　服饰历史

服装的历史与文化的历史一样源远流长，为后来的设计流行提供了无尽的灵感和财富。了解过去才能创造未来，设计师可以通过对历史的阅读寻找到灵感来源，如图 6-15 至图 6-17 所示。时尚总是循环的，某些服装元素会周而复始地在时尚的轮回中回到我们的生活。复古的情怀常常会影响到设计师的审美，复古风也是近年来非常流行的一种主题。例如 20 世纪 30 年代至 60 年代的服装风格为各个品牌的设计师所迷恋，如 Vintage 风就代表了复古的一种倾向。如图 6-18 和图 6-19 中的服装形式为帝政样式和帝政样式的变形。

6.3.3 艺术展览

参观艺术展览，获得美学灵感。设计师往往能从博物馆、美术馆、画廊等一些艺术展览中寻找美学灵感，如图 6-20 至图 6-22 所示。当代艺术和商业广告摄影等艺术形式对色彩组合和流行趋势往往有很直接的影响。

美术馆也常常会展出服装大师的经典设计，供业内人士观摩学习。服装设计作为大设计的一部分内容，很多形式美元素与其他类型的艺术是相通的。因而，从艺术展览中可以汲取大量的艺术元素，作为流行趋势和成衣设计开发的灵感来源。设计师们都会定期去参观时下的展览，不断从其他类型的艺术形式中找到设计点。

6.3.4 影视作品

从影视作品中得到灵感。影视作品，尤其是一些明星艺人的装扮越来越多地影响着时尚界。影视作品中的人物造型常常赋予设计师新的灵感，如图 6-23 和图 6-24 所示。例如 05/06 秋冬设计师 Alexander McQueen 的作品就是以希区柯克电影当中成熟、典雅的女性角色为原型进行设计。像电影《鸟》片中女主角身穿的毛皮大衣，就几乎被完全克隆到 Lanvin 和 Alexander McQueen 的当季系列中。

英国女演员 Audrey Kathleen Hepburn 自从为《龙凤配》试装时遇见法国设计师 Hebert de Givenchy 以后，其俏丽、优雅、高贵的形象使她成为了 Givenchy 的“缪斯女神”和灵感源泉。Hepburn 穿着 Givenchy 设计的服装出演了影片《蒂凡尼的早餐》，片中的黑色长裙已成为那个年代流行的标志。

图 6-25 和图 6-26 中这套用黑色丝绸制作，无袖的鸡尾酒裙堪称时尚界不朽的经典之一。出自纪梵希工作室的原作的复制品在 1992 年巴黎的回顾展中再次亮相，被描述为“带着利索线条的晚装，在腰部做了隔开处理，黑色的缎纹，无袖”。

6.3.5 新面料灵感

非常独特的新面料通常会引领新的流行，例如牛仔布的诞生引领了狂野不羁的牛仔风潮，并且一直风靡至今。根据面料供应商提供的新面料进行灵感来源设计是成衣设计师的必修课之一，新型面料是成衣设计师的重要灵感来源。往往一种新型面料会促使设计师为之开发新的成衣系列，如图 6-27 和图 6-28 所示。设计公司会与面料商签订合同以获得某种面料的独家使用权，以确保产品的独一无二，吸引更多的消费者。2011 春夏浅蓝色青年布就引领了新的一轮流行，如图 6-29 和图 6-30 所示。

-（左页从上至下）-
（图 6- 20）服装展作品
（图 6- 21）艺术展作品
（图 6- 22）服装展作品

-（右页从左至右，从上至下）-
（图 6- 23）电影剧照
（图 6- 24）电影剧照
（图 6- 26）《蒂凡尼的早餐》剧照 2
（图 6- 25）《蒂凡尼的早餐》剧照 1
（图 6- 29）青年布
（图 6- 27）蕾丝面料
（图 6- 30）青年布衬衫
（图 6- 28）蕾丝装

6.3.6 明星偶像的作用

在引领流行方面，明星偶像一直是一支不容小觑的队伍。偶像团体在影响消费者审美、消费倾向方面的作用日益强大。在媒体发达的今天，偶像明星生活的细节也巨细靡遗地展现在大众面前，因而无论美食、装扮，还是运动出行等生活的方方面面，都会受到偶像的影响。在设计调研过程中，对偶像明星的关注也从不能忽视。从玛丽莲·梦露（如图 6-31 所示），到迈克尔·杰克逊（如图 6-32 所示），从邓丽君到王菲，他们的服饰都受到时尚男女的大力追捧，设计师们的缪斯也往往在他们当中诞生。马兰白龙度在《欲望号街车》中穿了一件紧身白色 T 恤（如图 6-33 所示），从此引领了 T 恤经久不衰数十年的流行。而在这之前，白色 T 恤只是作为内衣穿着，从未染指时尚舞台。第一位超模 Twiggy 的出现，带着超短的头发和神色迷茫的大眼睛，改变了人们对于美女一成不变的认识。从（如图 6-34 所示）此以后，瘦弱、平胸、带着男孩子气的女模特成为了 T 台新的宠儿。

6.4 确定设计主题

整体设计主题的风格确定以后，设计师团队要对设计细节做出几个方面的大体设定，包括成衣季度风格主题，成衣色彩体系主题，成衣主要面料、辅料的风格主题和材质主题等。

6.4.1 色彩主题

品牌的色彩主题是能够表达该季度主题概念氛围的颜色，在 3 ~ 5 个主题中，每个系列主题都应该有自己的主题色系，然后在色系内选择几个色彩进行搭配。每个色系内允许出现其他色系的颜色作为调配。主题色彩应该能够体现企业 CIS②的要求，至少有一组企业色的应用。主题颜色往往是企业色与流行色结合设计的。例如 Givenchy 的经典红色（如图 6-35 所示）、Chanel 的经典黑白色（如图 6-36 和图 6-37 所示）。

－（从左至右，从上至下）－
（图 6-31）玛丽莲·梦露（右）
（图 6-34）名模 twiggy
（图 6-32）迈克·杰克逊
（图 6-33）马龙·白兰度
（图 6-35）红色服装主题
（图 6-36）黑、灰色服装主题
（图 6-37）白色服装主题

图案是一种特别的装饰，它风格强烈，能够非常突出地体现设计风格。一般有几何图案、花卉图案、动物图案、人物图案等种类。图案与色彩结合能够创造无数种风格特征。例如富有装饰性的几何或动物图案搭配高对比度高纯度的浓郁色彩，能够创造热烈、动感、富有冲击性的视觉效果；而比较具象的小型植物花卉搭配低纯度高明度的清淡色彩，则给人以清新、温柔、舒缓的视觉感受，如图 6-38 至图 6-41 所示。

② CIS（Corporate Identity System），将企业经营理念与精神文化，运用整体传达系统（特别是视觉传达系统）传达给企业周边的关系者，并掌握使其对企业产生一致的认同感与价值观。也就是结合现代设计观念与企业管理理论的整体运作，以刻画企业个性，塑造企业优良形象，这样一个整体设计系统称之为企业形象识别系统。包括 MIS（Mind Identity System）理念识别系统，CIS—BIS（Behavior Identity System）行为识别系统和 VIS（Visual Identity System）视觉识别系统。

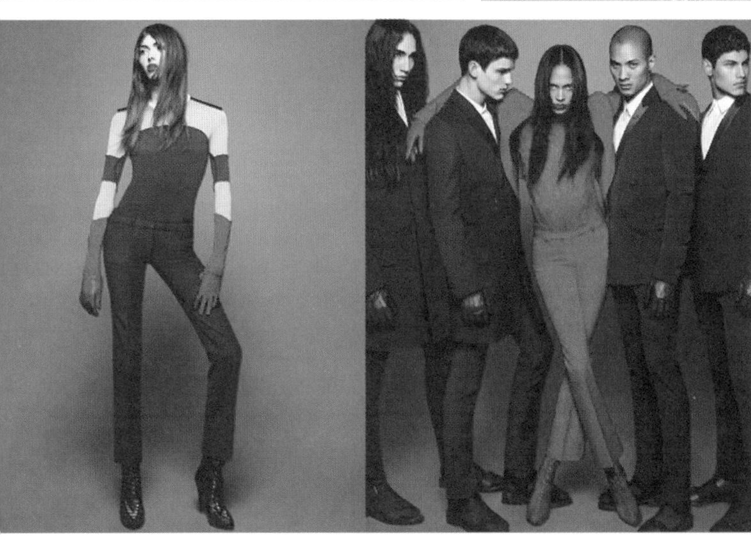

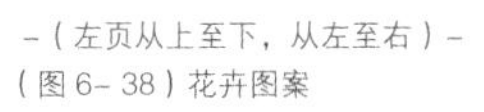

-（左页从上至下，从左至右）-
（图6-38）花卉图案
（图6-39）花卉图案
（图6-40）几何图案
（图6-41）几何图案

-（右页从上至下）-
（图6-42）款式主题策划结合品牌风格
（图6-43）款式主题策划结合品牌风格

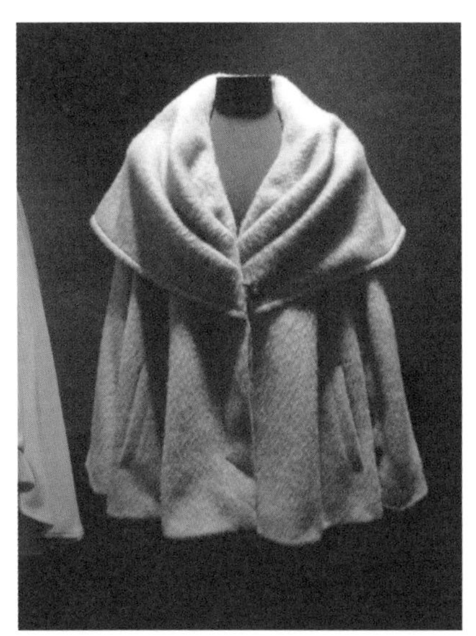

6.4.2　款式主题

流行款式每个季度都会出现，它同色彩、面料一样，有国际流行趋势。例如 09/10AW 出现的强势 X 廓型，许多品牌都推出了这款造型的系列。耸肩收腰的 X 型夹克将女性塑造成棱角分明的钢铁超人，透露着对经济危机的坚强抵抗。

同时，每个品牌均有自己代表性的基本款式，基本款式能够反应一个品牌的设计风格，或者造型理念。这些都与品牌所要提倡的生活方式息息相关。所以在款式主题策划时要结合品牌风格，保留基本款式的特征，开发新的搭配、比例、内部结构等，如图 6-42 和图 6-43 所示。Dior 品牌每年的 T 台上都少不了标志性的 new look 廓型，如图 6-44 所示。身着收腰圆摆的美丽华服的模特，将这个经典品牌的浓浓女人味发挥到了极致。而 Chanel 的舞台上也从不缺少身着利落直腰身 H 廓型套装的优雅女子，使得 Chanel 式的优雅历史延续至今，如图 6-45 所示。

6.4.3　面料主题

确定主题时所提出的面料主题，是表达主题概念的一组面料小样，是指示该季度或该系列将会选用的面料风格、质感、图案的重要依据，如图 6-46 所示。

通常设计工作开始之前所做的面料风格和主题是一种意向性的面料，具体的样衣面料在之后开展的设计工作中会相应的调整，或者在大生产之前根据该面料概念向面料商订货，这样可以保证该面料所开发的服装符合面料流行趋势，但颜色和图案又具有不可复制的独一性。图 6-47 至图 6-50 描述了面辅料的灵感来源和主题。

6.5　主题修正

主题设计成型后，多数企业会做出该季度主题风格的看板，包括一些灵感图片，主题款式图片，主题面、辅料小样、面料色样等。整个看板直观地表达了设计主题的各个方面，设计师团队可以在此基础上进行调整。

调整后的主题进入款式设计阶段，样衣制成后，设计师团队也会开会根据主题要求进行逐个款式的详细讨论，直至设计主题符合以下原则：

（1）满足市场需求。由于成衣的商品性质，成衣的设计主题应满足市场上的消费需求或能够刺激消费者的潜在需求，以保证企业的经济效益和社会效益。

（2）符合流行趋势。成衣是季节性、时尚性突出的产品，应有鲜明的流行特色，符合当季流行趋势。

（3）适应开发条件。在成衣的设计开发过程中，应考虑开发成本，确定主题设计的适当性。以避免过度开发，造成设计与生产能力和营销能力的脱节。

–（左页从左至右）–
（图 6– 44）Dior 女装
（图 6– 45）Chanel 女装
（图 6– 46）特殊面料

–（右页从左至右，从上至下）–
（图 6– 47）面辅料的灵感来源 1
（图 6– 48）面辅料的灵感来源 2
（图 6– 49）面辅料的灵感来源 3
（图 6– 50）面辅料的灵感来源 4

IKKS.COM
IKKS
DENIM
CNCS® 056 60 00
CNCS® 144 25 12
CNCS® 040 60 17
CNCS® 128 25 07
CNCS® 024 20 02
CNCS® 024 45 17
CNCS® 120 25 02

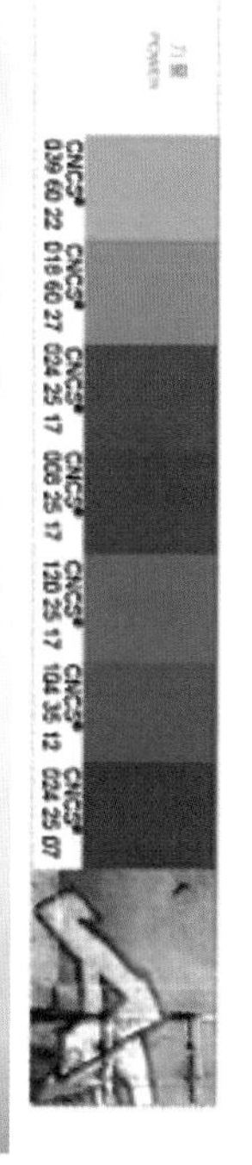
力量
CNCS® 039 60 22
CNCS® 018 60 27
CNCS® 024 25 17
CNCS® 008 25 17
CNCS® 120 25 17
CNCS® 104 35 12
CNCS® 024 25 07

第 7 章　设计方法

设计的基本方法以及一般规律是相通的，服装设计与其他领域的设计都可以从基本的点、线、面构成着手展开，通过构成要素，形成各种装饰效果，如夸张、对比、调和等。而设计的思路也有一定的规律可循，通过对基本服装造型的认识，人为地进行正向、逆向等调整，借以拓展设计思路，尤其对于系列设计有很好的效果。

7.1　设计要素

7.1.1　点

点是艺术造型中最小的单位，是构成中的形态要素之一。在几何学中点没有大小、位置之分，而在构成艺术中，点却是有位置有大小的，越小的点给人的感觉越强烈。点的形态不一定是圆形，也可以是其他形状，如方形、三角形、多边形、不规则形状等，如图 7-1 和图 7-2 所示。任何形态缩小到一定程度都可以成为点。从设计的角度来说，点的特征主要包括大小、色彩、质感。

点的基本属性是注目性。点能够形成视觉中心，也是力的中心，当服装上存在没有上下左右连续性的单独的点时，人们的视线会集中在这个点上，就形成了视觉的中心。

点在画面中的位置也决定了点给人的不同心理感受。点居中时，给人以平静、集中的感受，可以产生重量、扩张、集中和紧张的感觉，如图 7-3 所示；点偏上时，给人浮动和不稳定感，形成自上而下的视觉流程，用于服装中，给人以高挑的心理感受，如图 7-4 和图 7-5 所示；点偏下时，画面会产生安定的感觉，但是此时的点容易被忽视，成为平淡的装饰；当点位于画面三分之二偏上时，最容易吸引人的注意力，是视觉的黄金点。

当画面中存在多个点时，越小的点聚集力越强，越大的点越空泛。当服装中存在大小不一的多个点时，人们的视线首先会集中在大的点上，而后会移动到较小的点上。

存在两个相同大小，有各自位置的点时，人们的视线会连接两个点，这就是两点的艺术张力表现。同理，当有三个不同位置的点存在，人们的视线会将它们连成一个三角形。三个以上不规则的点分散排列时，给人的视觉感受是杂乱、烦躁；而多点均匀分布时，画面又会重新平静、稳定，并且产生面的效果。一定数量大小不同的点作有秩序的排列时，会产生节奏感或者韵律感；大小不等的点做渐变排列时，则会产生立体感和空间感。

–（左页从上至下）–
（图 7-1）绘画中的集中点
（图 7-2）绘画中的多个点

–（右页从左至右，从上至下）–
（图 7-3）居中的点
（图 7-4）偏上的点
（图 7-5）偏上的点
（图 7-6）点的应用

按点的大小分，大点具有热情、开放、大方的特点，小点具有文秀、和谐、雅致的感觉。按照点的形状分类，圆点具有饱满、丰富、柔美的感觉，尖点给人以跳动、力度、方向的印象。按照点的明度分类，明亮的点使观感鲜明、响亮、浪漫，而较深沉暗淡的点则具有内涵、内向、后退的主题内容，如图 7-6 至图 7-8 所示，点的各种分布情况。

点的灵活排列可以产生有韵律的动感，给人优美、活泼的视觉效果。服装服饰品当中存在着大量的点的概念，例如蝴蝶结、耳环、发饰、各部位扣子的使用、刺绣图案、分割线的交叉点、打绊、打结、肩线两端、皮带扣、领角、带子的交接点以及服装面料的印染效果等，如图 7-9 至图 7-12 所示。

7.1.2　线

线条美是人们在艺术实践中形成的基本美学特征，线从纯粹的几何形态上来讲，可以看作是点的运动而形成的轨迹，也可以看作是两个面交叉的边缘。线千变万化，是设计元素不可或缺的工具，游离于点和形之间，有方向、位置、长度、宽度、性格等属性。从形态上来说，线可以简单分为直线（垂直线、平行线、折线、交叉线等）和曲线（弧线、漩涡线、圆线、自由曲线等）。

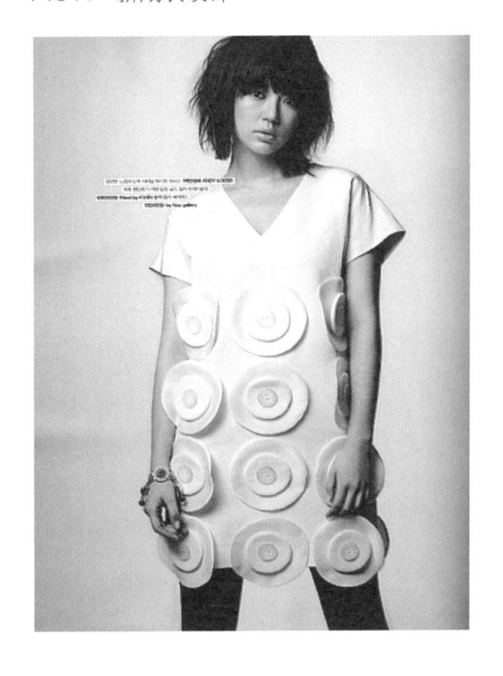
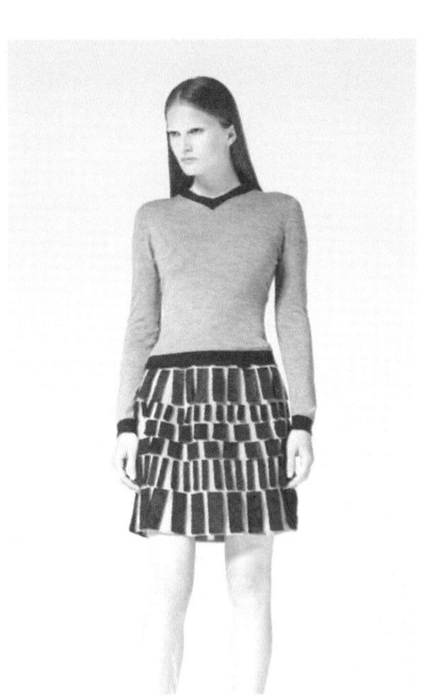
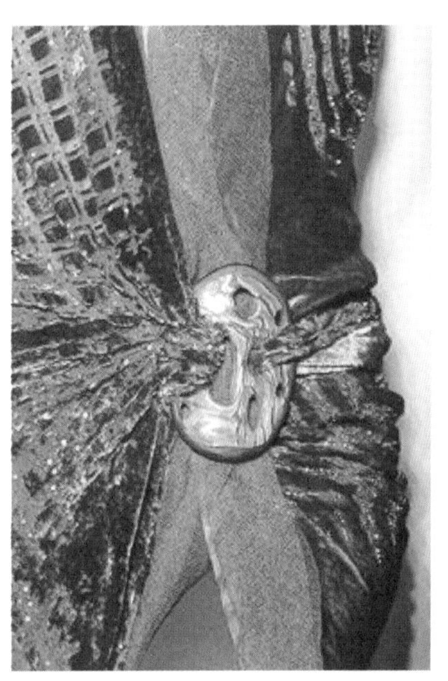

在服装中存在着大量的线条，从结构上看，有省线、肩线、领口线、腰围线、衣摆线、侧腰线、袖型线、裤腿线、裙摆线等；从轮廓上看，有领轮廓线、袖山线、口袋形状线、克夫轮廓线等；从装饰角度看，有褶皱线条、破胸线、接缝线、镶边线条等。可见，服装中的线能分割空间、限定性状，是非常重要的造型设计元素，如图 7-13 至图 7-18 所示。

线有很丰富的视觉效果和心理暗示作用。通过线的曲直能够表现安静、活泼、优美、暴躁、不安等情绪。服装中，直线能够体现刚性的特征，水平直线使人视觉扩张，有平静感，能够产生横向延伸的感觉。垂直线条给人上升、严肃、崇高、苗条、挺拔的

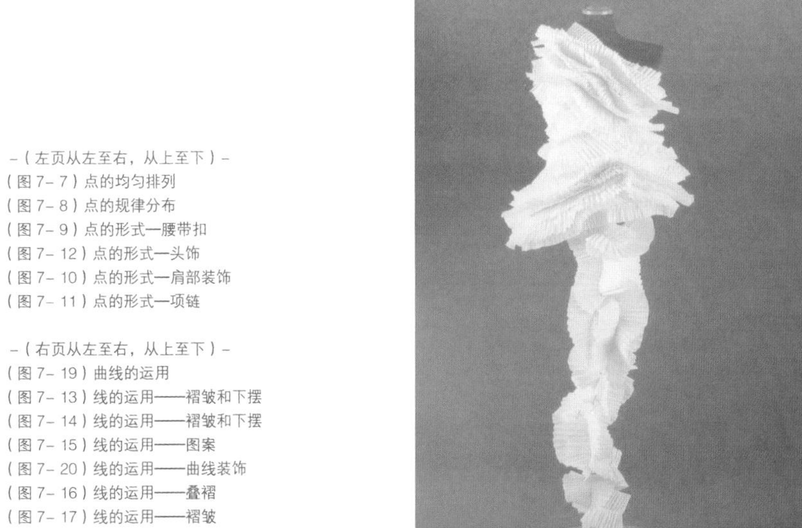

-（左页从左至右，从上至下）-
（图 7- 7）点的均匀排列
（图 7- 8）点的规律分布
（图 7- 9）点的形式—腰带扣
（图 7- 12）点的形式—头饰
（图 7- 10）点的形式—肩部装饰
（图 7- 11）点的形式—项链

-（右页从左至右，从上至下）-
（图 7- 19）曲线的运用
（图 7- 13）线的运用——褶皱和下摆
（图 7- 14）线的运用——褶皱和下摆
（图 7- 15）线的运用——图案
（图 7- 20）线的运用——曲线装饰
（图 7- 16）线的运用——叠褶
（图 7- 17）线的运用——褶皱
（图 7- 18）线的运用——结构线

感觉，可以纵向拉伸比例，用于服装可以显得着装者瘦高。斜线给人以运动、兴奋和轻盈的速度感和不稳定感。同时斜线还能给人以空间变化的感觉，具有很强的动感，一般用于运动风格服装的装饰。

曲线是线条中较为特殊、且更受艺术家和设计师喜爱的一种线。曲线的特征是优雅、流动、柔和、自由、轻盈、优美、丰满，同时也具有热情奔放、自由丰盈的感觉。由于曲线充满女性魅力，富有自由弹性和丰满优雅的浑然之美，常用柔软而富有弹性的面料结合人体的线条，设计具有女性美感的服装，曲线是女装造型的重要表现手段，在服装具体部位的应用有荷叶边、木耳边装饰等，如图 7-19 和图 7-20 所示。

7.1.3 面

线的移动或者封闭可以构成有长度、宽度，没有厚度的设计元素，这就是面。线平行移动，形成矩形面；线旋转移动形成圆形面；斜线平行移动形成菱形；直线一端固定一端移动可以形成扇形。面具有面积，能够形成一定的形状，因此面的美也成为形的美。

面的形态更加多彩多样，可以分为平面和曲面。平面包括水平面、垂直面、斜向面、折面等。曲面包括几何曲面和自由曲面。

曲线形的面（椭圆、自由曲线面等）则更富有女性特征，其柔软、轻松的形态非常自然生动，耐人寻味。从形状上分，有直线型面、三角形面、矩形面、菱形面等，直线型面具有安定、秩序井然的男性感觉，适用于中性风格服装和职业装、正装等。图

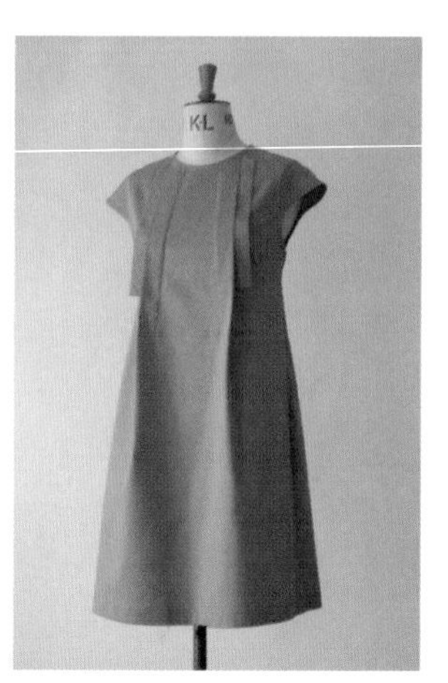

-（从左至右）-
（图 7- 21）面的应用——堆砌的曲面
（图 7- 22）面的应用——曲面
（图 7- 23）面的应用——几何
（图 7- 24）面的应用——分割体积

7-21 至图 7-24 为面的各种手法。

7.1.4　点线面的综合应用

人体是三维的立体，服装与人体的结合应充分考虑“体”的构成。因此应该从多维的角度进行设计，即点、线、面和形、体、色、质、声、光等交相构成。一般来说，会出现几种元素同时使用的状况，这时应该注意主次轻重，注意点线面的比例，突出重点，效果才会事半功倍。当单纯的服装造型与人体的运动轨迹结合起来，运动时产生的衣纹的变化是最值得欣赏的艺术效果。图 7-25 至图 7-29 为点、线、面综合运用案例。

-（从左至右，从上至下）-
（图 7- 25）点线面的综合应用
（图 7- 26）点线面的综合应用
（图 7- 27）点线面的综合应用
（图 7- 28）点线面的综合应用
（图 7- 29）点线面的综合应用

7.2 设计规律

7.2.1 均衡与对称

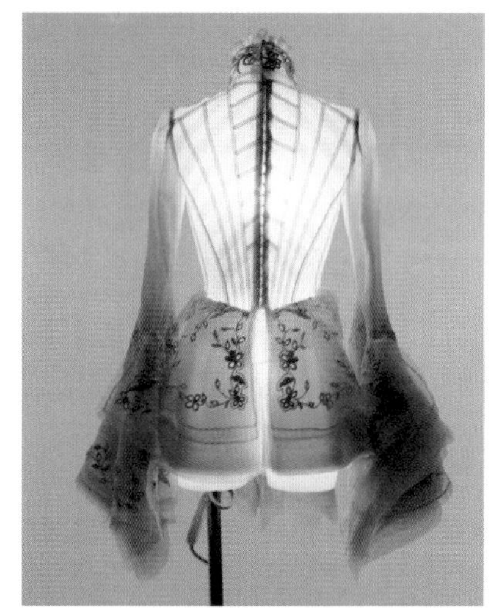

一、均衡

均衡也称为平衡，是指在设计对象的平面上，造型要素之间既对立又统一，在同一平面内的匀称的分布状态。虽然左右上下的设计要素并不是绝对对称，但在视觉上却仍保持着平衡的状态。在成衣设计中，可以将图案或者特殊材料均匀缝缀在服装表面，做均衡装饰。均衡装饰给人以整体感强，同时富有装饰性的感觉。

在服装进行均衡设计时，为了保持整体的轻重平衡，会选择一个平衡支点。均衡手法经常通过门襟、纽扣、口袋、图案或者其他装饰来实现。由于人体是左右对称的，因而这个平衡支点在中轴线（也就是门襟）上时作用最强，效果最稳定。

由于均衡装饰活泼、跳跃、运动、丰富等强烈的艺术造型意味和静中有动的生动效果，采用均衡设计的服装经常用于艺术氛围浓厚的环境，不是很适合庄重严肃的场合，如图 7-30 至图 7-33 所示。

二、对称

对称是指事物分布的若干部分均具有均齐的类似感觉，对称是均衡法则的特殊形式，是一种绝对平衡。对称又称为对等，是形式美法则之一，因为自然界中存在着许多的对称，人体就是其中一个例证，正常的人体是左右对称的，因而在生命体征中形成了人们对对称的认识和理解。

对称构成要素排列的差异性很小，稍显缺乏活力，适用于表现静态的稳重和很精，对称使人感到整齐、庄重、安静，对称能够突出中心，如图 7-34 至图 7-39 所示。

主要的对称形式有三种：左右对称、多轴对称和回转对称。

（1）左右对称是以一个轴为基准，轴两边的要素进行对称构成。由于人体是左右对称的，服装大多数也采用左右对称的形式。一般的概念成衣会应用左右对称，左右对称给人平衡的美感，协调稳重，略显保守，适合风格比较端庄大气的概念成衣。而应用不当的上下对称容易引起比例的失衡，破坏人体美感。

-（从左至右，从上至下）-
（图 7- 30）均衡装饰
（图 7- 31）均衡装饰
（图 7- 32）均衡装饰
（图 7- 33）均衡装饰
（图 7- 34）左右对称
（图 7- 35）左右对称
（图 7- 36）上下对称
（图 7- 37）左右对称
（图 7- 38）左右对称
（图 7- 39）左右对称

（2）多轴对称指服装的平面结构中，有两个或两个以上的轴作为对称构成的基准。典型的多轴对称就是双排扣西装，纽扣的配置就是一种双轴对称。多轴对称能够增添服装的庄严、正规的感觉。

（3）回转对称打破了单轴的呆板，是在服装平面中以一条斜线为对称轴来对造型要素进行对称配置。回旋对称能够传达出活泼、休闲、舒适、生活化的感情。

7.2.2 对比与调和

一、对比

对比是一种趋向于对立冲突的艺术美，色彩、明暗、形状、质感都可以作为对比的要素，当它们的量或者质相反，就能形成对比。对比使设计要素更突出，效果更强烈，产生更强的刺激。对比效果有直线和曲线、凸型、凹型、粗糙与细腻、巨大与细小，它把设计作品中所描述的成衣性质和特点放在鲜明的对比和直接的比照中来表现，借助彼此，互相衬托，从中呈现出设计中集中、简洁、曲折的节奏感。对比的手法能够鲜明地强调或提示概念的性能和特点，给消费者深刻的视觉感受。

（1）从对比的广度来讲，对比的角度类别可以分为色彩对比、图案构成对比、材质对比、体积对比等。

色彩的对比最先进入人们的大脑，尤其是对比色的运用，其视觉冲击力最强，个性最强，如图 7-40 和图 7-41 所示；图案对比可以运用构成艺术的原理，造成视觉上的错觉，具有一定的趣味性和很强的艺术性；另外可以采用多种风格不同、触感差异较大的面料结合使用，如细腻的丝绸与粗犷的麻、毛织物结合，可以加强概念成衣的对抗冲击作用，调整不同面料的比例，可以呈现迥然不同的观感，如图 7-42 至图 7-45 所示。

（2）从对比的深度来看，对比的程度可分为强对比与弱对比，如图 7-46 和图 7-47 所示。强对比增加了概念成衣的个性和情感色彩；弱对比则比较理性，使概念成衣呈现含蓄的外表，增加了服装语境的内涵。作为一种变化效果，对比不宜用得过强、过多，否则会缺乏统一，弱化掉设计的意图和表现效果。在使用对比手法时，应该照顾服装的整体效果，突出主次关系。

二、调和

调和是一种秩序井然的感觉，要形成这种秩序感，需要设计要素之间保持一种质、量的统一和秩序，这种统一秩序使人感到愉快、和谐、舒畅。相反不统一且没有秩序的

–（从左至右，从上至下）–
（图 7-40）色彩对比
（图 7-42）材质对比
（图 7-43）材质对比
（图 7-44）体积对比
（图 7-45）色彩、材质对比
（图 7-41）色彩对比
（图 7-46）弱对比
（图 7-47）强对比

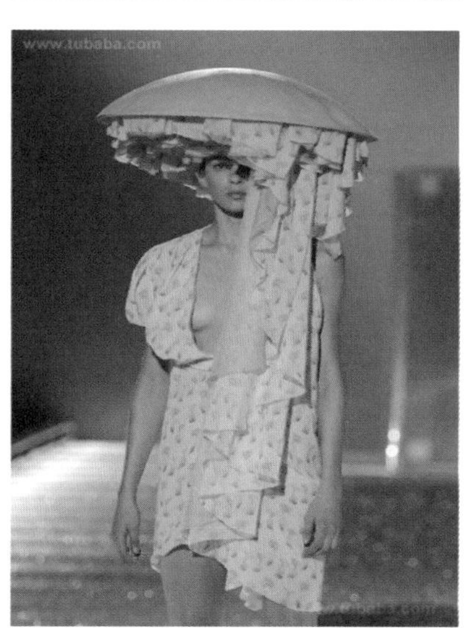

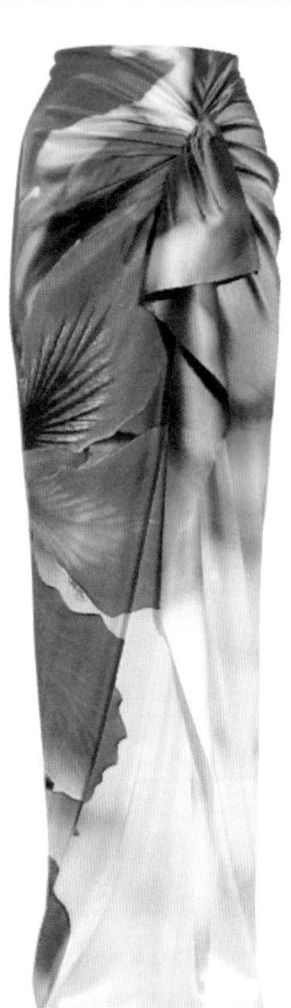

状态会使人感到不愉快、不和谐。

服装造型上的调和，主要指形态的调和。而形态性质的统一，要利用“大同小异”的设计元素，在服装上反复出现和重复利用。例如在领口、袋口、门襟、袖口、下摆镶边，或者用相似形态的设计元素装饰这些重要的部位，就能达到统一，产生调和的感觉，如图7-48和图7-49所示。但是这种相似形的过分强调和利用，容易使服装看起来呆板、单调，因此通常需要加入一定的对比来加以变化。

除了形态的调和，色彩的调和也很重要。使用相邻色和同类色能够达到高度的调和，但是同样，过于强调色彩的统一会使服装色彩单调，为了使服装更加耐人寻味、更多细节，可以适当加入少量比例的间色来活跃服装的观感。图7-50至图7-53为各种调和案例。

7.2.3 比例与夸张

一、比例

成衣的整体与部分，部分与部分之间，有大小、长短、轻重等方面的平衡关系，这种平衡关系就是比例，当各部分处于平衡状态时，能够产生丰沛的美感，起到较强的修饰作用。在研究比例的时候，可以依据“基准比例法”和“黄金分割法”等方法寻求比值。

基准比例法较为常用，以人体的头高为基准，身长与头长的比例数叫做“头高身长指数”，简称“头身”，服装设计中常以“八头身”为基本美的比例，绘图时我们往往夸张到“十头身”甚至“十一头身”。

黄金分割法是指把一条线段分割为两部分，使其中一部分与全长之比等于另一部分与这部分之比。其比值是一个无理数，取其前三位数字的近似值是0.618。由于按此比例设计的造型十分美丽，因此称为黄金分割，也称为中外比。黄金分割点约等于0.618 ∶ 1。

在服装设计中，比例非常重要。由于人的身材各有不同，因此服装担任了对人体特征扬长避短的重要作用。为了使人体着装后的状态呈现修长、匀称的美感，在分割服装的时候要将比例的设计考虑进去，如图7-54至图7-57所示。例如上衣下摆线的位置会直接影响上下身的比例关系，在臀围线上方则会使整体显得上升。帝政时期的高腰长裙体现了女性的修长和隽秀的美。夏奈尔设计的套装则缩短裙长，降低腰线，形成了一种新的比例关系，旨在营造休闲、轻松的风格。

-（左页从上至下）-
（图 7- 48）装饰调和
（图 7- 49）结构调和

-（右页从左至右，从上至下）-
（图 7- 50）结构调和
（图 7- 54）廓型改变比例关系
（图 7- 57）腰线改变比例关系
（图 7- 51）图案调和
（图 7- 55）廓型改变比例关系
（图 7- 52）图案调和
（图 7- 53）图案调和
（图 7- 56）腰线改变比例关系

二、夸张

对服装的某一方面元素进行超越性描述，扩大或缩小某一属性或特征，使之成为该服装形象的主要表现形式，这种设计手法称之为夸张。适当地使用夸张手法可以使一件普通的成衣超凡脱俗，具有更鲜明的特征，如图 7–58 至图 7–61 所示，通过夸张服饰部位达到了突出风格和主题的目的。

7.2.4 渐变与反复

一、渐变

渐变是一种状态和事物的性质按照一定的规律和顺序逐渐的、阶段性的变化，当这个变化保持一定的秩序和规律时，例如递增、递减变化，就会产生美感。渐变产生疏密、浓淡、明暗或者体积大小的变化，产生柔和、灵动的美。在成衣设计中，可以通过材质、面料的色彩、造型体积、图案形状等阶段性逐渐变化产生渐变效果，如图 7–62 至图 7–65 所示。

二、反复

反复是指事物构成或运动的有规律性反复，同一要素出现两次以上就成为一种强调对象的手段，这就叫做反复。例如壁纸和印花布料上的图案就是典型的反复。反复中的要素出现的间隔过于接近时，就会出现同化的效果；反复的要素间隔太远，又会弱化这种构成关系，因此，反复的间隔要注意适当的距离。

在成衣设计中，反复是常用手法，同形同质的形态因素在不同的位置出现，同样的花纹和色彩的反复使用可以产生秩序感和统一感。规律性反复会给服装造型一种类似音乐的韵律感，使概念成衣的观感更灵动活泼，更具有装饰感。例如日本艺术家草间弥生的作品波尔卡圆点系列[1]，如图 7–66 至图 7–68 所示。

–（从左至右，从上至下）–
（图 7– 58）夸张的发型和配饰
（图 7– 59）夸张的裙摆
（图 7– 60）夸张的袖型
（图 7– 61）夸张的肩部装饰
（图 7– 62）图案渐变
（图 7– 63）图案渐变
（图 7– 64）色彩渐变
（图 7– 65）色彩渐变

① 波尔卡圆点（Polka Dot），简称波点，这种复古的图案在 1950 年十分受欢迎，当时的女人爱穿着蓬松的过膝的裙装，而其中以黑底白点做配色的图案是她们的首选。日本前卫艺术家草间弥生（Yayoi Kusama）也对圆点喜爱不已，她曾说：“地球也不过只是百万个圆点中的一个。”

nipic.com

-（左页）-
（图 7- 66）图案反复

-（右页从上至下）-
（图 7- 68）图案反复
（图 7- 67）图案反复

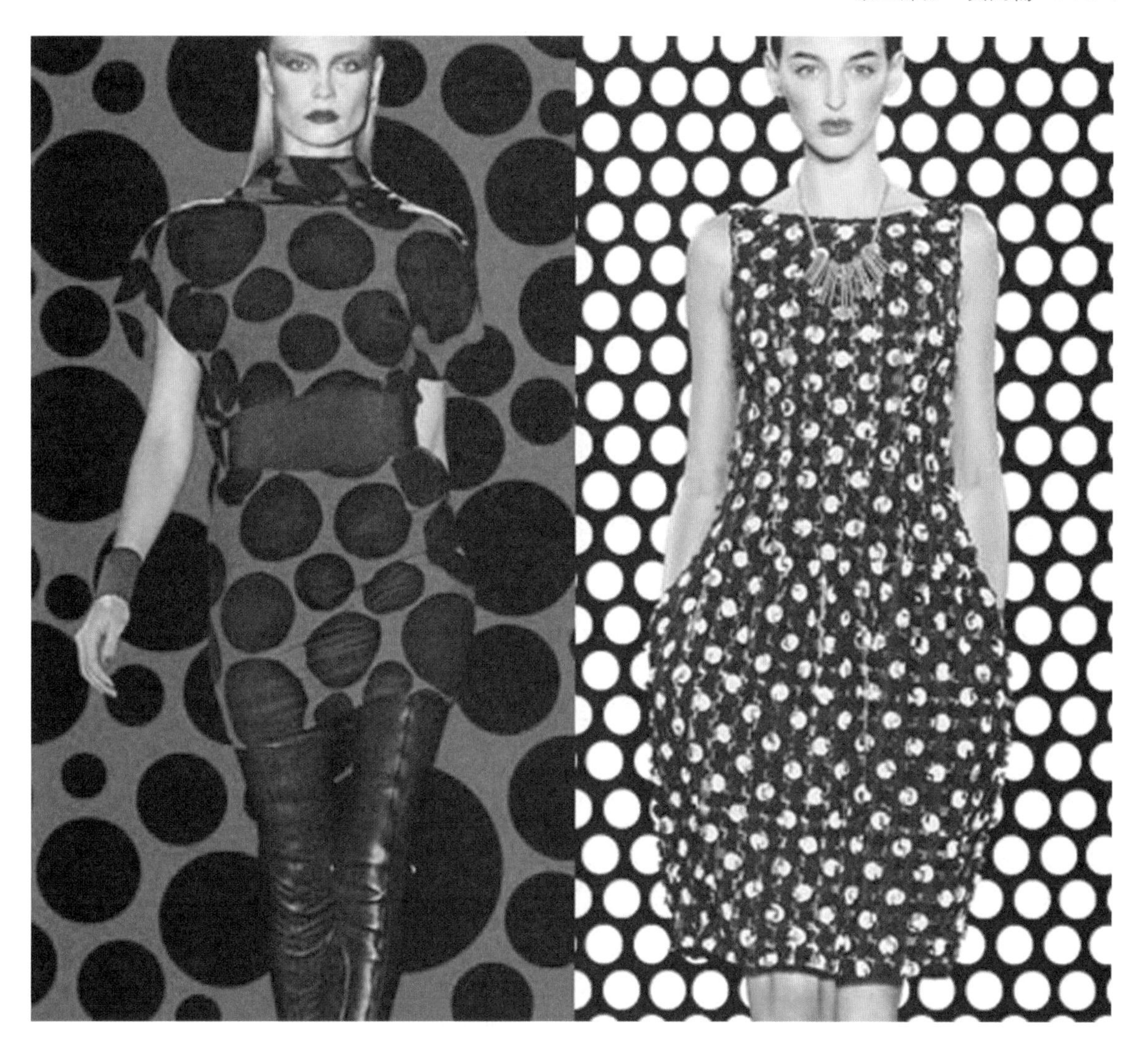

7.3 设计思维

设计思维是指在设计工作过程中，指导设计师工作的思想、方法、途径等。设计思维是设计工作的精髓，它创造的精神财富是成衣产品高附加值的根本原因。

7.3.1 逆向思维法

逆向思维也叫求异思维，它是对司空见惯的似乎已成定论的事物或观点反过来思考的一种思维方式。敢于“反其道而思之”，让思维向对立面的方向发展，从问题的相反面深入地进行探索，树立新思想，创立新形象。运用逆向思维去思考和处理问题，实际上就是以“出奇”去达到“制胜”。因此，逆向思维的结果常常会令人耳目一新。

逆向思维具有三个明显特点：

(1) 逆向思维的形式有无限多种。因为只要存在对立统一的事物，就会有一种与之相应的逆向思维的角度。因而，逆向思维具有很高的普遍性，在生活的方方面面都可以进行逆向思维。例如性质上对立两极的转换：软与硬、高与低等；结构、位置上的互换、颠倒：上与下、左与右等；过程上的逆转：气态变液态或液态变气态、电转为磁或磁转为电等。不论哪种方式，只要从一个方面想到与之对立的另一个方面，都是逆向思维。

(2) 逆向思维对传统、惯例、常识的反叛，具有叛逆精神。逆向思维是对常规的挑战，它能够克服思维定势带来的设计瓶颈，帮助设计师破除由经验和习惯造成的僵化的认识模式。

(3) 逆向思维具有新颖性特征。循规蹈矩的传统思维方式和解决问题的方法虽然简单，但容易使思路僵化、刻板，摆脱不掉习惯的束缚，得到的往往是一些司空见惯的答案。然而，任何事物都具有多方面的属性。由于受过去经验的影响，人们容易看到熟悉的一面，而对另一面却视而不见。逆向思维能克服这一障碍，往往是出人意料，给人以耳目一新的感觉，如图 7-69 和图 7-70 所示。

设计师利用逆向思维进行设计取得成功的例子也举不胜举，例如，Christian Dior 在战后设计的 New Look 套装，丰胸细腰的女性形象正是与当时男装女穿的社会风气背道而驰，而 Dior 也正是因为这种大胆的逆向思维在设计圈内一举成名。日本设计师川久保玲在巴黎时装舞台上展示的“破烂装”也是对优雅精致的高级时装的反叛，也是因此，东方设计师的风貌真正敲开了西方时装殿堂的大门。因此，逆向思维带来的新鲜想法是设计师获得成功的一剂良药。

7.3.2　变更法

在不改变设计主题意图的前提下，调整设计的手法和常用的手段，将设计主题中的条件、成衣的结构或设计元素组合方式变换状态，使设计元素的时空关系明朗化、简单化、突出化，这种设计方法就叫做“变更法”。变更法使服装设计工作更加轻松，能够事半功倍地满足设计效果。同时，变更法要求设计师更高的创造能力和保持丰富的联想能力，如图 7-71 至图 7-73 所示。

7.3.3　加减法

在一个事先设定为基础的设计形态上对其进行时空关系和结构、装饰的复杂化或简化处理，以达到不同的效果，这就是能够举一反三、事半功倍的加减设计法。加减设计法可以帮助设计师进行系列设计，从深度和广度上扩展产品线和产品组合的丰富程度，如图 7-74 至图 7-76 所示。例如母子装的设计，就是典型的加减法设计，让童装的设计基础形态与母亲的服装类似，而结构和装饰上要进行减法。还有一些婚纱设计，在婚礼结束后可以请设计师进行减法设计，把繁复的拖尾婚纱改变成简洁优雅、便于日常穿着的小礼服。

-（从左至右）-
（图 7- 69）逆向思维——乞丐装
（图 7- 70）逆向思维——结构

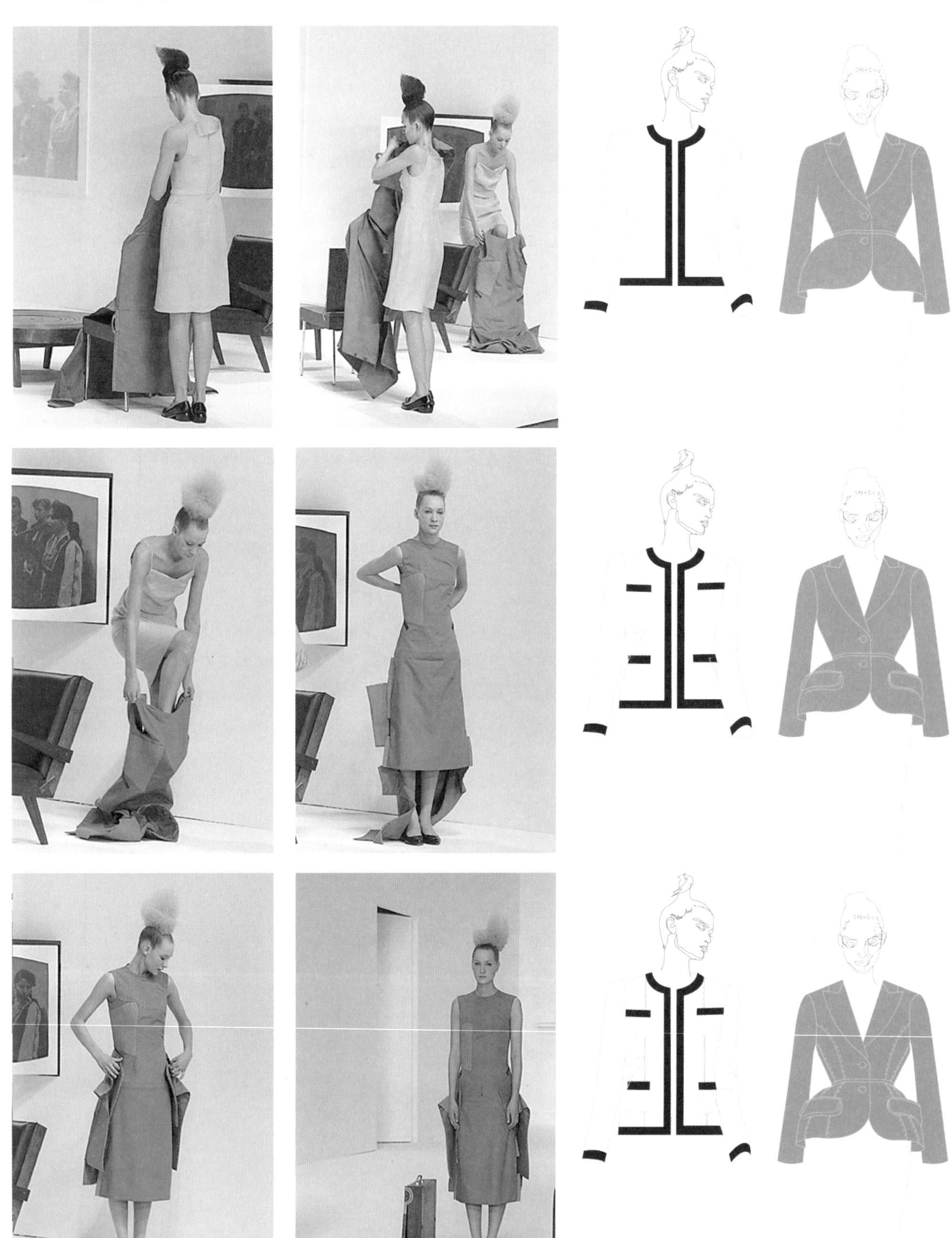

-（左页从左至右，从上至下）-
（图 7- 71）变更设计一
（图 7- 74）加法设计一
（图 7- 72）变更设计二
（图 7- 75）加法设计二
（图 7- 73）变更设计三
（图 7- 76）加法设计三

-（右页从左至右）-
（图 7- 77）联想——花朵
（图 7- 78）联想——海螺

7.3.4 联想法

联想是指人的思维由 A 事物推移到 B 事物，A 事物和 B 事物在思维上属于因果联系，即由原因 A 而想到结果 B。联想属于遐想法的一种具体应用性思维形式，

由表象构思新形象，可以产生延伸效应。虽然联想不能直接创造新形象，但是为新形象的产生提供了丰富的素材，因而在概念成衣设计中常用常新，如图 7-77 和图 7-78 所示。

从思维角度，联想可分为接近联想、相似联想和相反联想三种。

1. 接近联想

在时间和空间上接近的事物之间能够产生接近联想。例如看到冰激凌能够联想到夏天，进而联想到比基尼泳装。广告中用名人代言也是利用了人们产生接近联想的本能，例如见到偶像明星就能联想到一些休闲装品牌的名字。这些就是在时间

和空间上接近的事物给人们带来的联想，如图 7-79 至图 7-82 所示。

（图 7- 79）
联想——塔与桌面

2. 相似联想

不同的事物由于外形、色彩、结构、手感或者功能上有相似之处，易于引起相似联想。相似联想主要指外形给人的观感。例如火车和子弹头、蛋糕和裙子，如图 7-83 至图 7-88 所示。

3. 相反联想

相反联想是利用逆向思维对事物的形态、性能、时空关系进行反向的想象，从而产生新形象的设计灵感。

相反联想存在于设计的方方面面，例如服装设计色彩的冷暖、黑白、明暗；色块之间比例的大小、方圆。服装材料的软硬、粗细；服装各部位的轻重、大小，造型的高矮、宽窄；服装搭配的内外等。相反联想可以形成欲扬先抑、正反对比、推陈出新的效果，如图 7-89 至图 7-91 所示。

-（从左至右，从上至下）-
（图 7-80）接近联想一
（图 7-81）接近联想二
（图 7-82）接近联想三——比基尼
（图 7-83）相似联想一
（图 7-84）相似联想二
（图 7-85）相似联想三
（图 7-86）相似联想四

-（从左至右，从上至下）-
（图 7- 87）相似联想——子弹头
（图 7- 88）相似联想——高铁车头
（图 7- 89）相反联想——性别
（图 7- 90）相反联想——内衣外穿
（图 7- 91）相反联想——黑色婚纱

第 8 章　设计语言

在成衣设计过程中，设计语言是明确设计定位，掌握设计方法之后的表达阶段，即通过造型、色彩、材质三个方面对设计的具体内容进行分析与表现，是成衣设计的核心和落脚点。造型、色彩、材质在成衣设计表达中互相影响渗透，缺一不可。掌握设计语言的表达对设计风格及设计任务的完成有举足轻重的作用。本章分别从造型语言、色彩语言、材质语言三个方面进行了详细细致的解析，通过学习，重点掌握设计语言的表达方法。

8.1　造型设计

造型指用一定的物质材料，按审美要求塑造出可视的平面或立体形象。物体处于空间的形状，是由物体的外轮廓和内结构结合起来形成的，带有一定的体积感和空间感，形状不同，特征各异。造型便是把握物体的主要特征，结合一定的材料创造出的符合需要的物体形象。

服装整体造型可分为外部造型和内部造型两大部分，外部造型即廓型，内部造型是包括省道、结构线以及服装各种零部件的设计。了解成衣设计的方法必须从认识服装的造型方法开始。

8.1.1　外部造型

一、影响廓型的因素

服装廓形，又称外轮廓线。是款式造型中的第一要素，它进入人们视觉的速度和强度高于服装的局部细节，仅次于色彩。因此，从某种意义上来说，色彩和廓形决定了一件服装带给人的总体印象。服装的廓形每一季都会有所变化，但一般来说改变非常细微，早已形成相对固定的形式。

服装依附人体而存在，人体本身属于三围空间的实体，因此服装造型必须从属于人体结构进行立体形态的塑造。具体而言，人体结构主要反映在支撑服装的肩、腰、臀等部位。

1. 肩部

肩部是一件服装的最上部支撑部位，变化幅度较小，根据流行的变化，肩部的造型多以衬垫物来塑造肩部形状。特别是近几季流行趋势中，肩部仍然是非常受重视的设计点，耸肩、坦肩、溜肩等，配合袖子产生各种趣味性变化，如图 8-1 和图 8-2 所示。

2. 腰部

腰部是女装中最富于变化的部位，通过该部位松量或者腰节线的处理，能使服装外型产生巨大变化。服装流行的变迁几度通过腰部收紧与放松的交替变化而进行。同时腰节线的高低，也能带来衣服比例上的明显差别，如古希腊风格的高腰节传达出古典唯美的风格；第一次世界大战前，从繁复服装样式中解脱出来的女装普遍腰节线降至胯部，随意慵懒的气质油然而生。在服装风格与款式的变更中，从衣服的腰线位置始终居于主导位置，如图 8-3 所示。

3. 臀部

臀部主要体现在服装在该部位合体与宽松的不同状态，事实上表达着服装围度的概念，特别是追求体积轮廓感强的外形时，通过材料本身的性能或者加入内衬垫就可以实现。现代成衣中，臀部的造型远远没有服装历史中裙撑的状态那么夸张，但臀部结合底摆的造型是构成服装整体廓型不可忽视的因素。

4. 底摆

衣服下摆线的高低或大小，反映着服装造型的整体比例与形状，也体现着时代精神。无论是长裙还是迷你裙，都反映着时尚的多元化，如图 8-4 所示。

二、外部造型分类

服装外轮廓有以下几种分类：

（1）以字母命名：如 A 形、V 形、H 形、O 形、Y 形、T 形、X 形、S 形等，这是一种

-（左页从上至下，从左至右）-
（图 8-1）耸肩的设计
（图 8-2）肩部细节的设计变化
（图 8-3）腰节线的设计变化

-（右页从左至右）-
（图 8-4）下摆的设计
（图 8-5）A 型斗篷毛衫

常见的分类，它以英语大写字母作为名称，形象生动。

（2）以几何造型命名：如长方形、正方形、圆形、椭圆形、梯形、三角形、球形等，这种分类整体感强，造型分明。

（3）以具体事物命名：如郁金香形、钟形、喇叭形、酒瓶形等，这种分类容易记住，便于辨别。

（4）以专业术语命名：如公主线形、直身形、细长形、自然形等。

以上 4 种分类中以字母形的命名最为常见，目前服装的基本款包括几种经典的廓型，本章节列举 A 型基本款、H 型基本款、X 型基本款、Y 型基本款、O 型基本款作为例子进行解析。

1. A 型

A 型是 Christian Dior 于 1955 年春夏推出的基本款，顾名思义，这种款式是以字母“A”的外形来体现服装轮廓的。A 型是一种视觉重心在下方的廓型，给人以有力的上升感和沉稳的稳定感，如图 8-5 和图 8-6 所示。

2. H 型

1954 年 Dior 秋冬所推出的款式，使用了字母“H”为轮廓线。H 型使视觉重心上移，

放松腰部，形成直腰身的箱型外观。这种廓型以肩部为支撑，胸部、腰部、臀部放松。H 型廓型弱化了女性胸腰的曲线，但呈现出潇洒自若的精神面貌，如图 8-7 所示。

3. O 型

O 型诞生之初被称为郁金香型，它是一种圆润的，没有明显棱角的弧形廓型。肩部合体，下摆稍收，腰腹部有饱满的量感。常用于连衣裙和外套当中，近年的 T 台常常出现 O 型基本款，例如 Balenciaga、Max Mara 等，如图 8-8 所示。

4. X 型

X 型是最能强调女性曲线的款式，是营造丰胸细腰和圆润胯部的廓型。Dior 的 new look 系列是该系列的经典之作。收腰外套和宽身长裙，圆斜肩的特征肩线圆润柔和，束腰则强调胸部曲线，辅以百褶长裙，营造的是极其优雅纤美的女性美感，如图 8-9 所示。

5. Y 型

Christian Dior 曾在 1955 年秋冬推出以英文字母“Y”为形象的款式。Y 型服装强调肩部造型，腰部以下收紧，是一种不稳定的造型意象。

这种不稳定的意象使着装者重心上移，提高了身材比例，宽肩造型衬托出华丽感和强硬的作风。在近年的中性风格中常常出现这种款式，如图 8-10 所示。

服装廓形变化是服装美感的重要体现，协调处理好服装廓形与款式设计的关系是完成服装造型设计的一个重要任务。以服装廓形为服装造型设计的基础，以服装款式的设

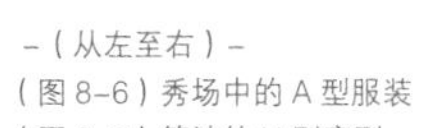

–（从左至右）–
（图 8-6）秀场中的 A 型服装
（图 8-7）简洁的 H 型廓型
（图 8-8）O 型服装
（图 8-9）强调女性腰部曲线的 X 型
（图 8-10）Y 型服装

计来丰富、支撑服装的廓形，进而达到整体风格的统一。此外，关注流行时尚在其关系中的体现及其引起的变化也是必不可少的。

8.1.2 内部造型

服装的外轮廓规定了服装的外形特征，而服装内部造型则需要服装内部结构和局部细节的设计才能达到完整的外观效果。其内部结构的设计既包括功能性的结构线，也包括装饰性强的分割线和褶皱的设计，同时在一些成衣设计中也存在功能性和审美性结构二者融合的结构线设计，局部细节则是构成服装整体的领型、袖型、口袋等附件。服装的外轮廓和内部造型共同构成了服装的整体形态，同时根据流行趋势的变化产生新颖的形式。

一、 结构线的设计

服装依附于人体而设计，人体与服装之间的空间关系需要若干个衣片在一起进行合理有序的组合。这种组合是包含了结构线的设计，并以分割线、省道、褶三种形式呈现出来。

1. 分割线

分割线在衣片中以线的形式呈现，通过分割再缝合的方式实现。在分割线中有装饰性的，也有功能性的。

装饰性的分割线，在服装中主要是基于装饰作用而设计的，通过其形状、数量、位置来体现分割线的变化，体现服装所要传达的个性风格，形式较为自由，限制较小，主要从审美角度设计。

功能性的分割线在服装中起着造型的作用，可以和省道结合进行设计，如西服中公主线与刀背缝的设计，即是典型的功能性分割线。此类分割线能够巧妙地将结构线与装饰线结合到一起，融合了实用与审美两种因素，在设计过程中需要结合服装结构进行设计，有一定的技术难度，如图 8-11 所示。

2. 省道

省道是服装立体造型的第一要素，是服装和人体之间完美融合的重要手段。平面的布料到达立体的人体上，人体与布料之间的多余空间将以省道的形式被缝合或剪掉。尤其是女性人体胸、腰、臀之间的厚度差量通过省道的形式呈现出来，更好地表达了服装的合体性，人体曼妙的曲线也被表达出来。

- (右页) -
(图 8-11) 服装中的分割线设计

人体各个部位的省道有以下几种：胸省、腰省、臀位省、背省、腹省、肘省等。其中，胸省、腰省是女装设计中最关键、最为常用的类型。省道的形式多种多样，可以是直线、曲线，也可以是单个位置集中或多个位置分散的形式。省道一般为三角形，但实际收省时，因塑造形体起伏曲面的需要，省道的结构线会变成弧线或曲线，使服装具有立体、圆润的美感。省道的设计是通过省道转移的形式实现的，在不影响服装尺寸与合体的程度下，通过省道的合理转换，省道的设计与款式的变化可以结合在一起做设计，满足服装造型与装饰性的要求，如图 8-12 所示。

3. 褶

褶皱是服装设计中的细节元素，是一种塑造服装造型和面料质感的手段，兼具实用性与装饰性。在具体的应用中，通过将布料折叠、紧缩、堆砌等多种形式，将面料进行有序或随意自然的处理，使得平面的面料具有一定的立体效果，具有很强的装饰感。

褶按照形态可以分为三类：规律性的褶裥、抽缩的碎褶以及自然褶。

• 规律性的褶裥。

面料通过折叠，经过熨烫或缝合固定可以形成有规律、有方向的褶即是规律性的褶裥。根据折叠方式的不同，褶裥还可以细分为顺褶、工字褶、箱式褶等形式。如在衬衫中胸前的顺褶装饰形式，大衣后摆的工字褶，以及百褶裙等。通过褶宽窄、数量、方向、长短的变化，可以带来极强的节奏感，产生丰富的视觉效果，如图 8-13 所示。

• 碎褶。

碎褶通常是通过缝线在布料上抽紧，而形成的细小的褶皱，这种褶皱比较自然，一般在女装和童装中较为常见，如荷叶边，灯笼型的袖口、塔裙等，应用十分广泛并极富有变化，如图 8-14 和图 8-15 所示。

• 自然褶。

自然褶多以面料的悬垂性自然形成，由于面料的悬垂性不同，在人身上披挂或缠裹时，由于重力作用，就会形成不同程度的自然褶，这种褶饰效果流畅，自然飘逸，如图 8-16 所示。

分割线、省道、褶是服装设计中款式丰富的重要手段，在其运用中，需要凭借对服装结构设计和工艺的理解结合服装审美共同发挥，必须考虑到外轮廓线与内结构线的协调统一，才能为服装整体造型加分。

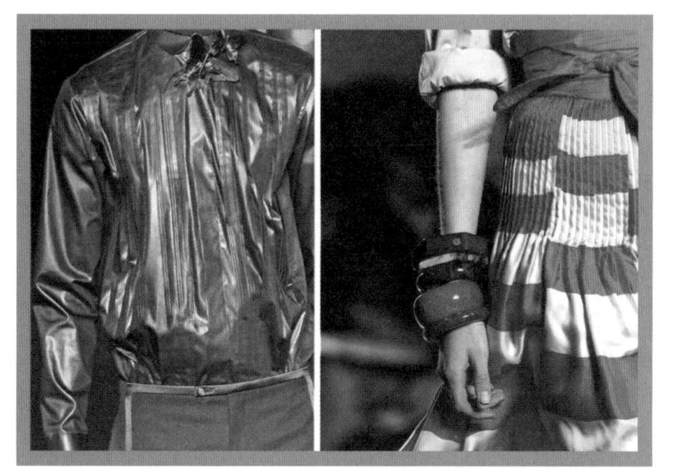

-（左页）-
（图 8-12）连衣裙中省道的设计
-（右页从左至右，从上至下）-
（图 8-13）规律性的褶裥
（图 8-14）碎褶
（图 8-15）荷叶边碎褶设计
（图 8-16）自然褶

二、局部细节设计

服装的局部细节设计是指与服装主体相配，突出主体风格，具有功能性和装饰性等组成部分的局部造型设计，如领子、袖子、口袋等局部造型的设计变化。这些局部造型一方面受到服装整体的制约，另一方面也影响着设计的视觉效果和功能，设计独到精美的局部是对整体设计的调节、烘托和强调，是一款服装上的设计亮点。

1. 领子

领子是最接近人的面部的局部结构，最容易引起注意，因此衣领的设计至关重要。衣领的设计是根据人的颈部基准点而进行的，根据衣领的结构与衣身之间的关系分为以下几种类型。

（1）连身领。

• 无领。无领即在颈根部以上没有装领，领口线造型即为领形，领型简洁，领口线的宽窄、高低均可进行不同形式的处理，使无领造型也能展示出多种风貌。该类领型常用于休闲装、礼服中。根据领口线的形状，无领结构还可以分为圆形领、方形领、V 形领与船形领等式样，如图 8-17 所示。

• 连身立领。连身立领也称为原身领，是从衣身上延续出来的领子，领子与衣身连为一体，无断开，通过收省、抽褶等方法得到领部造型，其特点是流畅、含蓄、典雅，适于女

装设计。

（2）装领。

装领是领子与衣身各自为独立的部分，通过缝合、拉链、暗扣等形式装在衣身上形成的衣领造型，根据装领结构的不同，可以分为以下几种：

• 立领。立领是领型中较为简单的领子，也是比较基础的领型。领子竖立在领圈之上形成的领型，当领子与领圈有一定倾斜角度时，还可以产生内倾式和外倾式的效果，内倾的立领端庄含蓄，是中式服装中常见的领型；外倾的立领豪华优美、造型夸张，具有欧式宫廷韵味，如图 8-18 所示。

• 翻领。翻领是领面向外翻折的领形，分为有领座和无领座两种形式。例如，无领座的领面向外翻出平贴于肩部的平翻领，常见的有海军领和披肩领。有领座的翻领中，领座的高度、翻折线的位置、领面的宽度均能影响到领子的造型效果，适用于衬衫、时装、大衣等类型，如图 8-19 所示。

• 驳领。驳领是一种庄重而正式的领型，由领座、翻领、驳头三部分组成，驳领的特点在于驳头与翻领连接在一起，驳头的部分与衣身是一个整体，常用于男女西服、套装、大衣的设计中，如图 8-20 所示。

–（从左至右）–
（图 8-17）无领设计
（图 8-18）立领设计
（图 8-19）翻领设计

在实际服装设计中，可以通过两种或两种以上的领型组合在一起形成新的领子面貌，表现出独特的设计特色。

– (右页从上至下) –
(图 8–22) 装袖设计变化
(图 8–23) 连身袖上衣
(图 8–20) 驳领设计
(图 8–21) 袖山的设计变化
(图 8–24) 插肩袖的设计

2. 袖子

袖子是上衣类服装中使用频率较大的部位，袖子比领子具有更强的功能性，在一定意义上说，袖子的舒适度是检验服装品质的关键。

袖子的设计主要可以通过两个部分来实现，即袖山头和袖口。

(1) 袖山的设计。

根据衣身与袖子的连接关系，可以将袖山划分为装袖、连身袖和插肩袖三种形态，如图 8–21 所示。

• 装袖是衣身和袖子分开裁剪，然后缝合而成的一种袖山设计，符合人体肩部与手臂部位的结构，外观挺括平整，立体感强。西装的袖子是装袖的典型代表，还适用于各种外套、风衣、夹克等简洁、休闲的服装类型。同时，袖山的高低也影响到肩袖造型，呈现出丰富的变化，如图 8–22 所示。

• 连身袖又称连袖，是衣袖与衣身连成一体的设计。肩部无接缝，穿着时肩部平整圆润、宽松舒适，多用于中式服装、睡衣、夏季女装等的设计中，如图 8–23 所示。

• 插肩袖，指的是袖子的袖山延伸到领围线或衣身部分的袖型，延伸至领围线的称全插肩袖，延伸至衣身部分的称半插肩袖。插肩袖穿着舒服、合体，在运动服、大衣、外套和风衣中广泛应用，如图 8–24 所示。

(2) 袖口的设计。

袖口的设计也作为袖子设计的一个重点，袖子的名称也常取决于袖口的造型，例如灯笼袖、喇叭袖等。袖口的设计既可以改变衣袖的外观，满足袖子的实用功能，同时也具有很强的装饰作用，而且往往与服装的下摆相呼应。根据袖口与胳膊的空间状态，可以分为以下两个类型：

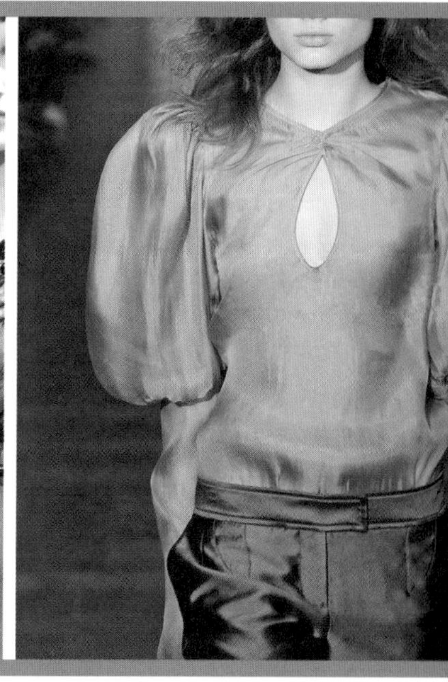

• 收紧式袖口。收紧式的袖口往往用袖克夫、松紧带、罗纹或抽褶等将袖口收紧，利落、严谨，多用于衬衫、夹克等休闲装中，如图 8-25 所示。

• 开放式袖口。开放式的袖口多为松散的自然展开状态，宽大舒适；袖口常伴有精致的装饰，常用于风衣、西服、连衣裙或礼服中。

除此之外，袖子的设计还包括袖身的合体与宽松，以及袖子长短的变化，夸张的袖型也常常在秀场发布中出现，作为一些设计师品牌新的概念和风格的表现形式。总之，服装设计师应遵循袖型设计局部服从整体风格的原则，以强化整体设计效果为目的，如图 8-26 所示。

3. 衣袋

衣袋是最具有实用功能的装饰，衣袋的设计可以完美地融合功能性与装饰性。衣袋设计结合领子、衣身、袖子的整体造型，运用形式美法则进行构思，使衣袋的形状、大小、比例、位置、风格与服装整体和谐统一。

衣袋的种类可以归纳为贴袋、插袋、挖袋三种。

(1) 贴袋。

贴袋又称为明袋，是直接贴缝在衣片表面的口袋，分为有袋盖和无袋盖两种形式，常用于休闲西服、中山装、夹克、家居服和童装的设计中，形式自由活泼、简便，趣味性强。

(2) 插袋。

插袋指袋口设置在衣缝处，口袋在衣片的里面的口袋，多为暗袋形式。袋口需要根据衣缝所在的部位进行设计，如在公主线上、刀背缝上、分割线上等，多用于外套、大衣、裤子等，具有隐蔽、整体、流畅的特点，细节含蓄。

(3) 挖袋。

挖袋也称暗袋。袋口挖在衣片上，袋在衣片的里面，袋口可以显露，也可以用袋盖掩饰。多用于制服、套装、大衣、裤子中，具有严谨、庄重、含蓄的特点。

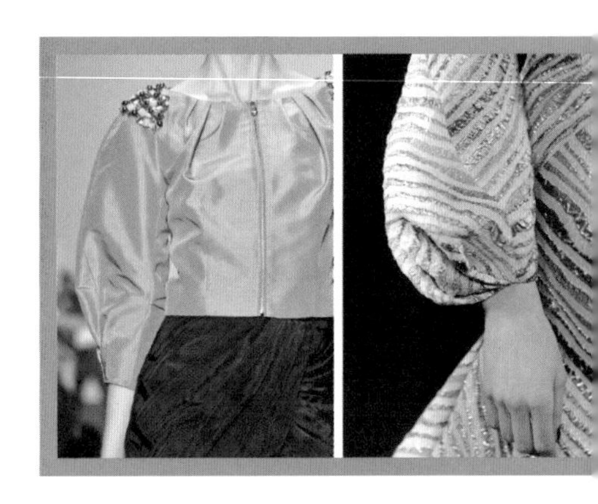

衣袋的位置既要有较固定的位置，也可以不受这些位置的局限。衣袋的面积要与服装外型的面积比例相协调，衣袋的式样要与服装整体的风格相吻合，可以运用不同的装饰手段对衣袋进行一定程度的装饰与点缀，增加衣袋细节的丰富性。但同领子与袖子

－（左页）－
（图 8-25）收紧式的袖口设计

－（右页）－
（图 8-26）开放式的袖口设计

的设计一样，衣袋的设计也要服从于服装整体性原则。

8.1.3　系列化设计

一、系列化设计的意义

系列化设计是在服装单一款式设计基础上发展起来的针对某一主题风格而开发的多数量、多件套的系列化产品设计，这些产品具有统一的风格，在款式特征上也有密切的联系。成衣品牌每一季的产品首先划分为若干个系列，而后每个系列根据相应的主题再做开发，最终各个系列组合在一起，形成整体化的产品框架。

系列化设计充分体现了变化统一的形式法则，通过整体化的构思弥补了单件款式的不足，为消费者提供了更多的产品选择，增强了视觉感染力。同时系列化的设计可以节约成本，突出品牌特征和品牌形象，更好地展示产品风格，从而获得更大的市场影响力。此外，消费者所关心的搭配问题，是促使服装设计系列化形式的重要因素，通过品牌自身系列化产品的搭配，为消费者提供了更方便的穿衣指导，也为提高商品利润创造了更多的可能性。

二、系列化设计的原则

（1）款式系列设计应根据品牌的定位，确定服装款式在系列中的比重。例如单品品牌应该侧重于自己擅长的、销售情况好的款式，不要过于冒险开发自己不擅长的品类。

（2）款式系列设计应注重款式和类别的比例，并且能够独立穿着。如一个系列有两条长裤、两条短裤、四件衬衫，两件夹克、三条连衣裙，每款都能够独立穿着，以便消费者购买后可以自行搭配。根据销售情况，畅销的款式应该调整数量，例如衬衫和长裤的销售情况要好于其他款式，则可以增加该款式在系列中的比例。

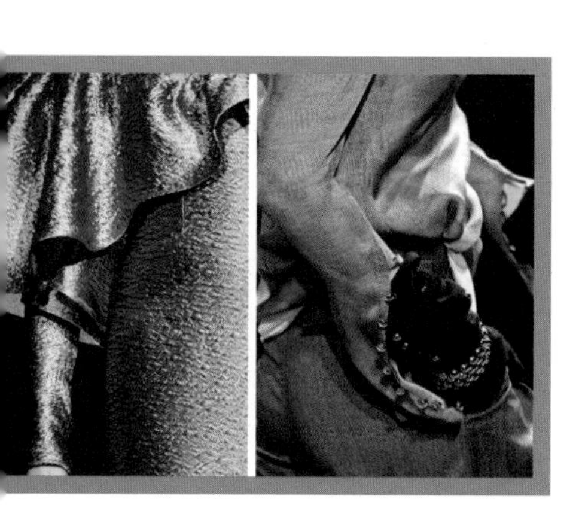

（3）系列设计应有内在主题紧密地联系着各款单品。

（4）款式系列开发应综合服装的色彩、面料、装饰等其他因素。

（5）系列服装应遵循服装设计的 5W 条件，在此基础上根据具体设计要求完成系列设计。

三、系列化设计的方法

（1）元素组合。元素组合是将某元素作为设计中的表现重点，在多个款式的不同部位进行搭配的方法。如色彩、图案、工艺、分割线等。

(2) 元素加减。通过对款式中的某些元素重复、叠加、递减、类比等手法，达到变化的效果，保留系列感。

(3) 材料置换。这种方法常用于某些经典款式，款式结构和基本款式变化不大，改变其色彩或面料，既到达改变的目的，同时又保留了该经典款式，这种做法常为成衣品牌所采纳，既能保留品牌连年畅销的款式的特征，又能在此基础上给消费者耳目一新的感觉。

(4) 相关联系。以某一个款式设计为原型，类推出相似的造型，把相关造型尽量发挥出来，从中选取最佳方案这种方法可以在短时间内快速完成大量设计任务，提高了工作效率。

四、系列化设计应用实例

在品牌款式开发过程中，设计师通常会根据几种不同的设计元素展开系列化的产品设

-（左页）-
（图 8-27）以镂空雕花的工艺为元素展开设计的系列产品

-（右页）-
（图 8-28）以针织原料进行系列化设计的女装

计，通过相关元素点进行款式的衍生设计，以下介绍几种常见的系列化设计形式。

1. 以工艺为元素开发的系列产品

在这个系列中，镂空雕花的工艺贯穿整个系列，配合朴素的面料，通过花型位置以及形状的变化形成较强的装饰系列感，具有浓郁的手工风格，朴素的面料也透露出随意洒脱的田园色彩，款式放松，设计感强，如图 8-27 所示。

2. 以材质为元素开发的系列产品

在这一系列中，以针织原料为设计材料，通过不同的织造手段作出相应的外观效果，并配合不同的款式变化，如衣服长短的变化、针织花型肌理的塑造，配合少量其他材质，表达出简洁、时尚、优雅成熟的女装风格，如图 8-28 所示。

-（左页）-
（图 8-29）以蕾丝花片装饰为元素的系列化产品开发

-（右页）-
（图 8-30）以色彩为元素进行的系列化产品开发

3. 以装饰手法为元素开发的系列产品

在该系列中，以蕾丝作为装饰性设计重点，在服装整体或局部进行蕾丝花型的布局，形成优美的图案变化，特别是蕾丝的装点部位新颖别致，成为该系列的设计亮点，形成华丽而优美的服装风格，如图 8-29 所示。

4. 以色彩为元素开发的系列产品

在这一系列中，以紫色调为主，具有强烈的色彩氛围，结合品牌定位通过色彩和廓型的结合，突出华丽感，将女性的高雅、大气干练形象显露无疑，紫色的 A 形外套、别致的袖子、奢华的皮草装饰，以及稍高的腰线、简洁的外形，与品牌优雅华贵的气质一脉相承，如图 8-30 所示。

8.2　色彩设计

色彩作为一种无声的语言，向人们传递着丰富的情感，并可以塑造、完善个人的性格、爱好、审美、气质等。人们也在这种语言的支配下选择适合自己的色彩，美化着生活。可见，要把握好色彩与人的关系，首先要懂得色彩的语言，使自己和色彩达到和谐的效果。

色彩与我们的生活息息相关，反映在服装上更是有着不容忽视的特殊意义。服装由色彩、款式和材质三要素构成，是实用性和审美性的统一。色彩作为其中最醒目、最有冲击力的因素起着不可忽视的作用，服装给人的第一印象就是色彩，可是说色彩就是服装的灵魂。优秀的成衣设计除了在造型不断创新，创造独特款式外，服装色彩的应用更是巧花心思，令人赞叹。在成衣设计中对色彩做的选择是否得当不但关系到服装品类间的搭配，也反映到展示陈列中，直接影响着消费者对服装的选择。因此，服装色彩不是孤立的，而是贯穿于设计的始终，考验着设计师对色彩的驾驭能力。

8.2.1 色彩原理

一、色彩形成

物体表面色彩的形成取决于三个方面：光源、物体本身的反光性、环境与空间对物体色彩的影响。

光源色：由各种光源发出的光，光波的长短、强弱、比例性质的不同形成了不同的色光，称为光源色。例如太阳的金黄色、日光灯的白色等。

物体色：物体色本身不发光，它是光源色经过物体的吸收反射，反映到视觉中的光色感觉，我们把这些本身不发光的的色彩统称为物体色。也称物体的固有色。

二、色彩属性

服装色彩可分为无彩色和有彩色两大类。无彩色系即黑、白、灰、金、银等色，有彩色系即在可见光谱中的全部色彩、它以红、橙、黄、绿、青、蓝、紫为其基本色。基本色之间不同比例的混合、基本色与无彩色系之间不同比例的混合产生的所有色彩都属于有彩色系列。有彩色系中的任何一种色彩都具有三大属性，即色相、明度、纯度。

1. 色相

色相指色彩的相貌，是区别色彩种类的名称。除无彩色的黑、白、灰以外，如红、黄、绿，蓝等都各有自己的色彩基本称谓。在同一个单色中混入不同量的黑色或白色，仍属于同一色相，而不同的单色相互混合，则可以得到不同的色相。如单色的蓝与黄混合可得到绿色色相等。色相的对比不包括黑、白、灰的组合。不同色相相互间的组合、对比，可使人产生不同的心理感觉。如绿与白、黑与青等对比强烈、爽快。许多设计师都将对比色相广泛应用于服装中，使色彩丰富而协调。

2. 明度

明度指色彩的明暗程度。色彩的明度可以从两个方面分析：一是各种色相之间的明度差别，同样的纯度，黄色明度最高，蓝色最低，红绿居中。二是同一色相的明度，因光量的强弱而产生不同的明度变化。

浅而亮的颜色明度高，深而暗的颜色明度低。同种色相中也有不同的明度。如粉红色明度较深红色高。在各种颜色中加入不同比例的白色使明度增高，而加入不同比例的黑色则明度降低，如浅蓝—蓝—深蓝的明度变化。色彩的明度对比可以影响人们的情感变化，如明度高则表现出活泼、明快、发散的特征；明度低则带有庄重、忧郁的色彩；明度居中时一种浪漫、朦胧、温和的感觉蕴含其中。

3. 纯度

纯度指色彩的鲜浊程度，它取决于一种颜色的波长单一程度。我们的视觉能辨认出的有色相感的色，都具有一定程度的鲜艳度。当一种色彩加入黑、灰、白以及其他色彩，纯度自然会降低。而黑、白、灰等无彩色是没有色相的色，其纯度也为零。利用逐渐降低纯度的方法可产生迟钝、软弱、柔和有情感等的视觉效果。如在纯色中加入灰色，随着色量的增加，纯度降低，色相产生朦胧的中庸的效果。

三、配色原理

纵览国际每年每季的服装发布，我们可以体会到不同品牌对色彩的诠释各有特色，通过色彩这个最直观的语言传达出品牌的性格和精神，无须任何的文字注解，都会对服装的色彩作出解读。人们在长期的历史发展和经验中对色彩也形成了不同的认识，设计师通过色彩语言来实现衣服与穿着者之间的沟通，不同色彩所表达的情感更是直抵消费者内心，或华丽或优雅或庄重严肃，在穿着者心中蔓延，无论是单一色彩还是多个色彩之间的搭配形成的色调，都包含了无穷无尽的色彩情感。

1. 色彩的统一性

服装的搭配讲究整体的协调性，在搭配因素中，色彩占据了至关重要的地位，特别是同类色、邻近色等色环上距离较劲的颜色配置到一起时，整体服装效果会非常和谐统一，营造出轻柔的色调，色彩的统一性是服装色彩搭配的首要原则，如图 8-31 和图 8-32 所示。

2. 色彩面积与比例

每种色彩都有自己的表情和一定的象征性，当两个或两个以上色彩出现在同一个服装造型中时，必然会有主次轻重的色彩区别，必须要对色彩的面积和比例关系进行整体把握。单一的色彩往往容易单调，多色彩的搭配能够活跃服装整体造型，在成衣色彩设计中，一般设定一个主色，辅以若干其他色彩进行相互搭配，如图 8–33 和图 8–34 所示。

3. 色彩的节奏和韵律

在成衣色彩设计中，色彩有时会交替反复性地出现，例如，服装中的印花图案，经过印染处理，形成了连续性的效果，这种连续或是同样的色彩视觉元素，或是在位置、大小、方向、疏密关系上有渐变的色彩视觉元素，都能形成色彩的节奏感和韵律感，从而提升服装视觉美感，如图 8–35 所示。

4. 色彩的强调

色彩的强调一般出现在服装整体色彩较为统一的情况下，通过局部的对比色来强化整体效果，视觉冲击力较强，如图 8–36 所示。

5. 色彩的间隔与关联

通过几何形的分割形式，使多种色彩交替反复出现，形成具有节奏感的间隔效果，同时又营造出整体的关联性。通过色彩的间隔与关联手法得到的服装在视觉效果上一般比较强烈，容易引起注意，是服装设计中常用的色彩搭配方式，如图 8–37 所示。

8.2.2 色彩的情感

由于地域、民族、信仰、生存、环境等的不同，各民族对色彩都有不同的认识，人们带着这种认识进入到艺术创作或审美领域时，色彩便有了某种情感象征意义。

与大部分人的经验与联想有关，人们通过与自然界和社会的接触，逐步形成了色的概念和联想。例如，红色，是引人注目的色彩，具有强烈的感染力，它是火的色、血的色，象征热情、喜庆、幸福；另一方面又象征警觉、危险。黄色，是阳光的色彩，象征光明、希望、高贵、愉快。浅黄色表示柔弱，灰黄色表示病态。黄色在纯色中明度最高，与红色色系的色配合产生辉煌华丽、热烈喜庆的效果，与蓝色色系的色配合产生淡雅宁静、柔和清爽的效果。蓝色，是天空的色彩，象征和平、安静、纯洁、理智。另一方面又有消极、冷淡、保守等意味。绿色，是植物是色彩，象征着平静与安全……

－（左页从上至下）－
（图 8-31）同类色搭配
（图 8-32）邻近色搭配

－（右页从左至右，从上至下）－
（图 8-33）橙色为主的色彩搭配
（图 8-34）绿色为主的色彩搭配
（图 8-35）色彩的交替出现形成节奏韵律感
（图 8-36）色彩的强调
（图 8-37）色彩的间隔与关联

在服装设计中，不同风格的产品均借助不同的色彩来表达，或热烈浓郁、或奔放洒脱、或柔和淡雅……一些特殊型的服装往往带有较强的象征性，例如白色婚纱象征洁白无瑕的完美。

一、色彩的冷暖感

冷色与暖色是依据心理错觉对色彩的物理性分类，是人体对色彩所产生的一种主观感受。例如，红光和橙、黄色光本身有暖和感，让人联想到太阳、火，会产生暖和感。相反，紫色光、蓝色光、绿色光，则会让人联想到海洋、蓝天、森林，有寒冷的感觉。在色环中，我们可以划分出冷、暖色两个区域，其中黄色被认为是色相环中最暖的颜色，而蓝色则是最冷的颜色。在无彩色系中，黑色偏暖，白色偏冷，灰色以及金、银色为中性色，无明显色彩冷暖感。在具体的服装产品设计中，春夏季服装中冷色系的应用偏多，而秋冬季服装中暖色系的应用偏多，如图 8-38 至图 8-41 所示。

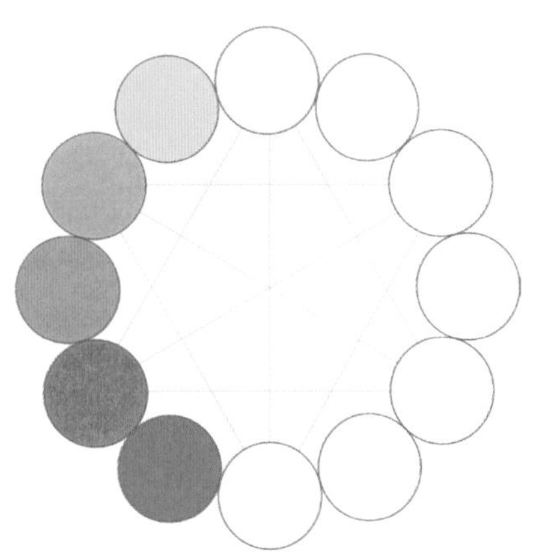

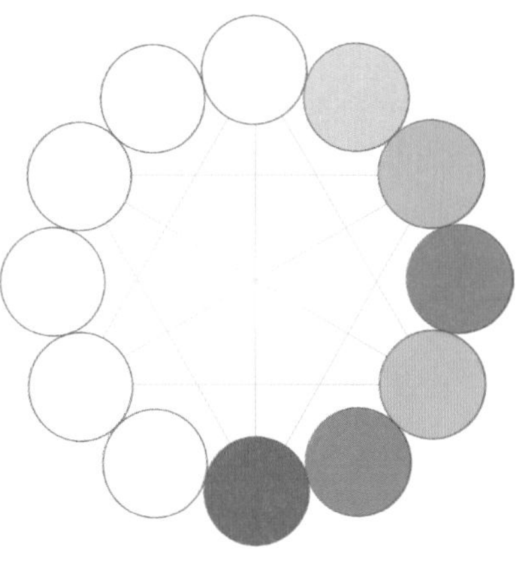

二、色彩的重量感

色彩的重量感主要取决于色彩的明度，暗色重，亮色轻。暖色偏重，冷色偏轻；暖色密度强，冷色稀薄；冷色透明感强，暖色透明感较弱；冷色显得湿润，暖色显得干燥。因此，在炎热的夏季，白色、浅蓝色会使人感到清爽宜人，而在寒冷的冬季，黑色、暖色等会带来厚重感，有更好的保温性。

纯度与明度的变化还会给人色彩软硬的印象，淡的亮色使人觉得柔软，暗的纯色则有强硬的感觉，如图 8-42 所示。

三、色彩的华丽与朴实感

色彩有使人感到雍荣富贵的华丽色和优雅别致的朴素色。色彩的朴实与华丽与色彩的三属性都有关联。一般来说，明度高、彩度高的色显得鲜艳、华丽，纯度低的朴素；明色、暖色华丽，暗色、冷色朴素。此外，白色和金银色当插入黑色时由华丽可变为朴素。而纯度低的色彩，相互配合时会感到朴素。

从色调看，大部分活泼、强烈、明亮的色调给人以华丽感，而暗色调、灰色调、土色调有种朴实感；从对比规律看，以上这些色的划分都属相对概念，如图 8-43 所示。

-（从左至右，从上至下）-
（图 8-38）色相环中的暖色
（图 8-40）暖色系服装
（图 8-39）色相环中的冷色
（图 8-41）冷色系服装
（图 8-42）色彩的重量感
（图 8-43）色彩的华丽与朴实感

8.2.3 成衣色彩的运用

在成衣产品设计中，服装的色彩运用是一项重要课题，不仅关系到产品风格的美感表达，也关系到产品最终陈列的效果，影响到消费者对产品的整体好感度。“没有不好看的颜色，只有不好看的搭配。”——单独一种颜色谈不上美与丑，　只有两种或两种以上的颜色搭配在一起时，才会有美或不美的评价。

一、与服装整体的风格协调

色彩作为视觉审美的第一要素对于服装起着至关重要的作用，服装的色彩设计与色彩搭配既要服从于服装体现出的美又要表现出服装风格。服装的风格不只是通过款式表现出来，也可以用配色来表达。不同色彩的互相搭配会引起我们不同的感受。不同的场合、不同的环境需要有不同的服装色彩情调与之相适应，搭配恰当，能体现一种浓郁的生活情调。合理的色彩搭配组合效果，会使人的视觉和心理产生美的愉悦感、满足感。

在成衣设计中，色彩的设定需要一定的计划和秩序来体现。品牌成衣设计中，色彩往往以色系的概念出现，根据企划方案把该季的主要色系确定下来是品牌表达设计理念的普遍做法，也能够更好地统一产品风格。

不同色彩之间相互搭配时，其比例关系要符合审美标准，包括色彩的位置、面积等，同时要照顾到色彩的活泼感，例如通过面料的图案色彩来体现，或者通过镶边、滚边、层叠等工艺手法来创造丰富多变的色彩效果。同时在色彩运用过程中要有全局意识，注重色彩搭配的和谐感，要突出重点，主次明确。通过色彩的明度、色相、纯度的变化来创造出更多的色彩搭配效果。

服装色彩在设计应用方面，应以不同的风格为导向，准确表达品牌风格。例如古典式、浪漫式、民族式、田园式、前卫式、轻便式各类风格的色彩搭配，需与主体风格相吻合，如图 8-44 所示。

二、与实用功能相协调

服装色彩在搭配与选择的过程中，要充分考虑到服装的特征与类型。例如在职业制服的设计中，色彩通常起到一定的实际功能，比如在小学生校服中加入色彩纯度较高的条饰，目的是为了增加小学生在过马路过程中的安全性。而检查机关的制服一般选择

- （从上至下）-
（图 8-44）品牌 LACOSTE 多变的色彩搭配风格
（图 8-45）消费者的个体差异与着装风格

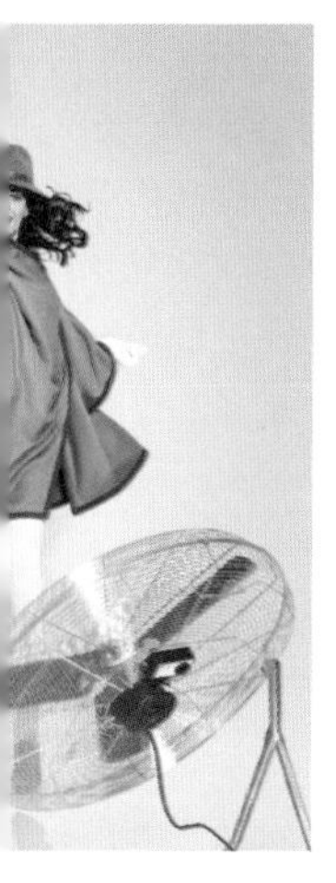

色彩沉稳的深蓝色系，也是为了强调着装的严肃性及正规性。快餐店服务员的服装选择的橘色，可以起到提高顾客食欲的作用。

三、满足消费者个体差异与审美需求

任何服装都是服务于人的，衣服只有和具体的人结合起来才能体现出其存在的价值，色彩的应用同样要遵循“以人为本”的原则，不同肤色、脸型、体型的人面对同样的款式都会有不同的色彩选择，同时穿着场合和环境的差异会导致选择上更大的不同，每个人都会有自己适合的色彩和服装类型。例如，人们在选择衣服时，首先会从体型考虑，特别是对掩盖身体缺憾的款式有较大诉求，一般来说，体型偏胖的人很少选择高明度的浅色服装或是高彩度的强对比色，避免产生膨胀感，利用色彩的错视能够很巧妙地掩盖体型缺陷；而体型消瘦的人不宜选择大面积的黑色等明度较低的暗色。而人的肤色、发色也是影响服装选择的重要依据，欧美人白色的面孔、金银色的头发，搭配经典的黑色服装会非常出彩，而同样的搭配换到亚洲人的黑发黄皮肤上则显得有些沉闷，米色、茶色等含灰色系更能与黄皮肤取得协调。设计师为着装者设计服装时，也应因人而异，根据被设计者的体型、肤色进行综合考虑，美化优点，修正不理想体型，是每个设计师都需要考虑的，如图 8-45 所示。

此外，除了肤色和体型因素之外，服装的色彩还需要考虑到环境因素。环境包括自然环境和社会环境两方面。春夏秋冬四季交替，不同的气候条件使人们的着装会随之发生变化，夏天，人们往往选择冷色调的服装来妆点自己，而冬天，暖色调则更受欢迎。在社会环境中，服装穿着者需要选择适合自己身份、修养的色彩，更要根据不同的场合选择得体的着装。例如，参加婚礼的服装，需要符合婚礼的喜庆气氛，宜穿暖色调服装；参加丧事的服装，适宜沉稳的冷色调，与伤感氛围相协调；而在医院工作的人员服装色彩以白色、浅蓝色为主，也是考虑到整个环境氛围。舞台服装，多以纯度较高的对比色为主，强调色彩的夸张效果；而日常装对比较弱，常用近似色、同类色的搭配。

8.3 材质设计

服装材质是服装设计的物质载体，也是影响服装艺术性、技术性、实用性和流行性的关键因素，想要达到理想的服装效果，就必须通过选择恰当的材质来实现。作为服装设计师，对服装的材料要有全面的了解和认识，掌握各种材料的特性和效果，以达到更好地使用材质实现构思的目的。同时，加强对材质的理解与认识，提高对材质的应用能力，并能够进行创新性的材质设计。

8.3.1 服装设计与材质选择

一、设计风格与材质

材质经过选择与使用，服务于各种类型的服装，不同的材质必然会带来不同的成衣效果，尤其是在服饰个性风格的塑造中，依赖服装材料质地、感官效果，对服装进行相应的设计变化，特别是在服装的细节变化中，很大一部分已经转移到对服装材料的再造运用上，成为体现服装设计创新能力的标准，体现着不同的设计风格。

例如，同样是春夏季节的服装，在图 8-46 中的系列中，通过棉、麻等材质，自然的印花、休闲的装备带来轻松浪漫的田园风格。而在图 8-47 的系列中，透露的是高贵优雅的职业女性风范，通过丝绸、针织、精纺毛料等材质凸显该系列的品质感。两个系列通过不同的风格设定，进行了不同材质的选择与使用，材质同时反映着不同的风格特质。

-（从上至下）-
（图 8-46）棉质印花材质凸显的田园风格
（图 8-47）丝绸材质凸显的高贵优雅风格

（图 8-48）相同色彩不同材质带来的不同视觉感受

二、设计色彩与材质

服装色彩就是通过服饰品的质感材料及面料的质地来表现性格的。如黑色，当用在丝绒质地的衣料上时会表现出高贵、优雅的气质，而用在棉布上则使人感到质朴、严肃，甚至是悲伤的情感。当不同明度的色彩运用在相同质地的面料上时，表达出的效果也会大不一样。所以我们在选择色彩时不能忽略面料的品种。相同色彩而不同材质的服装，其视觉感受和风格往往会有很大不同，如图 8-48 所示。

8.3.2 材质分类

服装材料种类繁多，下面通过材质的用途、织造方式、原料等方面进行介绍。

一、从用途分类

1. 面料

面料是制作服装的主材质，以纺织材料为主。服装面料一方面满足着人体的功能性需求，同时还具有强烈的视觉美感，随着纺织技术的发展，面料种类、织物结构的变化也日益丰富多彩。

下面对常见的服装面料的特征进行简要介绍。

（1）棉织物。棉织物是以棉纤维做原料纺织而成的面料，柔软保暖，吸湿透气性强，服用性能优良，但易缩水、起皱，弹性差，是最常用的服装面料之一。多用于夏装、休闲装、内衣、衬衫等。

（2）麻织物。麻织物是由麻类植物纤维织制而成的面料，其特点是强度高、吸水透气性强、手感凉爽挺括，风格含蓄，外观较为粗糙。一般用来制作休闲装、夏装等。

（3）丝织物。丝织物是以蚕丝为原料而织成的面料，与棉织物一样，品类众多。丝织物色泽细腻，轻薄柔软，吸湿透气性较强，感觉华丽、精致、高贵，属于高档面料。可用来制作各种服装，尤其是高级女装和晚礼服中的常用面料。

（4）毛织物。毛织物是从动物身上获取的纤维做原料纺织而成的，主要以羊毛为主。手感柔软，高雅挺括，具有良好的保暖性，富有弹性，常用来制作礼服、西装、大衣、套装等正规高档的服装。

（5）皮革毛皮类。皮革是经过鞣质而成的动物毛皮面料，可以分为革皮和裘皮两类，多用以制作冬装以及时装的边饰。毛皮皮革是珍贵的服装面料，保暖性强，耐用，价格昂贵，其储藏、护理方面的要求较高，但并未影响其市场价值的实现，皮草的高贵华丽是众多消费者难以抵抗的品类。

（6）化纤类。化纤织物是经过化学处理和机械加工而制成的纺织品，通常分为人工纤维与合成纤维两大类。其特点是色彩鲜艳，质地柔软，悬垂挺括，但透气性、吸湿性、耐热性较差，容易变形，可用来制作各类服装。

（7）混纺。混纺是将天然纤维与化学纤维按照一定比例混合纺纱织成的面料。混纺织物吸收了天然纤维棉、麻、丝、毛的优点，在市场上以相对比较低廉的价格获得了设计师和消费者的喜爱。拓宽了面料的适用领域，可以用来制作各种服装。

2. 衬料

服装衬料包括衬布和衬垫两种，在衣服领子、袖子、袋口、西服胸部加贴的衬料为衬布，通常称为粘合衬。在肩部为了体现肩部造型而使用的垫肩以及胸部为了增加服装的挺括度而使用的胸衬均属于衬垫。衬料能够增强服装的强度和牢度，并能使服装造型饱满，同时使服装在缝制过程中变得更加容易。

3. 里料

里料是指服装里层的材料，主要有涤纶塔夫绸、尼龙绸、绒布、各类棉布等。里料能够使服装穿脱更方便舒适，减少面料和内衣之间的摩擦，起到保护面料的作用，还可以使服装更加平整挺括。同时，在絮料服装中可以作为絮料的夹里，防止絮料外露、脱绒。服装里料的性能应与面料的性能相适应，里料颜色与面料相协调，并具有良好的耐用性和色牢度。

4. 其他

服装材料除了面料、衬料、里料外，还包括填充材料、线带类材料、紧扣类材料和装饰类材料、松紧带、服装的标识等。

填充材料主要是指服装面料与里料之间起到填充作用的材料，增强服装的保暖性能或增加立体感。

线带类材料主要是指缝纫线等线类材料以及各种线绳、线带材料。缝纫线的种类繁多，按照构成的纤维可以分为棉线、丝线、涤纶线、刺绣线等。不同的线其特性各异，在缝纫时必须根据面料性能与颜色合理选择服装用线。

紧扣类材料在服装中主要起连接、组合和装饰的作用，它包括纽扣、钩、环、拉链与尼龙子母搭扣等种类。在选择该类材料时，应考虑服装的种类，如婴幼儿服装紧扣材料应该以安全性为主，一般采用尼龙拉链或搭扣。还应考虑服装的用途和功能，如风雨衣、游泳装的紧扣材料要具有防水耐用的特性，宜选择塑胶制品而不是金属的。

装饰类材料包括各种对服装起到装饰和点缀作用的材质，如金属片、花边、珠子、亮片等，以增加服装的美感与附加值。

二、从织造方式分类

1. 机织物

在织机上由经纬纱按一定的规律交织而成的织物，称为机织物，又称梭织物。按组成机织物的纤维种类分为纯纺织物、混纺织物和交织物。纯纺织物是指经纬用同种纤维纯纺纱线织成的织物，如纯棉织物的经纬纱都是棉纱。混纺织物指两种或两种以上不同品种的纤维混纺的纱线织成的织物，如棉麻混纺、涤棉混纺等，它们的最大特征是在纺纱过程中将纤维混合在一起。交织织物指经纬向使用不同纤维的纱线或长丝织成的织物。

2. 针织物

针织物的形成方式不同于机织物，根据生产方式的不同，可分为纬编针织物和经编针织物。纬编针织物是将纱线按照一定的顺序在一个横列中形成线圈编织而成；经编针织物是采用一组或几组平行排列的经纱于经向同时置入针织机的所有工作针上进行成圈而形成的针织物，每根纱线在各个线圈横列中形成一个线圈。不论哪种针织物，其线圈都是最基本的组成单元。线圈的结构不同，线圈的组合方式不同，就构成了各种不同的针织物组织，包括基本组织、变化组织和花色组织三大类。

3. 无纺布

无纺布又称为非织造布，是指不经传统的纺纱、织造或针织工艺过程，由一定取向或随机排列组成的纤维层或由该纤维层与纱线交织，通过机械钩缠、缝合或化学、热熔等方法连接而成的织物。与其他服装材料相比，无纺织物具有生产流程短、产量高、成本低、纤维应用面广、产品性能优良、用途广泛等优点。无纺织物的发展速度很快，已成为一项新兴的产业，被越来越多地用于服装行业的各个领域中。

三、从原料分类

1. 天然纤维

服装材料中，天然纤维指的是棉、麻、丝、毛四种，其中棉和麻是植物纤维，丝和毛是动物纤维。作为纺织原料的重要类型，天然纤维占有不可替代的位置。棉纤维的产量较大，用途广泛，应用于服装以及各种纺织用品。麻纤维大部分用于包装织物和绳索，优质麻纤维供服装专用。羊毛和丝绸的产量相对较少，是优良的纺织原料。天然纤维的最大优点是绿色环保。

2. 化学纤维
化学纤维是通过天然或人工合成的原料制成的纤维，分为人造纤维和合成纤维。化学纤维具有强度高、耐磨、弹性好、不发霉、易洗快干等优点，而且资源广泛，易于制造，具备多种性能，物美价廉。它不像天然纤维那样受到土地、气候及生产能力的多方面限制，但其缺点是染色性较差、静电大、耐光性、吸水性差。化学纤维在外观造型方面有很大的可塑性。利用这一特点，加之生产化学纤维的原料丰富，且成本低廉，可以加工纺制许多新颖奇特的花式线、装饰线。

四、其他材质
在原料上，纺织面料是服装制作的主材料，但在新技术新工艺不断发展的时代，一些非纺织性材质也有了成为服装主材质的可能。例如塑料、玻璃、贝壳、金属、拉链、羽毛、木质、绳线等，不仅在辅料和服饰配件中发挥着重要作用，也成为服装用料的常见类型。

8.3.3 常用材质设计方法

面料质感对体现服装美有着重要的促进作用，不同面料的质感不仅依赖于纺织技术的进步，更需要设计师对材质的驾驭能力，利用材质提高自身美感的同时，还要学会表达与创造材质美感。

每一种面料都有自己的特征，甚至是同一种面料也会因为使用的方法不同而展现出多种风情。设计师还应该学会利用和改造现有的服装材料，创造出新的外观效果，在有限的面料中，实现无限的创意。面料再造的方法多种多样，根据已有材质的性能，结合具体的创造手法，使面料发挥出不同以往的作用和效果，更好地表现服装风格，达到面料再造的目的。

材质设计感的表达与创造，离不开对服装整体造型的考虑，层次和体积感是服装款式变化的常用手法，无论是平面的印花、印染还是立体的镶嵌或堆积都是为丰富服装效果而进行的，通过多种方法展现服装千姿百态的风貌。材质的设计与再创造，是设计中一种重要的造型手段，在以下内容中，将通过平面和立体的角度分别考察材质的设计方法。

一、平面设计法

在服装面料上进行加工处理，使面料产生各种色彩、花纹或图案的装饰效果，但并没有影响服装表面的平整度，服装完成后呈现的是视觉上的审美效果，常见的材质平面设计手法有印花、手绘、扎染、蜡染等。

1. 印花

在面料上印花，可以使用多种印花技术，如筛网印花、滚筒印花、手工印花、数码印花，通过各种印花工艺，可以实现图案、色彩和质地的变化。印花的色彩比较丰富，并且印花可以实现各种图案风格，是在平面设计方法中应用最广泛的设计手法。要想取得理想的印花效果，需要选择合理的技术，这种技术必须适合面料，并能使面料制成的服装有良好的手感，如图 8-49 所示。

2. 手绘

手绘是采用纺织染料直接在服装上绘制图案的面料设计方法，手绘具有较大的灵活性、随意性以及强烈的艺术效果，是设计师个人风格的直接体现。手绘还具有不可复制的特点，适合单件或批量较小的方式，其成本也比机器化的印染更高一些。

（图 8-49）服装上的印花工艺

3. 扎染

扎染是通过把布料捆扎缝合而达到防染的目的的面料染色方法，这种捆扎缝合是经过预先设计的，等染色过程结束之后，拆掉缝线打开面料，即可出现图案纹样，甚至形成晕染效果，其效果也具有不可复制性。扎染技术已成为服装平面设计效果中的常用类型，如图 8-50 和图 8-51 所示。

4. 蜡染

蜡染是通过石蜡或蜂蜡等作为防染剂在面料中设定的区域进行覆盖，冷却后浸入染料中染色，染色结束后去掉防染剂的方法。其原理和扎染相似，都是通过特定的手法达到面料部分区域的防染目的。蜡染图案形式较为丰富，既能表达严谨的图形图案，又能表达随意自由的形式，特别是防染剂冷却后出现的裂纹效果，经染料的渗透后出现自然的裂纹，成为蜡染的一大特色，如图 8-52 所示。

二、立体设计法

对面料的立体设计，相当于构成中的触觉肌理，不但具有视觉上的变化，还同服装造型相结合，占据着一定的空间，形成三维形态浮雕的风格。立体设计法需要根据不同设计要求采取相应的手法，可以用于服装的整体或局部，是成衣设计中常用的手法。

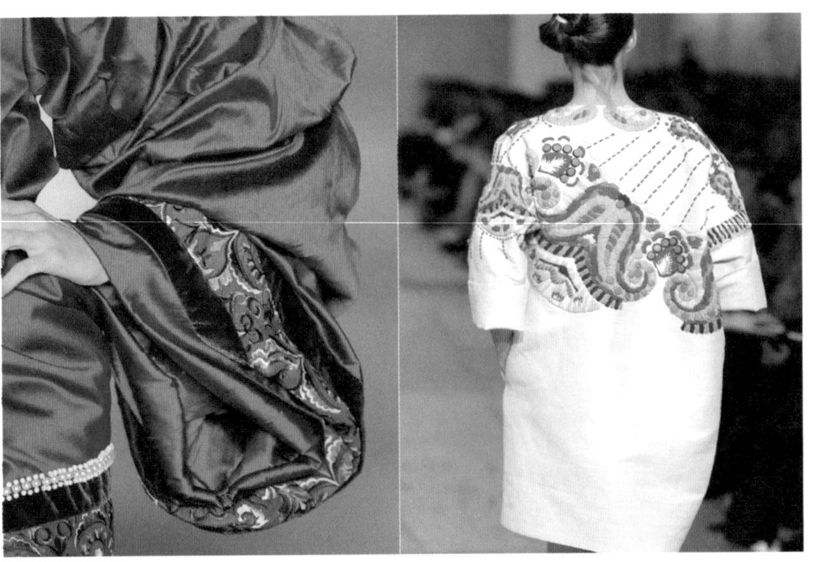

-（左页从上至下，从左至右）-
（图 8-50）多色彩扎染
（图 8-51）单色彩扎染
（图 8-52）蜡染
（图 8-53）衣服局部的刺绣图案

-（右页从左至右）-
（图 8-54）旗袍中的刺绣
（图 8-55）绗缝工艺

常见的立体设计手法有以下几种：

1. 刺绣

刺绣是一种在织物上用各种线料织出各种不同图案的工艺，以缝迹构成各种花纹的装饰织物，由于缝线具有一定的厚度，刺绣也是比较典型的立体造型设计手法之一。刺绣是中国优秀的传统工艺，有着悠久的历史。中国刺绣主要有苏绣、湘绣、蜀绣和粤绣四大门类，如图 8-53 和图 8-54 所示。

2. 绗缝

绗缝是通过面料的叠加或填充材料缝在一起，由于线的张力使面料形成了装饰性的凹凸效果。绗缝产品过去主要是指被子，床垫等床上用品，现在已经延伸到服装、箱包、手袋、鞋帽等各类产品中，绗缝以其丰富的变化加强了产品的实用性和美感，如图 8-55 所示。

3. 拼贴

拼贴是把面料裁切成为各种形状再重新缝合，利用面料之间的缝合边效果做成新的装饰效果，拼接后的面料可以形成新的图形效果。拼贴的方法趣味性强，除了形状之外，也可以综合色彩，实现色块之间的搭配效果，视觉效果较为强烈，如图 8-56 和图 8-57 所示。

4. 镂空

镂空类似剪纸的手法，在面料上根据已有的图案花纹进行修剪，剔除不需要的部分，镂空部位的边缘一般会根据材质进行锁边处理，或是不易起毛边的材料不加处理，有的还会在镂空的地方施加其他面料，形成对比效果，如图 8-58 和图 8-59 所示。

5. 烂花

烂花是将混纺或织物中的一种纤维经过化学溶剂，腐蚀或炭化形成半透明的花纹效果，经烂花后的织物透明，风格独特。烂花印花最初用于真丝丝绸及其交织物，如烂花绸、乔绒、烂花丝绒，其后用于烂花涤、棉织物及其他织物，如图 8-60 所示。

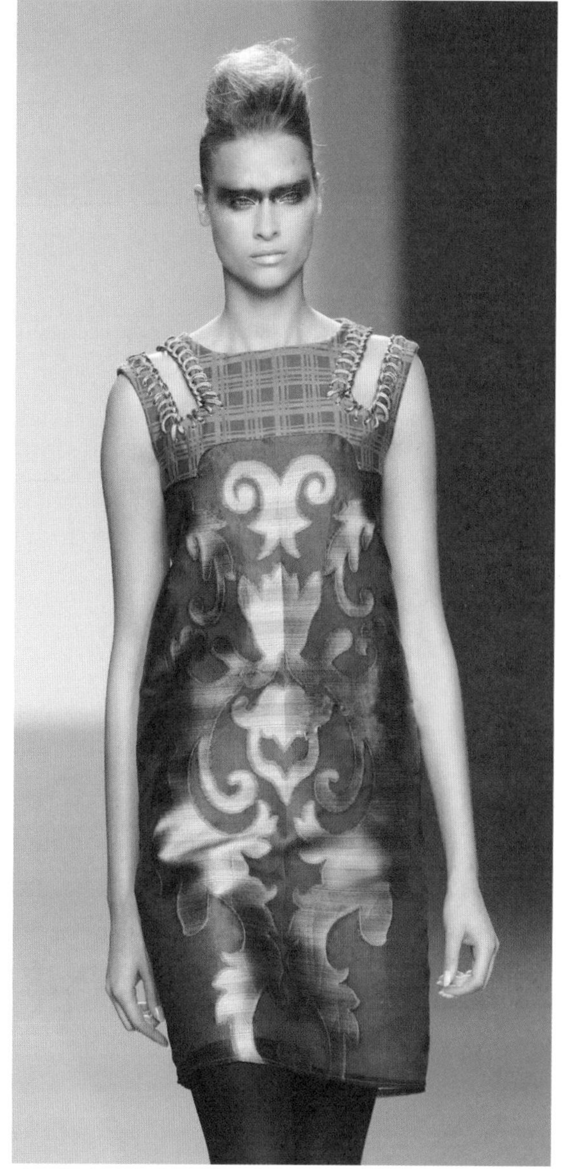

-（左页从左至右）-
（图 8-56）分割后的拼贴
（图 8-57）规则的方形拼接

-（右页从上至下，从左至右）-
（图 8-58）剪纸风格的镂空设计
（图 8-59）破洞效果的镂空设计
（图 8-60）烂花工艺形成图案变化

6. 剪切

剪切是将平面服装面料通过剪切、切割，从而转化成立体的形态，可以直线型或曲线型切割。结合服装的比例进行剪切，注重整体形式美感，如图 8-61 所示。

7. 褶皱

褶皱是通过特定手段，在服装材质上形成规则或不规则的褶裥，从而生成立体感的肌理效果，或通过专门的高温定型手段把服装材质按照某种规则性纹理压制成型，褶皱是服装中立体层次较强的设计手法，特别是在女装中，褶皱的形态千变万化，极具感染力，如图 8-62 和图 8-63 所示。

8. 抽缩

抽缩通过橡皮筋或线缝纫后再抽缩，形成立体的褶皱效果。根据抽缩的方法不同，可以形成各种形态的立体纹样，使面料的肌理感大增，通过在服装上不同的部位抽缩，能够有效地衬托女性的曲线美，如图 8-64 所示。

9. 钩编

钩编是用不同的纤维制成粗细不同的线、绳、带、花边等，通过各种编织手法，编成所需要的花形，形成疏密、宽窄、凹凸组合等从而直接获得一种肌理对比效果，如图 8-65 所示。

-（左页）-
（图 8-61）直线型剪切

-（右页从左至右，从上至下）-
（图 8-62）规则褶皱
（图 8-63）褶皱形成的立体图案设计
（图 8-64）抽缩
（图 8-65）钩编

10. 压纹

压纹是对织物进行规则或不规则的压皱处理，定型后的面料形成立体的凹凸纹理，是一种个性化的处理方式，使材质的设计更具艺术化效果，如图 8-66 所示。

11. 坠挂

坠挂是在面料边缘或面料内部吊挂各种穗、绳、珠片等装饰材料，可以是在局部，也可以是铺满地坠挂，使底料与吊挂装饰材料形成一定的对比。例如衣服边缘撕开的或长或短的毛边效果、规则均匀的流苏披挂效果等，如图 8-67 所示。

12. 堆积

堆积是把服装材质通过叠加和重复等手段，让一个或多个元素反复出现，形成立体造型，可以通过元素的大小、方向、位置、排列方式的变化产生，如图 8-68 所示。

－（左页）－
（图 8-66）压纹效果

－（右页从上至上）－
（图 8-67）坠挂效果
（图 8-68）服装材质的堆积

13. 镶饰

镶饰是一种能够体现多维特征和装饰性的表面处理效果，珠子、亮片、贝壳、玻璃、羽毛等都可以用来增添色彩和图案，更能够体现服装的肌理感。特别是在礼服化成衣中，镶饰的应用大大增强了服装的华丽感，如图 8-69 所示。

14. 其他处理

随着行业的发展，纺织技术的进步，对面料的立体造型手段也在不断地丰富，甚至一些破坏性的处理也能起到不错的效果。例如，破坏材质的表面，使其带有刮痕、破洞、撕裂、磨损等痕迹。通过特殊的工艺手法能够使服装外观不论是颜色、肌理还是图案都能获得丰富的视觉感受，配合设计师的设计意图展示要表达的服装风格，如图 8-70 至图 8-72 所示。

－（左页）－
（图 8-69）镶饰

－（右页从左至右，从上至下）－
（图 8-70）线圈肌理
（图 8-71）包缠
（图 8-72）破洞

第 9 章　成衣设计说明与质量评定

成衣设计是一个完整的过程，设计说明和评定过程是作为设计工作的补充和调整而存在的重要环节。设计说明一般以文字为主体，以便更好地说明设计意图和生产标准，其述说对象不同，叙述重点和所采用的说明方式都有所区别。制作准确的设计说明是设计工作的重要补充和辅助环节。

成衣质量评定是对设计实现效果的验收工作，通过详细而具体的质量验收标准对单品成衣和批次成衣进行等级划分。严格的质量评定可以对设计进行补充，在质量检验中，可以发现设计当中可能会存在的不合理之处，因此，建立在严格的质量评定系统上的成衣设计，才是对设计师和消费者负责的设计工作。

9.1　设计说明

9.1.1　设计说明的概念与作用

一、设计说明的概念

设计说明是以图形、文字、表格或者事物小样等形式，配合设计图纸，用以说明设计思路的文件。不同的公司或设计师，会根据设计风格或者工作习惯的原因采用不同形式的设计说明。另外，在成衣设计工作过程中，设计的效果图和设计说明的形式也是体现设计理念的一个重要组成部分。

二、设计说明的作用

成衣的设计说明作为成衣作品的辅助性说明文件，主要作用有：

（1）明确设计主题，用关键词点明设计的主题。

（2）说明设计思路，用文字表述的设计思路可以帮助设计师们在团队工作中保持一致。

（3）标示设计重点，重点突出该季度该系列产品的突出设计点，保证设计不会出现众多重点使整件设计眼花缭乱的窘况。

（4）从侧面体现设计的风格和理念，一些风格突出、设计精美的说明，可以看作是体现设计风格和理念的重要组成部分，所以，设计说明可以看作是设计作品整体中的一部分，如图 9-1 和图 9-2 所示。

9.1.2　设计说明的对象与内容

一、面向设计师

成衣公司中设计工作展开的第一步要与同为设计师的其他同事进行沟通，从而有效地进行团队工作，如图 9-3 所示。因此，一份能够生动描述设计主题的设计说明能够使

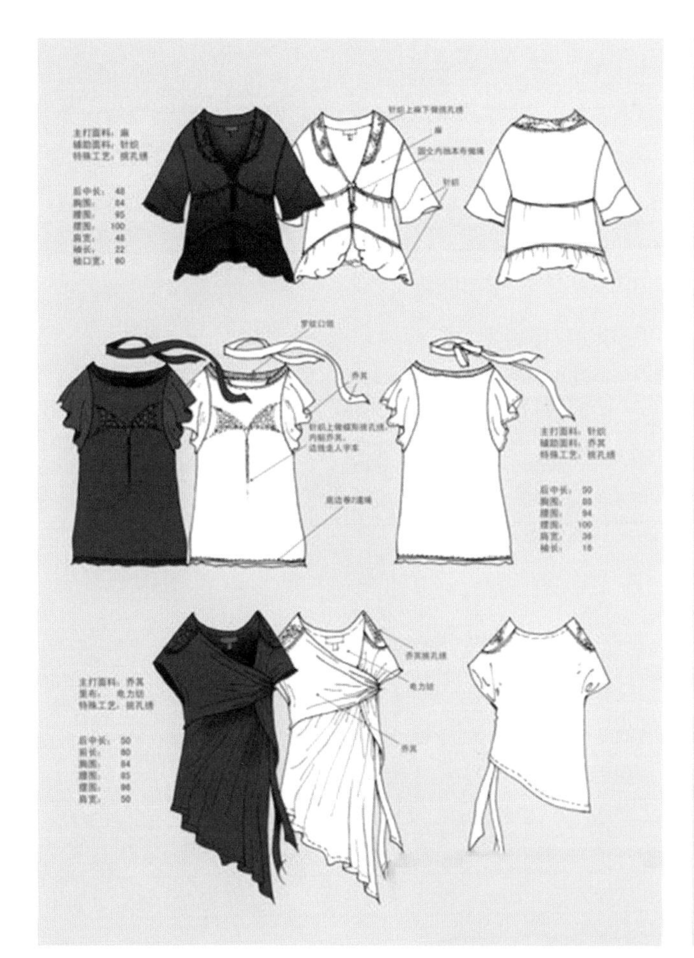

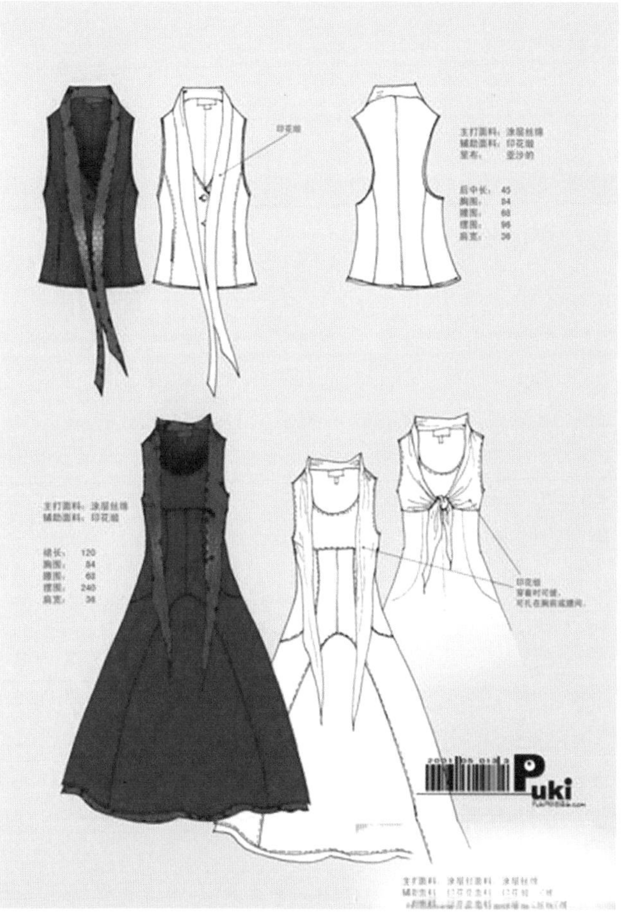

-（从左至右，从上至下）-

（图 9-1）设计稿中的设计说明

（图 9-2）设计稿中的设计说明

（图 9-3）设计师团队在工作

团队中的每一个成员紧紧抓住中心精神进行工作，保证设计工作不至于由于个人的主观意愿过强而忽视工作重心，偏离主题。面向设计师的这一类设计说明用于向团队合作者对设计意向作说明性描述，可以加强团队合作，并且非常重要的一点是，方便资料存储，以供日后查询。例如储存时的关键字，可以为日后的查询提供方便、快捷的途径。

面对设计师团队人员而做的设计说明应重点突出整体设计理念和产品系列感，说明必要设计细节。另外，还应具备以下几个具体方面。

1. 作品名称

任何一个设计作品都要先有设计的主题和方向，因而，每一个成衣设计都应该有具体名字相对应。系列主题和产品名称可以帮助设计师团队尽快进入设计的情景，方向明确的搜集资料、开发新产品。并且，在计算机系统中，拥有具体的命名后的，设计作品可以更方便检索。如命名为“长袖暗门襟玫瑰领女衬衫”的产品，可以方便地从“长袖女衬衫”中检索到该设计图纸。

因此，作为规定主题、方便检索的作品名称，应该注意几个问题：

（1）应定位准确，能够明确的表现出作品的特点，及其在系列设计中的地位，如图 9-4 所示。如“波普几何立领 3/4 袖女衬衫”，可以清晰地表明该设计的主题为“波普”风格，采用几何图案。又如，系列作品“狂野都市”，可以看出该系列作品的风格为适合城市生活的简洁都市风格，但又是这种都市风格的变形，偏向野性、自然的装饰。

（2）作品名称的文字要求表述清楚，长度适中，能够在很短时间内辨认出作品的主题。能够突出该设计作品的主要特点即可，不需要面面俱到的描述。如一系列服装均为“长袖”、“纯棉”，则这些特征不需要进行特别描述。

2. 灵感来源

设计师的工作相对来说比较感性，设计师们普遍具有丰富的想象力。因此，一个模糊不清的设计主题是很难能够使设计师们围绕较为统一的主题进行有效的团队工作的。

因此，对设计师同事来说，给出一个相对统一的灵感来源非常重要。灵感来源是服装设计的灵魂，没有灵感的服装缺乏打动人心的生命力。设计师们根据一个或几个符合流行趋势的灵感进行想象和设计，设计总监则根据这个灵感来源从众多的设计作品中选择和修改部分作品，从而完成一个完整的系列设计。

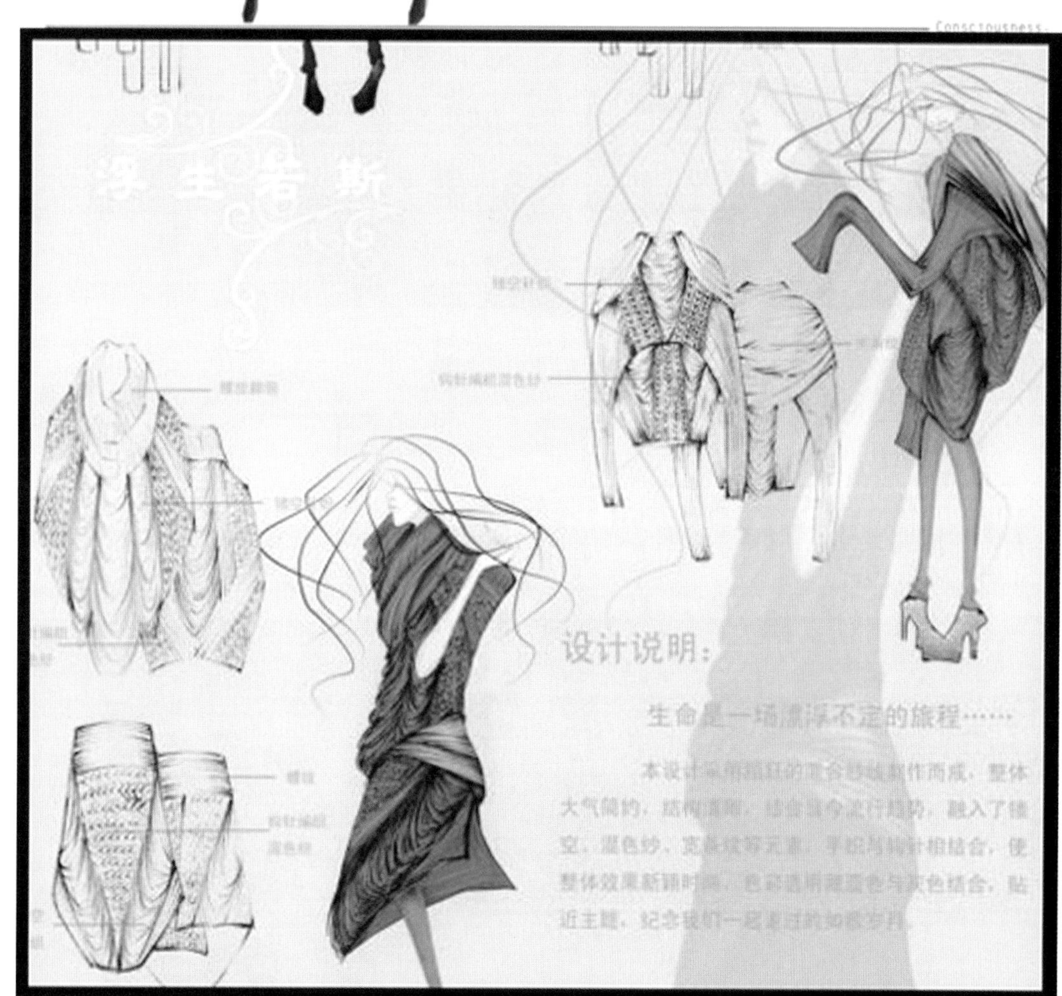

（图 9-4）作品名称突出设计理念

可以为成衣设计提供的灵感来源可谓多种多样，它可能是普通人日常生活中的细微末节，也可能是宏观的经济、政治、文化的映射。在设计说明中，文字形式的灵感来源可以较为感性和模糊，以一些形容词或者文字描述出希望设计所体现的精神和风貌。而图片形式的灵感来源更能够给设计师们广阔的视角，从色彩、构成形式、风格感官刺激上寻找设计的感觉。为灵感来源图以及应用，如图 9-5 至图 9-11 所示。

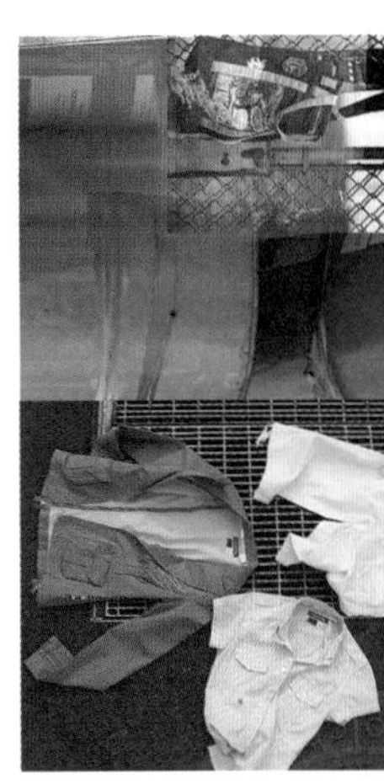

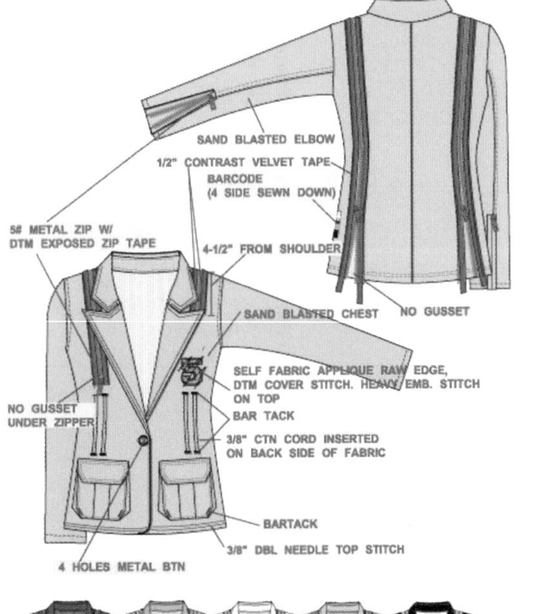

3. 设计特点

产品设计的目的之一是使产品具有突出的自我特征，因而每个成衣的设计应该具有至少一个别出心裁的特点，从而体现出区别于其他产品的独立性。

成衣的设计特点可以为独特的着装方式，或者特殊的工艺处理、成衣廓形、新型染色或者特别面料处理等，如图 9-12 至图 9-15 所示。例如某系列成衣均采用扎染、蜡染工艺，那么这就可以作为一个独特的设计点来突出。可以用文字来概括，也可以配合图片和面料小样。在文字上体现的设计特点应与成品的设计特点一致，相互呼应，能够简单明了地说明问题，使设计说明做到既不盲目夸耀，也不含糊贬低。

二、面向客户

成衣作为一种商品，要实现商品的流通，需要面向中间商、买手、零售顾客等众多客户，说明设计的“特点、优点、卖点”。面向客户的设计说明除了有必要介绍灵感来源和设计的特点，描述设计风格以及产品设计的优点之外，还应重点体现该成衣产品的流行趋势和市场潜力等。这一类的设计说明，可以向客户做介绍性和说服性的阐述，用于塑造良好的产品或品牌形象，促使客户对其设计产生兴趣，从而成功建立合作关系。

1. 市场需求及潜力

客户并不像设计人员一样专注于设计的技巧和手法。例如，中间商相对来说就更加关心产品的市场需求情况，以确保产品的销售顺畅，如图 9-16 所示。一般来说成衣产品的开发都是基于深入的市场调研结果而展开的，因而，对于客户来说，拿出一定的数据来证明成衣设计的市场需求是比较重要的。例如对新一季流行趋势的调研非常关键，

-（左页从左至右，从上至下）-
（图 9-5）灵感来源—自然
（图 9-6）灵感来源—生活方式
（图 9-7）灵感来源—装饰
（图 9-8）灵感来源—民间玩具
（图 9-10）灵感来源—涂鸦混合
（图 9-9）灵感来源—建筑
（图 9-11）根据灵感源设计产品

-（右页从左至右）-
（图 9-12）特别的设计点
（图 9-13）特别的设计点
（图 9-14）特别的设计点
（图 9-15）特别的设计点

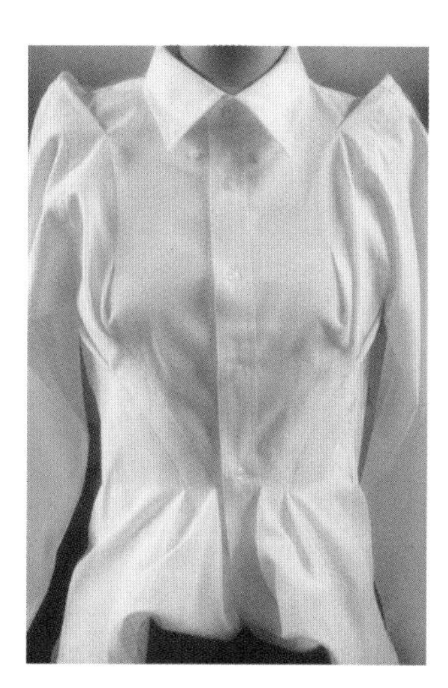
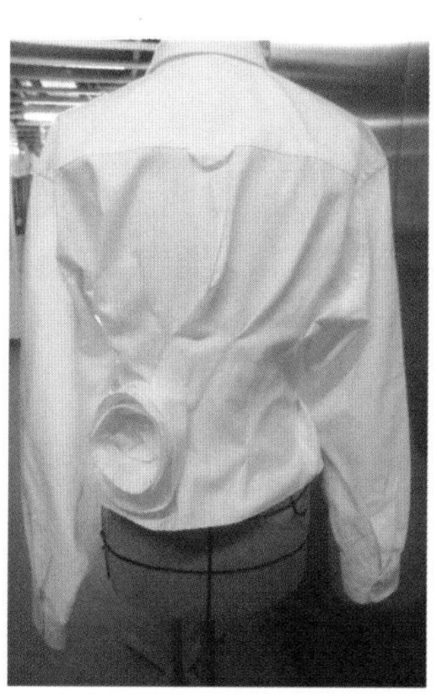
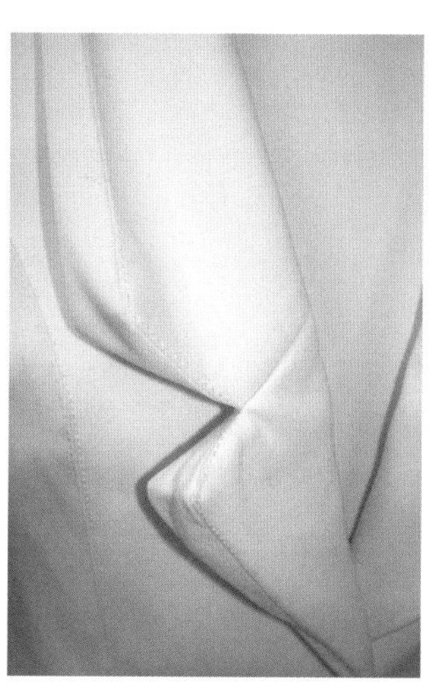

它能说明产品的时尚性，吸引消费者的能力。另外，某款或某系列产品上一季度的销售情况，对消费者的调查问卷、某些成功品牌的产品构成和新品趋势的调研报告，都能够在某种程度上证明该产品的市场潜力。很多中间商或者买手具备较高的专业素质，他们会根据以往的行销经验对设计进行分析，以判断产品的市场需求前景。

2. 产品目录

产品目录包括一季度新品的成衣系列产品、配饰品以及产品的价格、号型 、颜色、款式等。清晰、全面、排版科学的产品目录可以体现良好的设计素质，如图 9-17 和图 9-18 所示。

3. 特殊款式的使用说明

由于一些特殊的材质和特殊款式，其洗涤、保养和穿着方式需要特别做出说明。普通的服装使用说明和保养说明可以通过洗标[1]、吊粒标注清楚，如图 9-19 和图 9-20 所示。而多种穿着方式的服装则可能会印刷使用手册，以图片的方式向消费者介绍服装设计的奇妙之处。

三、面向生产单位

成衣设计的实现要通过工厂的生产制作，制作的精准程度能够直接影响成衣的面貌，决定其是否完整地展现了设计师的意图，影响着整体产品的质量。因此，为了确保生产部门正确理解款式图、尺寸、成衣风格等，要制定详细的工艺说明、配清晰款式图，保证生产高度还原设计。

这一类设计说明主要针对工厂制板、裁剪、缝纫、检验整理等环节的生产人员，目的是保证成衣生产工作顺利、准确的进行。

因而，在此类设计说明中，不仅要通过绘图直观地显示成衣的设计风貌，还需要对产品做非常详细的工艺说明，包括各重要部位的具体尺寸、材质（面、辅料）、拼接说明、刺绣、配件等，如图 9-21 所示。

1. 尺寸说明

向工厂提供的主要是称为“版单”的工艺生产表格，在表格中，有产品编号、设计名称、款式图（平铺状态正面、背面）、具体部位尺寸表、特殊注释等。设计师设计一件成

---

① 洗标，又叫洗水唛，（care label，wash label），会标注衣服的面料成份和正确的洗涤方法：比如干洗 / 机洗 / 手洗，是否可以漂白，晾干方法，熨烫温度要求等，用来指导用户正确对衣服进行洗涤和保养；洗标一般会车在后领中 / 后腰中主唛下面或旁边，或者是车在侧缝的位置。

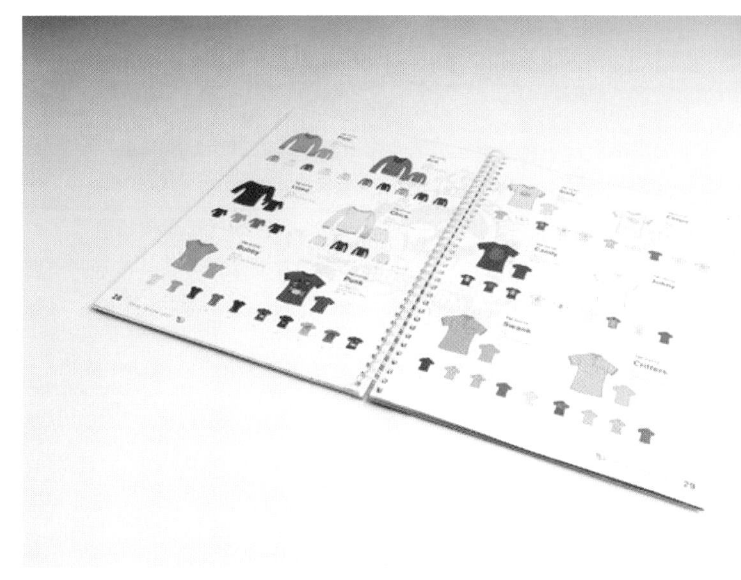

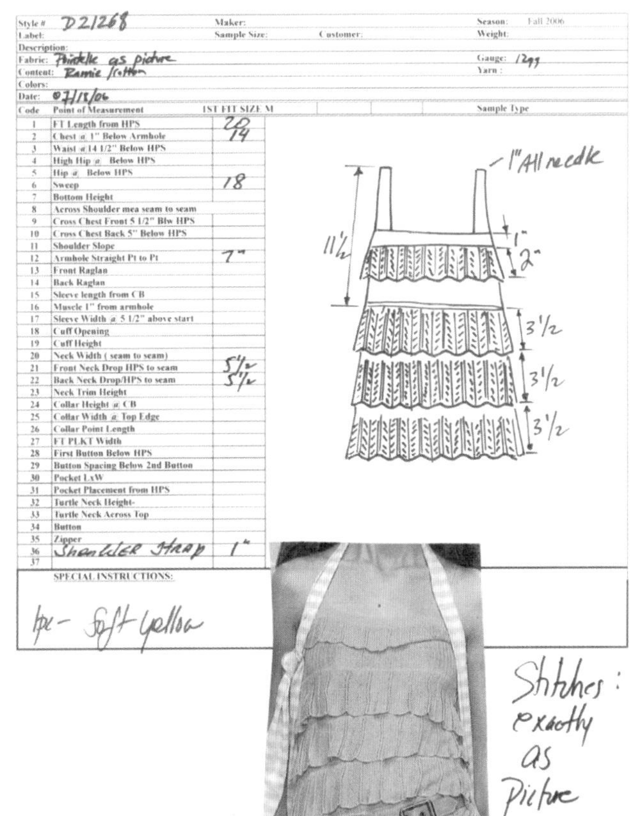

Style # D21268　　Maker:　　Season: Fall 2006

Label:　　Sample Size:　　Customer:　　Weight:

Description:

Fabric: Pointelle as picture　　Gauge: 12gg

Content: Ramie /cotton　　Yarn :

Colors:

Date: 07/18/06

Code	Point of Measurement	1ST FIT SIZE M
1	FT Length from HPS	20
2	Chest @ 1" Below Armhole	14
3	Waist @14 1/2" Below HPS	
4	High Hip @ Below HPS	
5	Hip @ Below HPS	
6	Sweep	18
7	Bottom Height	
8	Across Shoulder mea seam to seam	
9	Cross Chest Front 5 1/2" Blw HPS	
10	Cross Chest Back 5" Below HPS	
11	Shoulder Slope	
12	Armhole Straight Pt to Pt	7"
13	Front Raglan	
14	Back Raglan	
15	Sleeve length from CB	
16	Muscle 1" from armhole	
17	Sleeve Width @ 5 1/2" above start	
18	Cuff Opening	
19	Cuff Height	
20	Neck Width (seam to seam)	
21	Front Neck Drop HPS to seam	5 1/2
22	Back Neck Drop/HPS to seam	5 1/2
23	Neck Trim Height	
24	Collar Height @ CB	
25	Collar Width @ Top Edge	
26	Collar Point Length	
27	FT PLKT Width	
28	First Button Below HPS	
29	Button Spacing Below 2nd Button	
30	Pocket LxW	
31	Pocket Placement from HPS	
32	Turtle Neck Height-	
33	Turtle Neck Across Top	
34	Button	
35	Zipper	
36	Shoulder Strap	1"
37		

Sample Type

1" All needle

11½

1"

2"

3½

3½

3½

SPECIAL INSTRUCTIONS:

1pc - Soft yellow

Stitches: exactly as picture

-（左页从上至下）-

（图 9-16）客户关心产品本身

（图 9-19）洗水标

-（右页从左至右，从上至下）-

（图 9-17）产品目录

（图 9-18）产品目录

（图 9-20）洗水标

（图 9-21）生产板单

衣时，通常先绘制草图，包括着装效果图和平铺的款式图，如图 9-22 和图 9-23 所示。

在效果图中，图画能够清楚地描述人着装后所呈现的风格，如款式宽松休闲，给人以慵懒随意的感觉；或者款式合体挺拔，给人以干练精致的感觉。而一般效果图是以感性描述为主的，由于绘图人员的表述准确性，和工人对图画的个人理解差异等因素，会影响成衣最终的面貌。因而在进入工厂准备生产前应结合款式图对重要的部位以数字形式标注尺寸说明。一般来说，这些重要部位包括：衣长、肩宽、胸围、裤长、腰围、袖长、挂肩、领面宽、卡夫长、纽扣直径、腰带宽、明线宽等。如，某特殊款式

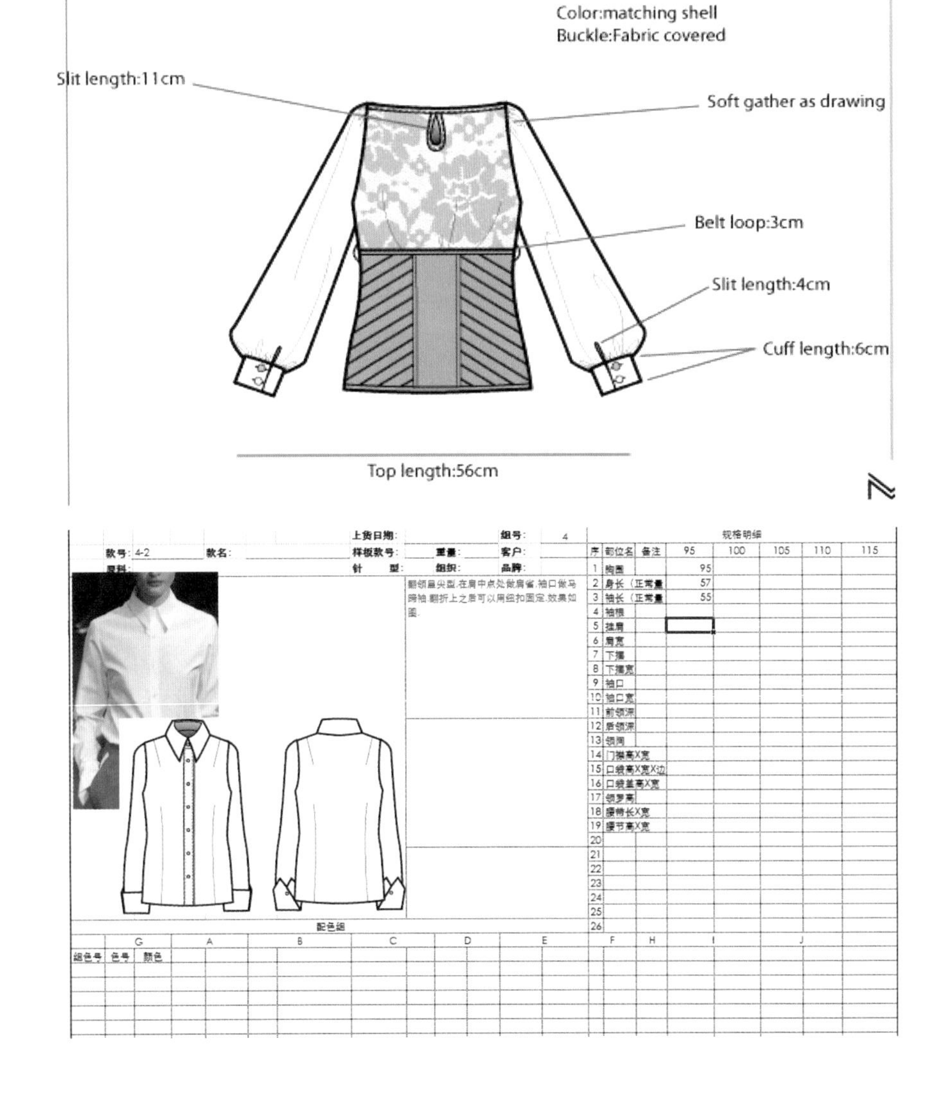

上货日期：　　组号：4
款号：4-2　款名：　样板款号：　重量：　客户：
原料：　针　型：　组织：　品牌：

翻领是尖型，在肩中点处做肩省，袖口做马蹄袖，翻折上之后可以用纽扣固定，效果如图。

规格明细

序	部位名	备注	95	100	105	110	115
1	胸围		95				
2	身长（正常量		57				
3	袖长（正常量		55				
4	袖根						
5	挂肩						
6	肩宽						
7	下摆						
8	下摆宽						
9	袖口						
10	袖口宽						
11	前领深						
12	后领深						
13	领阔						
14	门襟高X宽						
15	口袋高X宽X边						
16	口袋盖高X宽						
17	领罗高						
18	腰带长X宽						
19	腰节高X宽						
20							
21							
22							
23							
24							
25							
26							

配色组

G			A	B	C	D	E	F	H	I	J
组色号	色号	颜色									

-（从上至下）-
（图 9-22）尺寸说明板单
（图 9-23）款式图的标注

要求肩宽 50cm 或者袖口卡夫 15cm 等，就需要配合款式平面图标注好这些特殊尺寸，以避免因平面图绘制不标准而在制版过程中出现理解错误，从而避免产生不必要的浪费。

2. 面辅料小样

附带面辅料小样的原因是很多成衣设计使用了特殊面料、特殊图案的染整、特别的辅料小样、面料机理的再造、处理等。在工作量巨大繁重的现代服装生产车间，为避免款式与面辅料的对应出现错误，需要面辅料小样与版单同时配合指导生产，如图 9-24 和图 9-25 所示。标注具体的面辅料小样可以减轻生产人员的负荷，避免工作失误。这里所说的面料是指制作整件成衣所用的主要材料，主要应用于服装的表面（正面），一般普通成衣有 1 ~ 2 种面料同时使用；在概念设计当中，面料也可以由数种不同质地的材质组成，如图 9-26 至图 9-29 所示。面料应用面积最大，作为服装三要素之一，

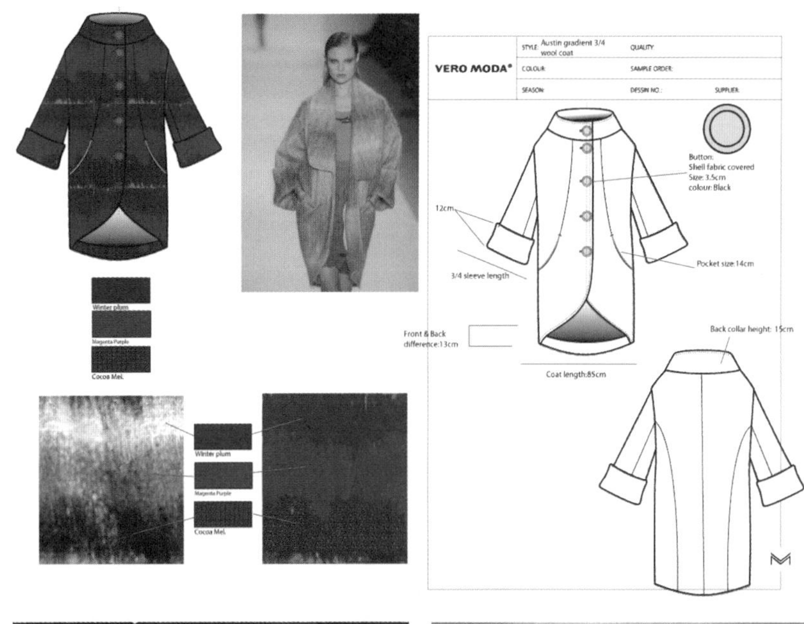

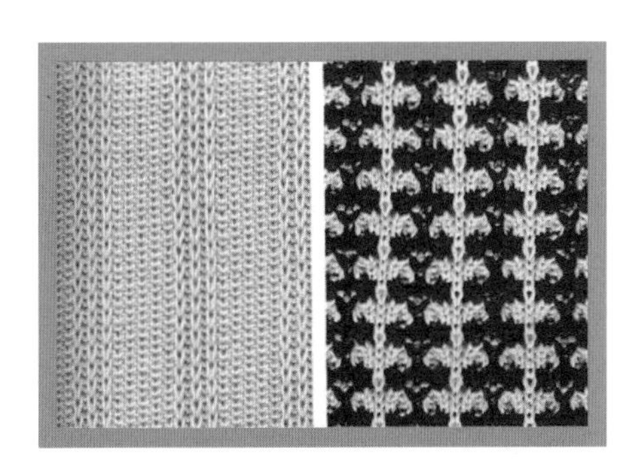

-（从上至下，从左至右）-
（图 9-30）面料配色小样
（图 9-24）针织面料小样
（图 9-26）面料搭配小样
（图 9-25）针织面料色彩小样

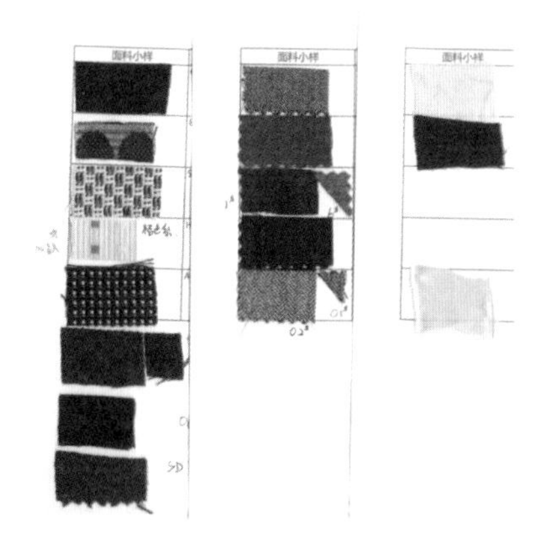

面料不仅可以诠释服装的风格和特性，而且直接左右着服装的色彩、造型的表现效果，它的风格最直接影响整件设计的面貌。因此，在设计说明中应至少存在面料的实物小样。

成衣设计工作中，面料经常被设计师们做各种特殊处理，然后再进行裁剪缝纫。这样可以使成衣具有更鲜明的特色、更独特的品味，避免与市场上的其他商品混淆。经常使用的特殊处理包括面料的机理再造、面料的重新染整，或者直接向面料厂商定制有自己设计图案的面料，如图 9-30 所示。

特别的配料可以使一件普通的成衣呈现独特的、耐人寻味的感觉。因此许多设计师会用比较特殊的纽扣、拉链或里料去搭配普通面料，或者是风格突出、设计巧妙的辅料搭配设计比较低调的成衣，使成衣具有更优良的穿着性和艺术性。此处所指的辅料是指除了服装面料外所有的辅助性材料，包括里料、填料、衬料、纽扣、拉链、缝线、花边甚至商标、标签等。配料在整件服装中比例较小，但辅料的质量直接影响着整件服装的质量。因而在成衣设计的说明文件中应对有特殊要求的辅料做重点标注，如图 9-31 至图 9-34 所示。

-（从上至下，从左至右）-
（图 6-31）面辅料搭配
（图 6-32）独特辅料的装饰作用突出
（图 6-27）图纸与面辅料
（图 6-28）图纸与面辅料
（图 6-29）图纸与面辅料

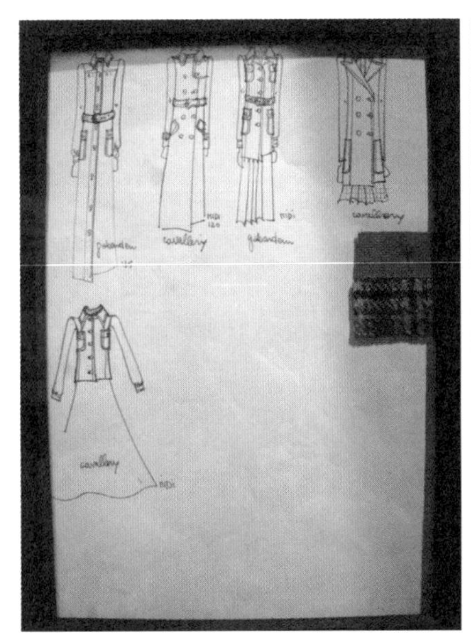

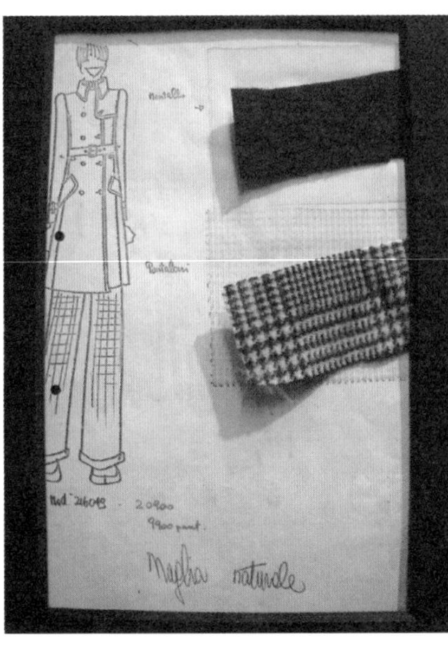

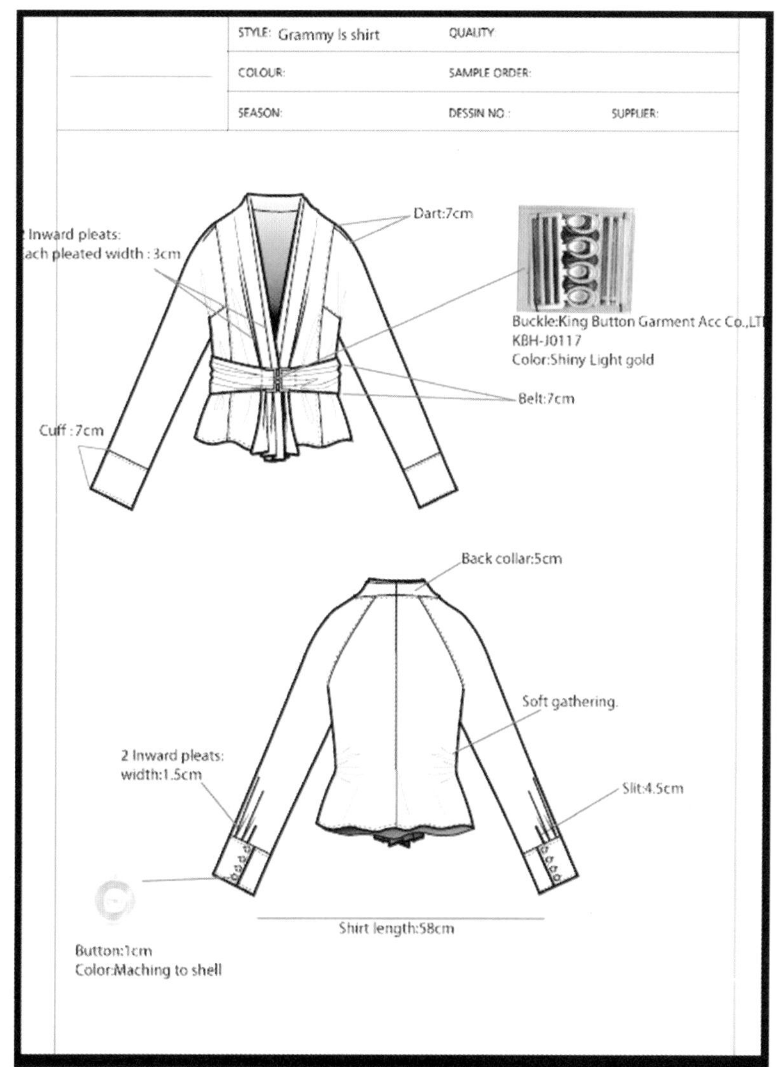

******内衣工艺单**

价格表序号：55　　　　编号：SYJ010-33

品　名	款号	色别	坯布克重	面料组织	面料成份
柔肤半开襟男家居套	P009-11-15-1B	中灰/浅蓝	140g/m²	单面汗布	50%再生纤维素纤维、50%棉

尺码	L	XL	XXL	XXXL	允许公差
部位/规格	170/95	175/100	180/105	185/110	
衣长	71	73	75	77	±1
胸围/下摆	52.5	55	57.5	60	±1
肩宽	45	47	49	51	±0.5
袖长	22	23	24	25	±0.5
挂肩/夹直	25/22	26/23	27/24	28/25	±0.5
领宽	19	19	20	20	±0.5
前领深/后领深（不含领宽）	13/2.5	13/2.5	14/2.5	14/2.5	±0.5/±0.2
袖口大	21	21	22	22	±0.5
门襟长/宽	10/2.5	10/2.5	10/2.5	10/2.5	±0.2
胸袋长/宽	12/12	12/12	12/12	12/12	±0.2
裤长	58	60	62	64	±1
臀围	55.5	58	60.5	63	±1
腰围	32.5	34	35.5	37	±0.5
横裆	33.5	35	36.5	38	±0.5
直裆（前后）	37/42	38/43	39/44	40/45	±0.5
腰头宽	3	3	3	3	±0.2
裤口大	31	32	33	34	±0.5
袋口长/宽	22/5	22/5	22/5	22/5	±0.2

（图 9－33）辅料的说明

此外，色样是系列成衣设计的重要内容，一个设计可能有多个同款异色的产品，因而设计师在出具设计说明的同时，应给出该设计的色样，如图 9-35 和图 9-36 所示。

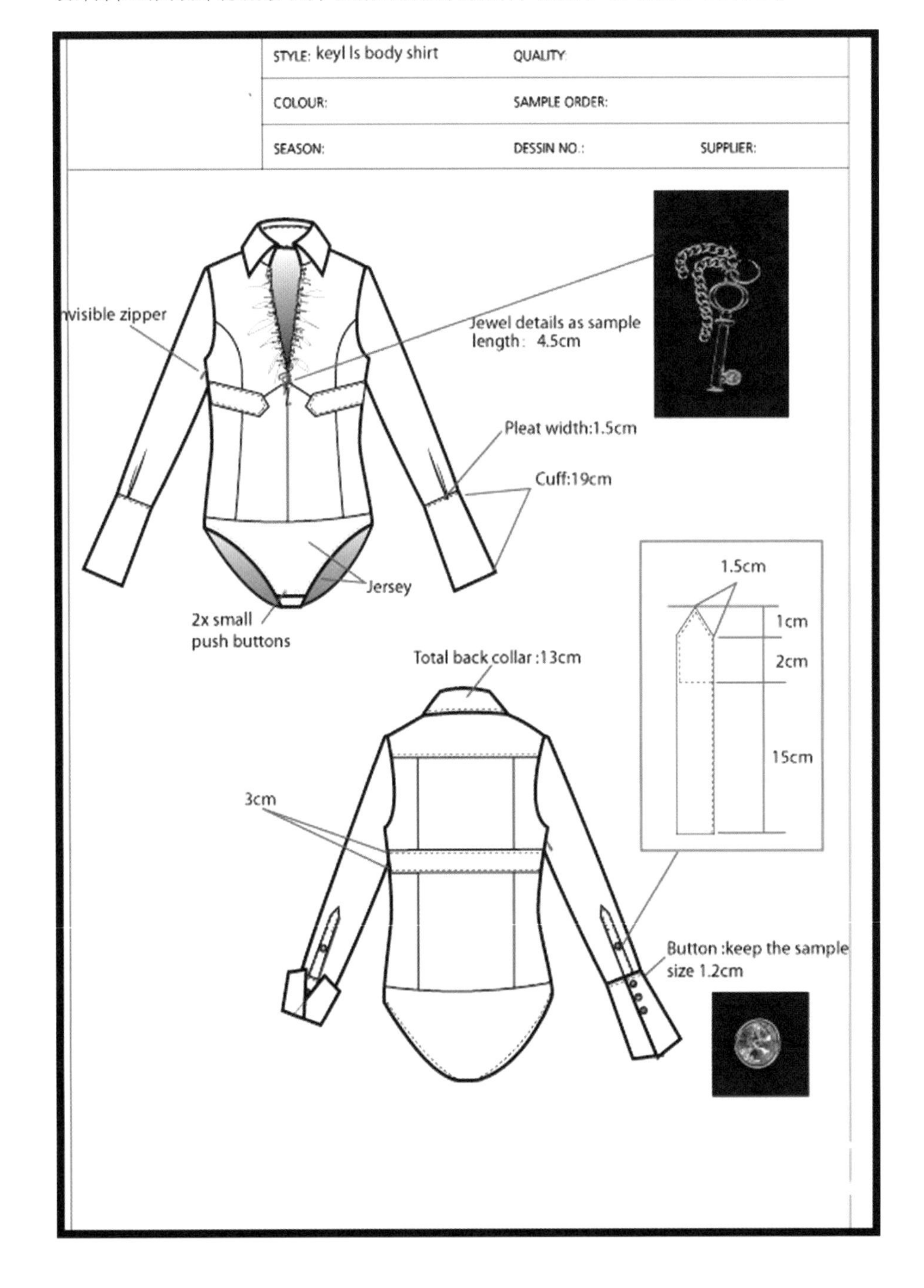

-（左页）-
（图 9-34）辅料的说明

-（右页从上至下）-
（图 9-35）同款异色色样
（图 9-36）单件配色色样

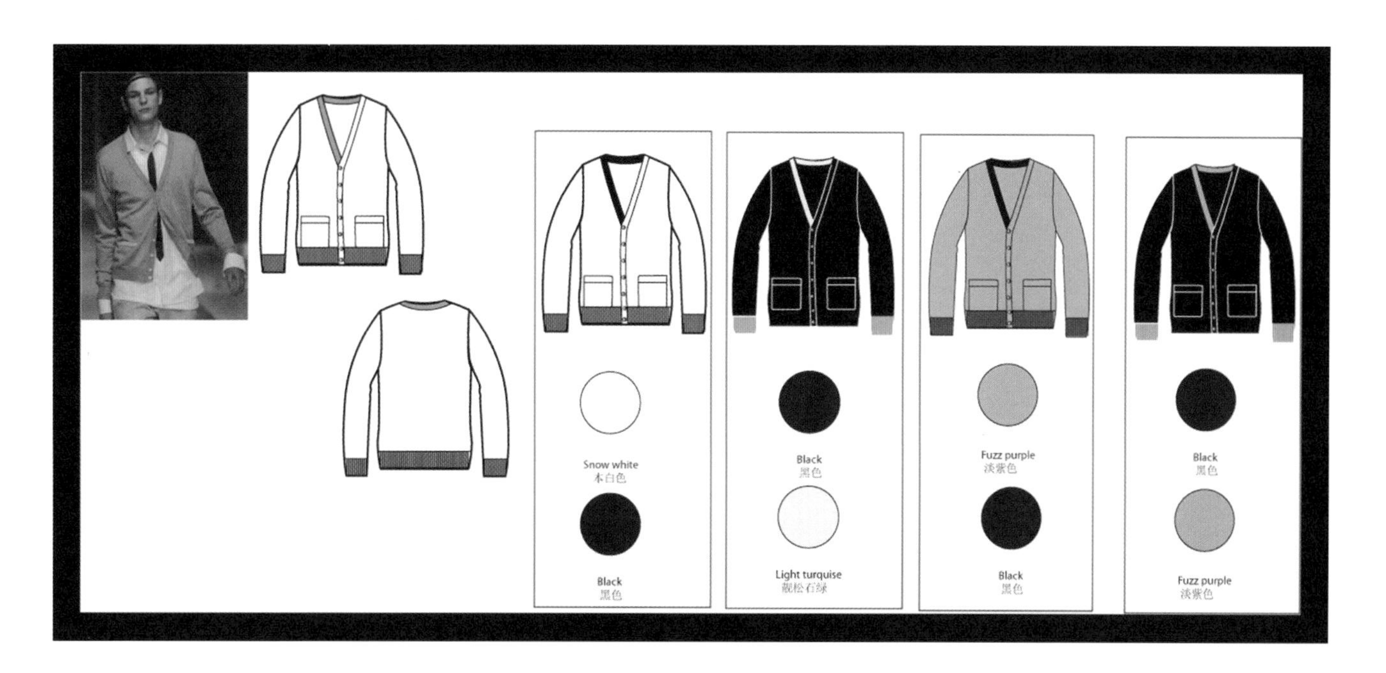
Snow white
本白色
Black
黑色
Black
黑色
Light turquise
靓松石绿
Fuzz purple
淡紫色
Black
黑色
Black
黑色
Fuzz purple
淡紫色

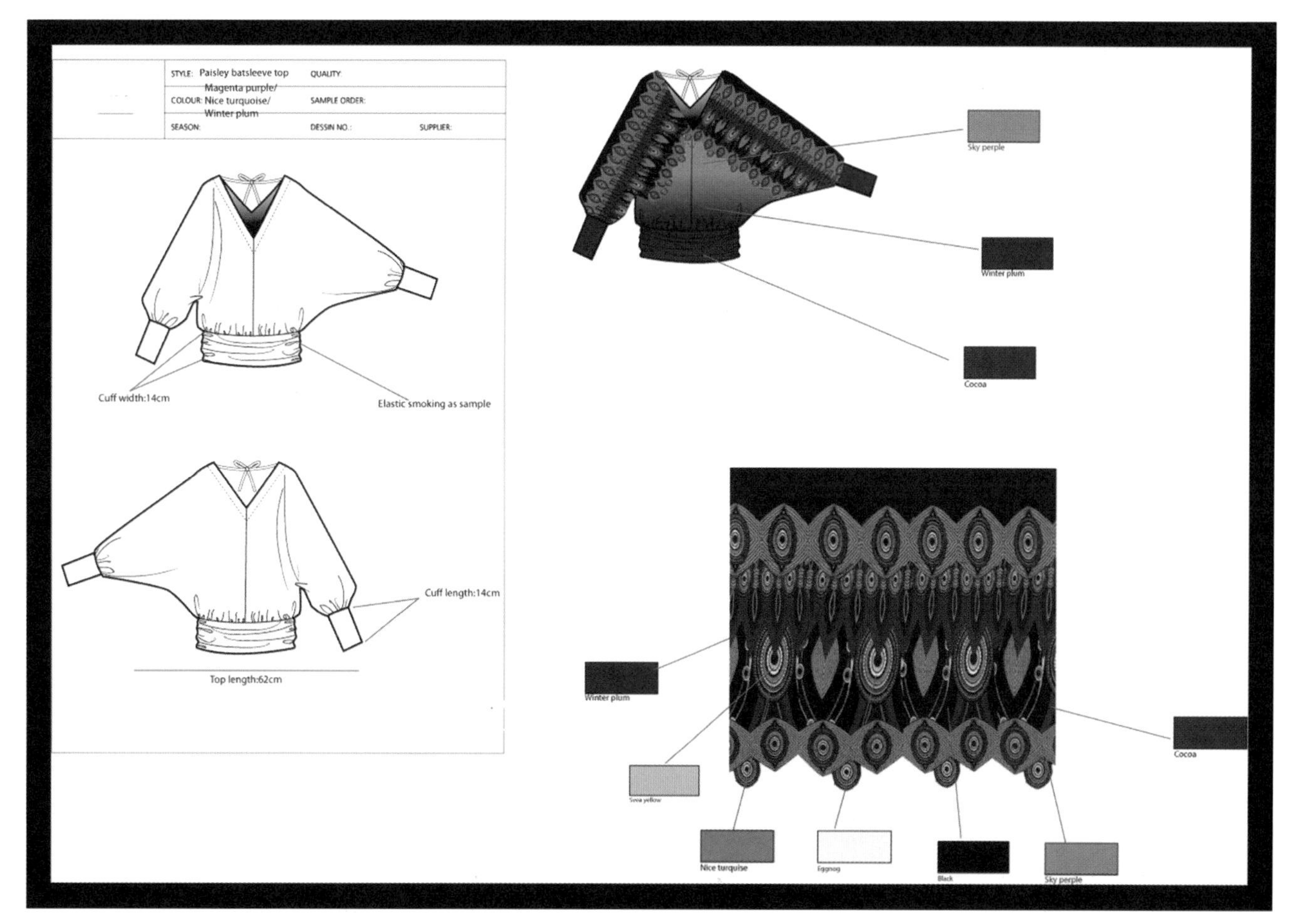
STYLE: Paisley batsleeve top
QUALITY:
COLOUR: Magenta purple/ Nice turquoise/ Winter plum
SAMPLE ORDER:
SEASON:
DESSIN NO.:
SUPPLIER:
Cuff width:14cm
Elastic smoking as sample
Cuff length:14cm
Top length:62cm
Sky perple
Winter plum
Cocoa
Winter plum
Cocoa
Nice turquise
Eggnog
Black
Sky perple

9.2 质量评定

在资讯传播力量发达的今天，消费者对服装规格尺寸、面料成分的安全性等方面的要求明显提升。成衣检验是服装进入销售市场的最后一道工序，因而在服装生产过程中起着举足轻重的作用。由于影响成衣检验质量的因素有许多方面，因而，成衣检验是服装企业管理链中重要的环节。

成衣的质量评定是指用某种方法对成衣产品进行一种或多种特性进行测量、检查、试验、度量，并将这些测定结果与评定标准加以比较，以确定每一个产品的优劣，以及整批产品或服务的批量合格与否。

9.2.1 质量评定的标准

与所要求的质量相比，生产出的产品质量会参差不齐，有一定的差距。对于这种差距，检验人员需根据一定的标准来判定产品合格与否。

一、国家标准

国家标准是指对全国经济技术发展有重大意义，需要在全国范围内统一的技术要求所制定的标准。

强制性国家标准 GB18401-2003《国家纺织产品基本安全技术规范》将纺织品分为 A、B、C 三类，分别是婴儿用品、直接接触皮肤产品和非直接接触皮肤产品。生产企业符合该规范的服装要标明“GB18401-2003”标志，否则将被禁止销售。

《国家纺织产品基本安全技术规范》中规定了服装质量评定的五项指标：

• 可分解芳香胺染料。规范中明确规定任何纺织品都不得使用这种染料，它在人体正常代谢所发生的生化反应下可能会分解出致癌芳香胺，对人体危害极大。

• 游离甲醛。由于科技的发展和进步，服装面料及辅料也在不断地更新换代，如近些年出现的免烫衬衣，面料大多采用 2D 树脂处理，但其中的甲醛成分在穿着中部分水解，释放的游离甲醛会损害人体，刺激皮肤，引发呼吸道炎症和多种过敏症。对人体有一定伤害。随着消费者对健康及环境关注度的提升，服装穿着的安全性及环保性成为服装的一大卖点。由此，一些内衣、童装产品标准中，均已规定出对甲醛含量比例的控制范围。

• 色牢度。一些色牢度不佳的服装在穿着时，染料会从纺织品上转移到皮肤上，在细菌的生物催化作用下发生还原反应，诱发癌症或者引起过敏。

• 异味。任何与产品无关或者有关但过重的气味，如霉味、高沸石油味、鱼腥味、芳香烃味、香味等，都表明纺织品上留有过量的化学品残留，可能会危害健康。

• PH 值。人体为了防止细菌入侵，皮肤表面呈弱酸性。如果服装纺织品的 PH 值高，破坏皮肤酸碱平衡，会刺激皮肤，引发过敏发炎。

二、行业标准

行业标准是指没有国家标准而又需要在全国某个行业范围内统一的技术要求，所指定的标准是对国家标准的补充，是专业性、技术性较强的标准。行业标准分为强制性标准和推荐性标准，如纺织品行业标准代号为 FZ，纺织品推荐性行业标准 FZ/T。

三、地方标准

地方标准是指对没有国家标准和行业标准，而需要在省、自治区、直辖市范围内统一的安全卫生要求所制定的标准。地方标准不能够与国家标准和行业标准相抵触，只在本行政区域内适用。

四、企业标准

企业标准是指企业所制定的产品标准和在企业内需要协调、统一的技术要求和管理、工作要求所制定的标准。企业标准代号表示为“Q/”。

企业制定的成品标准是企业组织生产、经营活动的依据，是成衣检验时的基本依据。通常，国家或地区的质量监督局检验成衣时，其依据是相应产品的国家标准或行业标准。为使服装成品质量能顺利达到国家或行业标准，服装企业应在国标或行标的基础上，制定更为严格且细致的企业标准，以确保出厂的服装成品质量达到要求。

9.2.2　质量检验内容

一、外观质量评定

首先从整体上对成衣造型进行检验，检验时可将衣服挂在立体人台上，检验内容包括领部、肩部、胸部等部位的造型。

1. 领：领型对称，领头高低、左右一致；西装左右驳头宽窄一致，串口长短一致、顺直，左右对称；领面平服，止口顺直，领翘适宜，外口圆顺，如图 9-37 和图 9-38 所示。

2. 肩：左右肩部平服，肩缝顺直，左右小肩宽窄一致，如图 9-39 所示。

3. 胸：左右胸部平挺、丰满、对称；胸袋位置适宜，里、面、衬互相帖服，如图 9-40 所示。

4. 腰：中腰平服、清晰。

5. 门襟：门襟圆顺、平服。

6. 后背、下摆：后背顺，后中线不吊起，下摆圆顺，过渡自然。

二、规格尺寸评定

对照工艺技术标准，测量成衣各个部位的尺寸，检验其尺寸是否超标。例如标准的西服上衣尺寸检验评定中，衣长允许误差 ±1.0cm，袖长允许误差 ±0.7cm，肩宽允许误差 ±0.7cm，胸围允许误差 ±2.0cm。

三、色差检验评定

在染色工艺中，由于缸差的原因而导致染出来的坯布些许有色差。优等品单件成衣不应该出现色差问题，如果单件产品不可避免出现色差，应出现在小袖、腋下片等较为隐蔽，不严重影响穿着的部位。

四、疵点检查

疵点可以分为原料疵点、尺寸偏差及其他。疵点指服装面料织造过程中出现的接头、断点等缺陷。由纤维原料到最后制造成成品织物，需经过纺纱、织造、印染等工程，且每种工程中，又需经过一连续多个加工过程（Process）才能完成。在各层次的加工中，设定条件不当、人员操作疏忽或者机械发生故障等情况，均可能致使面料产生疵点，如图 9-41 和图 9-42 所示。

严重的疵点面料应在裁剪前经过验布程序被挑出，并不能使用。而次要疵点面料应避免用在大身、大袖或者领面、后背等明显视觉重心的位置上，应在比较隐蔽的腋下、口袋盖内部等位置。

五、缝制质量评定

通过目测、对比、尺量等方式，对照工艺要求检查服装的加工质量。这一项目的质量评定与成衣的种类和要求密切相关。例如，领子的绱领工艺，应圆顺、牢固，缺口严密、无毛漏。门襟扣眼眼距均匀，扣眼大小一致，扣子牢固。袖笼叠线牢固，袖口里、面、衬平服。成衣的里子领窝圆顺，叠线牢固，里袋方顺、大小适宜。商标要求端正，号型清晰正确。其中，针迹密度要求在袖口、袖笼、底边、后开叉、领窝处任取 3cm 量取针迹数，按标准执行检验。

表 9-1 针迹密度要求表

项目	针迹密度	备注
明线	≥ 14 针 /3cm	装饰线除外
暗线	≥ 13 针 /3cm	
手缲针	≥ 7 针 /3cm	袖窿、肩头、裤脚≥ 9 针 /3cm，单面计算
花绷	≥ 5 针 /3cm	
锁眼	≥ 8 针 /3cm	

9.2.3 产品等级划分

产品等级按照产品对质量标准的符合程度，按照产品的使用性能、外观的影响程度分

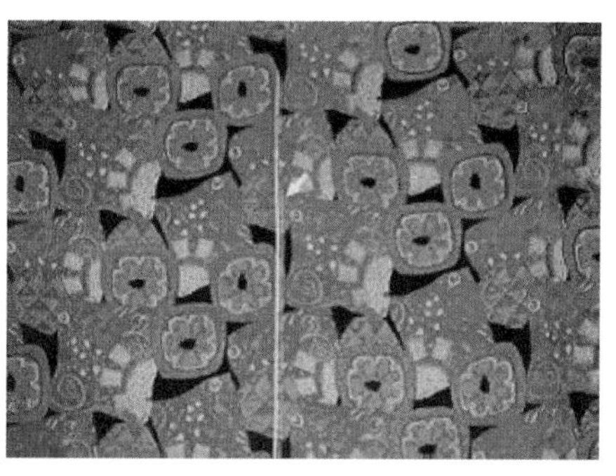

-（左页从上至下）-
（图 9- 37）平顺的门襟
（图 9- 38）标准领部应对称、美观

-（右页从上至下，从左至右）-
（图 9- 40）平整饱满对称的胸部设计
（图 9- 39）饱满圆顺的肩部
（图 9- 41）疵点面料
（图 9- 42）疵点面料

为三类：严重缺陷产品（严重影响产品外观和使用性能的缺陷）、重缺陷产品（不严重影响产品外观和使用性能，严重不符合标准规定的缺陷）、轻缺陷产品（不符合标准的规定，但对产品的使用性能和外观影响较小的缺陷）。

产品等级正是以缺陷的存在及其轻重程度为依据，抽样样本中的单位成品以缺陷的数量和轻重程度划分等级。批等级以抽样样本中各单件产品的品等数量划分。

一、单件产品等级

（1）优等品：当单件成衣中，严重缺陷数目≤0，重缺陷数目≤0，轻缺陷数≤4时，为优等品。

（2）一等品：当单件成衣中，严重缺陷数目≤0，重缺陷数目≤1，轻缺陷数≤6，产品为一等品。

（3）合格品：当单件成衣中，严重缺陷数目≤0，重缺陷数目≤2，轻缺陷数≤7，该成衣为合格品。

二、批产品等级

（1）优等品批：当一批成衣样品中，优等品数目≥90%，一等品数目≤10%，该批次为优等品批。

（2）一等品批：当一批成衣样品中，样品中一等品数目≥90%，合格品数目≤10%，该批次为一等品批。

（3）合格品批：当一批成衣样品中，样品中合格品数目≥90%，不合格品（不包括严重缺陷）数目≤10%，该批次为合格品批。

成衣质量评定，不仅仅是检查成衣加工质量的好坏，它与一个企业的生产管理水准密切相关，是贯穿于生产各部门的重要环节。因此，要提升对成衣检验的认识、社会与科技的发展，以及对检验人员的培训等。这样才能提高成衣质量评定的标准，提高成衣质量检验的水平，保证成衣这一特殊产品能够紧扣设计主题，保证穿用质量，提升客户的品牌忠诚度等。

第 10 章　设计推广与发布

（图 10- 1）比赛海报

设计工作结束后，品牌要经过系列的推广活动向大众传递产品信息。设计推广有不同的受众群，随着科技和行业的发展，设计发布的手法也不再拘泥于传统模式，而趋于多样化、高科技化、节能化。高效合理的设计推广活动，能够迅速传递新的设计理念，完整展现设计产品，刺激设计的大环境，形成良性竞争。

10.1　设计发布

设计发布是指成衣系列样衣实现之后，进行比赛、橱窗等各种方式进行宣传的过程。设计发布的手法在风格上要严格与服装风格一致，从色调、材质、场景、拍摄风格，模特气质与化妆等方面，都要能与服装设计呼应，并且强调服装设计的特色。设计作品对外发布时可以采取静态和动态两大类展示方式。静态展示可分为橱窗展示、样宣、网站等平面设计作品进行展示。动态展示包括以主题赛事、成衣发布、商业演出等方式。

10.1.1　主题概念大赛

有明确设计主题的服装赛事能够清晰地将品牌的理念和生活方式以充满视觉冲击的动态形势传递给大众。这里所说的大赛主要指有主题概念的设计比赛，比赛由主办方组织，由赞助方提供必要的物质资料，宣布明确的比赛名目、设计方向、大赛宗旨以及比赛形式，设置获奖项目，规定参赛资格以及时间限制等。以设计比赛作为一种发布方式经久不衰，可谓是设计从业者津津乐道的“盛会”。一般概念成衣比赛会结合当时的社会潮流，设计一些主题，例如近年流行的节能减排、气候问题、宇宙航行，或者大型文化活动，如奥运会等。作为国内外为设计师们设立的创作大赛，概念成衣表现了设计师们对大赛主题精神的把握。设计师们围绕同一主题发挥自己的想象力和审美能力，设计制作的具有强烈概念特征的成衣，在发布会上给人以美丽、巧妙的视觉享受。

例如 2008 年，举办奥运会的首都北京被世界瞩目，古都向世界展示了其悠久的文化。许多品牌乘奥运之机、继文化传播之势，赞助或举办服装设计赛事，倡议将传统元素与流行时尚有机结合，创造出既有浓郁的中国民族气息，又不乏时尚感的设计。将中国丰富多彩的民族、民间艺术借奥运之机推向国际舞台，是这一系列概念成衣的设计理念。如图 10-2 至图 10-5 所示，成衣设计以中国传统文化为根基，以“玄”色为主，形式上借鉴汉服深衣的裾摆，特点鲜明，引人入胜。

图 10-6 至图 10-8 是其他服装赛事中的作品展示，可以看到在大赛中展示的服装概念性强，能够给人强烈的视觉冲击，是以理念传递为主的产品发布形式。同时，竞赛的方式刺激参赛选手们在效果和制作上都投入最高的精力和心血。

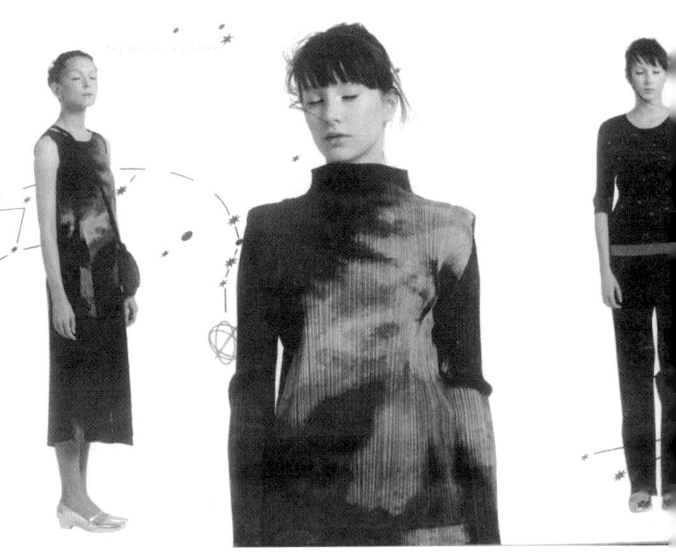

10.1.2　商业展示

设计产品的发布可以通过商业展示的方式完成，例如展览、橱窗、柜台等。用以突出品牌设计概念的成衣可以作为品牌展示自我风格和定位的道具，作为特色产品做店内陈设以及橱窗商品，如图 10-9 至图 10-11 所示。由于设计师往往具备连绵不绝、独辟蹊径的想象力，因而用于商业展示的成衣一般造型比较新奇、大胆，具有强烈的视觉吸引力。也许在见到某些概念成衣的第一时间顾客无法真正明白设计师要表达的具体概念是什么，但概念成衣在风格和造型上给了消费者强烈的视觉冲击，以非常感性的原因吸引着消费者，这是商业展示，用成衣的第一吸引力。因此作为特色展示它一方面可以用特立独行的颜色或造型吸引顾客的目光，引起购物兴趣、激发潜在消费，另一方面还可以突出表现以下几个品牌特征。

一、体现人文关怀

除了销售的商品外，专门用来展示的概念成衣能够体现品牌的文化、个性方式、独特的陈设或布置。可以说，概念成衣为消费者提供了积极向上的文化和人文关怀，甚至能提供使用这个品牌的人以精神上的依赖，也就是出售“生活方式”的现代营销观念，如图 10-12 所示。

-（左页从左至右，从上至下）-
（图 10-2）大赛作品
（图 10-3）大赛作品
（图 10-4）大赛作品
（图 10-5）大赛作品
（图 10-6）大赛作品
（图 10-7）大赛作品
（图 10-9）概念成衣
（图 10-8）获奖设计师及其作品
（图 10-10）橱窗商品
（图 10-11）橱窗商品

(图 10-12) 橱窗商品

- (从左至右，从上至下) -
(图 10- 13) 莨绸展示会
(图 10- 14) 莨绸作品发布
(图 10- 15) 莨绸作品发布
(图 10- 16) 莨绸作品发布

二、加强品牌的知名度

结合品牌影响力、品牌服务与品牌店面设计的视觉效果，与文化活动合作，宣传品牌文化、设计师美学观念、特殊材料发布与展示。例如“天意”与莨绸。设计师梁子用这种特殊的面料“莨绸”使品牌找到了定位，使品牌具备了一定的国际影响力，如图 10-13 至图 10-16 所示。

三、品牌文化建设

在国内外企业从 OEM 走向 ODM 和 OBM[1]的大趋势下，服装企业的品牌价值建设逐渐为商家重视。因此品牌成衣往往有独特的设计理念，或者价值观，以积极的品牌优势建立与客户之间的联系。概念成衣在此渠道中体现着举足轻重的作用。

四、与消费者良好互动

具有鲜明个性的展示品成衣，甚至能在展示中启发消费者，如图 10-17 所示，教会消

① OBM (Orignal Brand Manufactuce)，即原始品牌制造商。其涵义是生产商有自己的品牌，从生产、设计、品牌优势建立与购买者之间的联系。

费者一些搭配知识。比如某件单品服装的多种穿戴方法，可以拓展消费者对服装、服饰品进行二次设计的思维空间等，如图 10-18 和图 10-19 所示。

五、展示整体概念

成衣的商业展示可以帮助消费者塑造整体着装风格。由于画龙点睛式的点题作用，可以让消费者在一个品牌店内购买到喜爱的风格一致的整套服饰品，包括服装、配饰、获赠宣传品，甚至引申到学习装修风格等，如图 10-20 至图 10-23 所示。消费者整体感受到品牌文化和品牌的影响力之外，还能延伸对品牌的认知。

10.1.3 设计师发布

成衣设计师在每年的新品发布会上会出于突显设计理念的目的而制作一个或者几个系列的概念成衣，用来展示设计师的设计性格和设计手法。这是高度集中设计师灵感的作品发布，也是使每个设计师有别于其他人的有效途径。在发布会上强调设计师概念的成衣可以称之为概念成衣，这类成衣系列风格更突出，它们代表的是季度的流行以及设计师个人的风格，如图 10-24 至图 10-26 所示。

用以体现设计师先锋理念的概念成衣（Concept Garments）是成衣的一种，具有成衣[2]

-（左页）-
（图 10-17）与消费者互动

-（右页从上至下，从左至右）-
（图 10-18）一衣多穿介绍（1）
（图 10-19）一衣多穿介绍（2）
（图 10-20）整体搭配展示
（图 10-21）整体搭配展示
（图 10-22）整体搭配展示
（图 10-23）整体搭配展示

② 成衣（Garments），指按一定规格、号型标准批量生产的成品衣服，是相对于量体裁衣式的订做和自制的衣服而出现的一个概念。成衣作为工业产品，符合批量生产的经济原则，生产机械化，产品规模系列化，质量标准化，包装统一化，并附有品牌、面料成分、号型、洗涤保养说明等标识。

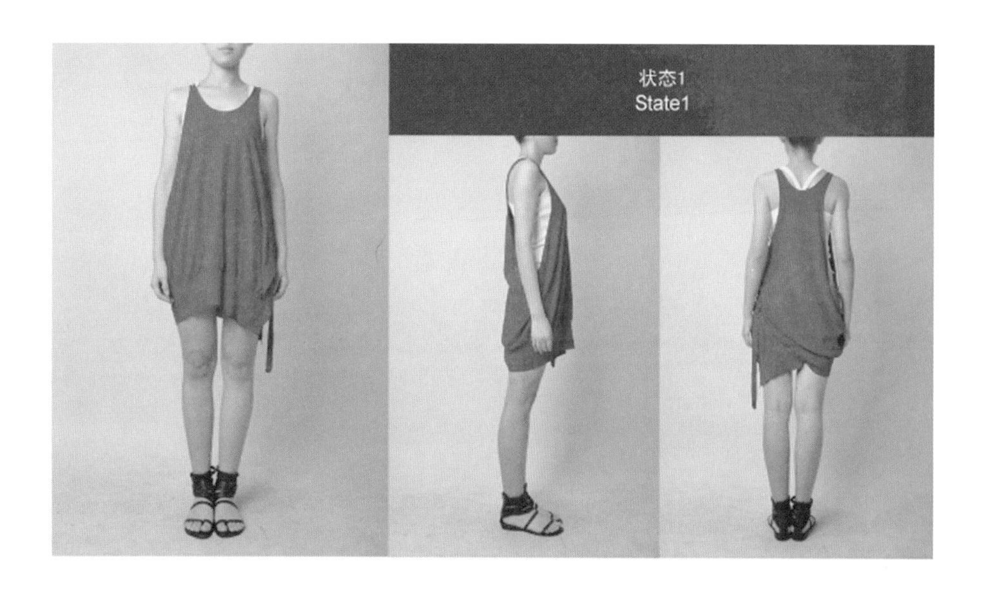
状态1
State1

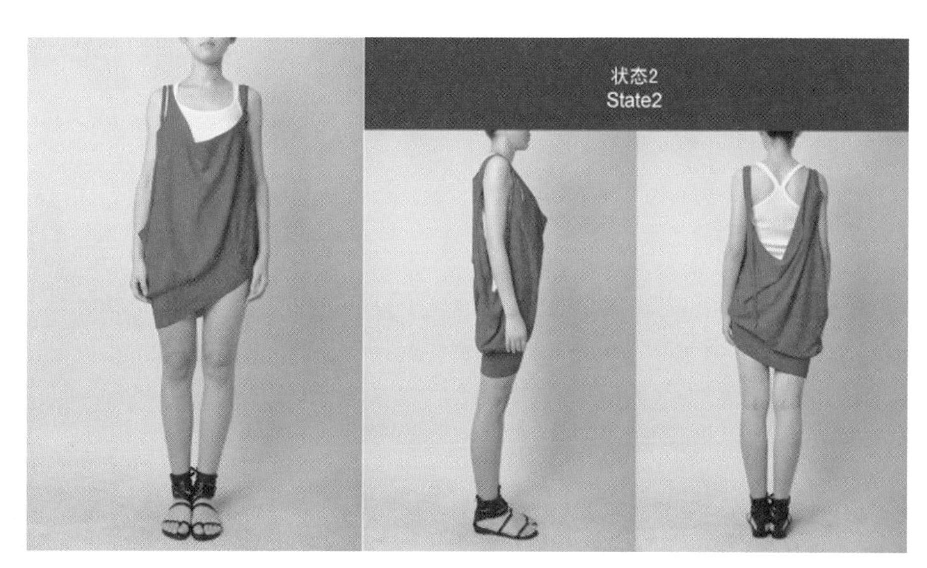
状态2
State2

的特点，是标准质量、统一包装的工业化产物。生产上具有小批量、多品种特点的成衣，其本身是时装的副产品，在一定程度上保留或继承了高级定制服装的某些技术，如装饰手法、风格等。而概念成衣又具备普通成衣不具备的特点，它是集中体现品牌定位和产品设计风格的一种成衣，作为提炼产品特色的高度而生产，是体现和提高品牌质量的一种手段，是风格经营的一个重要内容，具有普通成衣不能体现的特殊作用。

在发布会上，设计师通过概念成衣或特立独行的廓形、或引人注目的色彩、或别出心裁的面料改造，向人们传达了设计师的独特理念或品牌风格，在品牌文化的基础上融汇更多的创意理念和生活倡导。

10.1.4 商业表演

企业通过商业演出发布产品，演出的形式多种多样，或者以大赛的形式出现的表演，或者以慈善会议为主题的表演等。企业或一些群众团体如协会有时会出于宣传和社会责任等原因，赞助或组织一些主题服装演出。例如某高校倡导“科学·艺术·时尚”的学术取向展，在 50 年校庆庆典大会上，组织来自艺术领域的画家、雕塑家、美学家、艺术理论家和服装设计师组成创意设计团队，推出了 50 套“中山装概念”时装设计力作，从不同的审美视角诠释了中山装的文化风格和时尚品味，以此来进一步引发对民族服饰文化的深层次思考，引领民族服饰文化与现代设计理念的结合，强化民族文化在当代设计中的主导地位，更好地肩负起传承民族文化、推动服装与文化创意产业发展的历史重任和历史使命，如图 10-27 和图 10-28 所示。

10.2 设计推广

成衣产品经过设计发布还需要完成商品的职责，为企业获得利益，因此设计推广要完成向客户传递具体商品信息、介绍产品性能和良好的市场潜力以及完备的售后服务等内容。设计推广的方式和途径主要有以下几种。

10.2.1 订货会

一、概念

订货会是品牌公司自行组织的产品订货会，一般会有一个小型的走秀活动，也有公司只采取静态展示的形式，配合影片和文字资料向客户介绍产品，如图 10-29 至图 10-31 所示。各地品牌代理商、加盟商、百货商、批发商等根据店址所在地情况向企业定下订单。

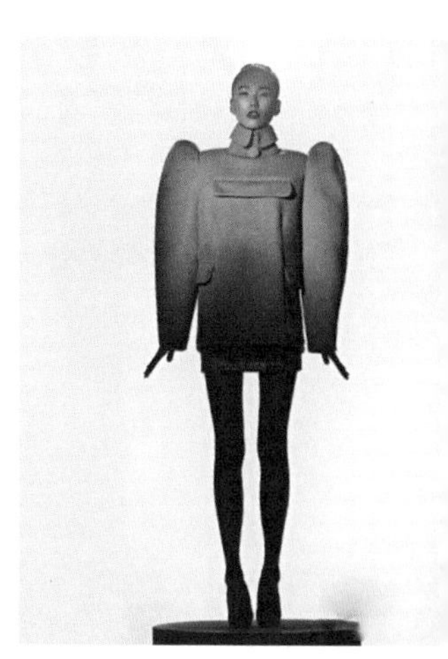

－（左页从上至下）－
（图 10－24）设计师发布会
（图 10－29）订货会

－（右页从左至右，从上至下）－
（图 10－25）设计师发布会
（图 10－26）设计师发布会
（图 10－27）中山装设计表演
（图 10－28）中山装设计表演
（图 10－30）订货会
（图 10－31）订货会服装表演

二、性质

参加订货会的目标客户多为长期客户和有订货意向的新客户，订货的成交率较高。它是面对专业客户的动态展示，在约定场地聚集较多客户，是让客户在短时间内了解品牌该季度产品的良好媒体方式。在某些国家，如韩国，大部分成衣服装企业是根据特许经营进行委托销售，并不召开订货会。

10.2.2 品评会

一、概念

有些订货会的性质更偏向于意向性订货，这种类型的订货会可以称之为品评会。品评会上选中的款式，会在订货会上下订单进行订货，如图 10-32 至图 10-34 所示。

二、性质

品评会的性质以赏析产品和推广、宣传品牌为主，多适用于新产品。品评会更多针对产品的探讨，用来测试客户的订货意向，对自己的产品做出一个专业鉴定，以便于给出时间调整即将式推出的货品的结构。

10.2.3 博览会

一、概念

博览会可以看做是由组织机构承办的大型的订货会。博览会与会人多，信息量大，是同行们互相交流与学习的良好机会，如图 10-35 和图 10-36 所示。

二、性质

博览会是以展览性质为主，订货目的为辅助的展示活动。目前国内服装行业的大型的博览会有每年 3 月底的中国国际服装服饰博览会、中国国际纺织面料及辅料博览会、中国国际纱线展览会等。

10.3 媒介

成衣设计的发布和推广需要通过各种途径将信息传达给大众，发布的媒介是多种多样的，并且不拘泥于一定的形式，反而有时候越采用别出心裁的发布，媒介越能够起到传播推广的作用。媒介的选择有时也是设计工作的终端，是设计营销策划的一个重要内容。

－（右页从左至右，从上至下）－
（图 10-32）品评会讨论
（图 10-33）品评会讨论
（图 10-34）品评会讨论
（图 10-35）服装服饰博览会
（图 10-36）服装服饰博览会

10.3.1　T台

一、概念

T台也叫做T型台、伸展台、天桥，T型台原为建筑词汇，借用于时装界指时装表演中模特儿用以展示时装的走道。由于其形状大多是一个T型伸展台，所以业内一直称作T型台或T台，如图10-37所示。

T发布会一般是指我们所说的服装表演，是通过表演的形式，将完整的着装状态展现给媒体、代理商、消费者等特定受众群体。发布会既是设计师的才华展示，也是品牌文化概念的高度概括。虽然都以走秀形式展示产品，但是发布会与动态的订货会有本质的不同，发布会更着重于体现品牌文化与精神，发布设计师前卫的设计理念。由于时装表演的目的、规模、策划编排不尽相同，天桥的形式相应也较为多样。例如，配置着豪华的跑道式地毯的巨型舞台，或者是充满异国情调的cafebar中随意伸展在观众席旁的过道，都可以担任天桥的角色。T台仅以外形被指认的时代已经过去，T台的形式由展示的服装风格和目标市场的特点决定，因此，T台所隐喻的感情色彩得以释放和实现，T 台的形式愈来愈多姿多彩，如图 10-38 至图 10-42 所示。

二、条件

举办一次发布会要召集很多人，如模特、化妆师、灯光师、音箱师，要有秀导、主持人、穿衣工等，如图 10-43 至图 10-46 所示。举办发布会要租赁场地，还要有舞台美术人员进行舞美设计，有些表演还会邀请明星、艺人做开场表演。室内发布会一般选择高档酒店或者商场，也有实力雄厚的品牌为了突出品牌的地位或独具匠心的设计，选择有特殊意义的场合，例如普通品牌发布会不能随意借用到的历史遗迹如庙宇、宫殿、城堡、博物馆等。

三、分类

发布会按照场地可以分为室内发布会与室外发布会。

（1）一般传统发布会都在室内，灯光、音效和观赏环境质量较高。在灯光聚集的 T 台上，人们对服装表演本身的氛围更敏感，更专注。 而室内发布会往往由于场地的特殊性也为服装的表演和诠释提供了更优质的平台，如图 10-47 至图 10-49 所示。

（2）室外发布会是近年兴起的表演形式，室外发布会场面宏大，能够更充分地调动观众的情绪，发布的情感渲染效果很好。但室外发布会的光照和音响效果较弱，受天气、

-（左页从左至右）-
（图 10- 37）T 型台
（图 10- 38）多种多样的 T 台形式——旋转木马

-（右页从左至右，从上至下）-
（图 10- 39）多种多样的 T 台形式——沙漠
（图 10- 40）多种多样的 T 台形式——花房
（图 10- 41）多种多样的 T 台形式——农场
（图 10- 42）多种多样的 T 台形式——农场
（图 10- 43）模特换装架
（图 10- 44）模特名单
（图 10- 45）后台
（图 10- 46）化妆室
（图 10- 47）室内发布会——宫殿
（图 10- 48）室内发布会——宫殿

环境等影响较大，同时对模特的要求也较高，要有足够的专业质素应对室外走秀可能发生的任何天气、外部环境等难以控制的情况。许多设计师根据自己发布会的主题和风格采用了场面恢弘的室外发布，例如山本耀司在太庙的 08 发布会，FENDI 08 年在长城上的发布会等，如图 10-50 至图 10-53 所示。

-（左页从上至下）-
（图 10- 49）室内发布会——宫殿
（图 10- 50）室外发布会——太庙

-（右页从上至下，从左至右）-
（图 10- 51）室外发布会——海滨
（图 10- 52）室外发布会
（图 10- 53）室外发布会

10.3.2 店铺

一、概念

商场店铺作为成衣的发布场地最为常用，因为成衣作为商品最终要在商场内流通，店铺展示可以直接与营销活动挂钩。店铺发布设计作品的主要手段有橱窗、店内陈列等。店内陈列现在已经由一开始的对服装的简单搭配，逐渐发展为一门包括市场调研、消费心理、服装设计、人机工程等知识在内的综合学科。

对店铺陈列进行设计需要视觉营销（Visual Merchandising，以下简称 VMD）知识和能力，VMD 是衔接设计与销售的中间环节。VMD 包括店内陈设相关设计，是视觉终端营销的一种手段，不仅涉及到陈列、装饰、展示、销售的卖场问题，还涉及到企业理念以及经营体系等重要“战略”，需要跨部门的专业知识和技能，并不是通常意义上我们狭义理解的“展示、陈列”。实际上它应该是广义上的“包含环境以及商品的店铺整体表现”，它指向四个指标：品牌定位、流行风标、资源消耗和购物心理。给商铺做好视觉营销，并不只是以往单纯的展示那样简单，首先要做好品牌的定位分析，了解消费者群体，了解时尚的趋势和消费人群的消费能力和消费心理，做好这些功课才能进行视觉化商品规划，或者说是运用美学和竞争手段进行的视觉化商品战略。

二、作用

用店铺来发布设计作品比较有亲和力，能够比较真实地向消费者进行终端营销。良好应用了视觉营销的店内产品发布可以使商品更具有说服力，创造表情生动的卖场，能够引发消费者的联想，为顾客创造愉悦的购物空间，以此延长顾客的店内停留的时间。橱窗样衣往往布置成有故事情节的状态，能够给顾客细微的感动，甚至创造新的生活方式（Life Style），例如 Hermes 以甲板、游艇为布景做的橱窗，就向消费者传达着休闲度假、高级娱乐方式等爱马仕品牌倡导的生活方式信息，如图 10-54 至图 10-57 所示。

三、产品展示的三大区域

1. 演示空间 VP（Visual Presentation）

演示空间展示设计主题、流行趋势等内容，几乎影响整个店面的视觉效果。

2. 展示空间 PP（Point of sale Presentation）

展示空间就好像是店铺内部角落的脸，充满表情和情绪，掌控着店内的审美和概念表达，它位于墙隔板上部中间的位置，是主要的商品陈列位置，如图 10-58 所示。

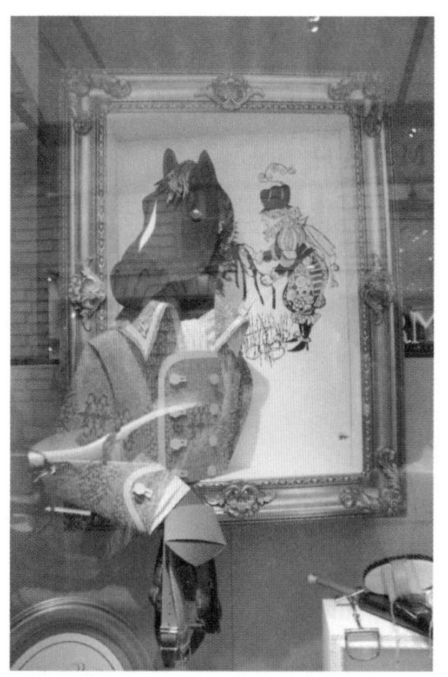

3. 陈列空间 IP（Item Presentation）

陈列空间指每个产品的陈列效果，位于人平视以下的位置，如图 10-58 所示。

四、店铺展示要点

好的店铺展示应包括以下几方面：

（1）干净整洁，整齐有序的陈列给人的感觉更有说服力，如图 10-59 所示。

（2）容易被顾客看到，并且引发顾客联想，是成功的重要指标。

（3）容易被触摸到，可以延长顾客的停留时间。

（4）便利的，如儿童、老人、孕妇等特殊人群，他们的拿取也需要被考虑到终端设计中，商品可以按照大小号的顺序排列以方便她们的拿取。这样的陈列给顾客以细微的感动，是人性化的体现。

（5）控制成本。也就是说，并不是要做到好的陈列就一定会花费不菲，简单而自然的设计同样也可以达到目标。

（6）令人激动兴奋的。就是说，这种陈列可以激起潜在消费者的购买热情，使他们在眼花缭乱的商场中感到精神振奋，从而对这个店面或者这类商品产生好感，如图 10-60 所示。

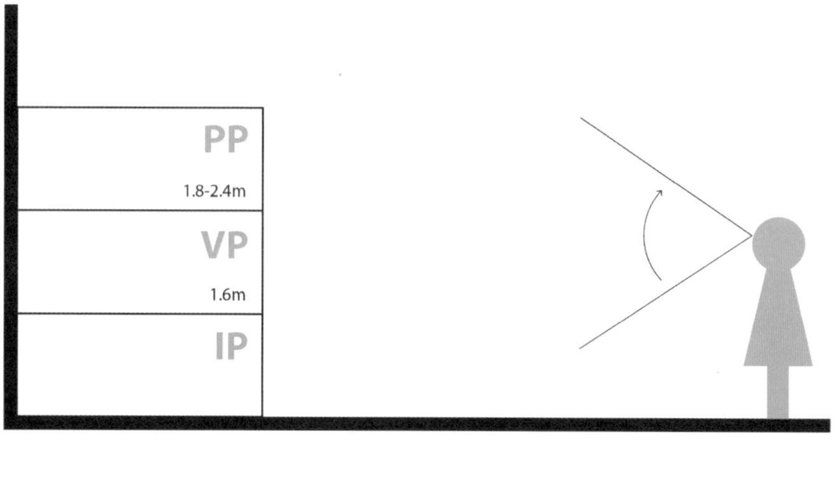

－（左页从上至下）－
（图 10- 54）橱窗视觉设计
（图 10- 56）店内商品陈列

－（右页从上至下，从左至右）－
（图 10- 55）橱窗视觉设计
（图 10- 57）橱窗视觉设计
（图 10- 58）展示区域分类

-（左页）-
（图 10-59）整齐有序的店内陈列

-（右页）-
（图 10-60）橱窗视觉设计

、

PORTS
1961

10.3.3 印刷品

一、宣传册

成衣产品的宣传册一般放在专卖店中，供店员和顾客了解新的产品之用，通常有两种形式。一种属于棚内静态搭配，要经过设计师与陈列师对样衣进行搭配、陈列，以在衣架或人台上直观地展示服装为主，使用价值偏向于产品目录，在宣传册中以最明了的方式展示服装的搭配、穿着方法、保养洗涤方法、价格、号型等，如图 10-61 至图 10-63 所示。这种类型的宣传画册多为在室内拍摄。

另一种宣传册倾向于品牌风格的展示，一般请模特穿着样衣，在与产品风格呼应的场景中拍摄样片。这种风格展示类型的宣传画册有在室内拍摄和室外拍摄两种。室内拍摄较能凸显模特的造型，适合拍风格比较另类或者比较精致的服装类型，如图 10-64 所示。

-（左页）-
（图 10-61）产品目录式宣传册

-（右页从左至右，从上至下）-
（图 10-62）宣传册中的产品价格
（图 10-63）宣传册中的产品与名称、价格
（图 10-64）风格展示类型的产品宣传册

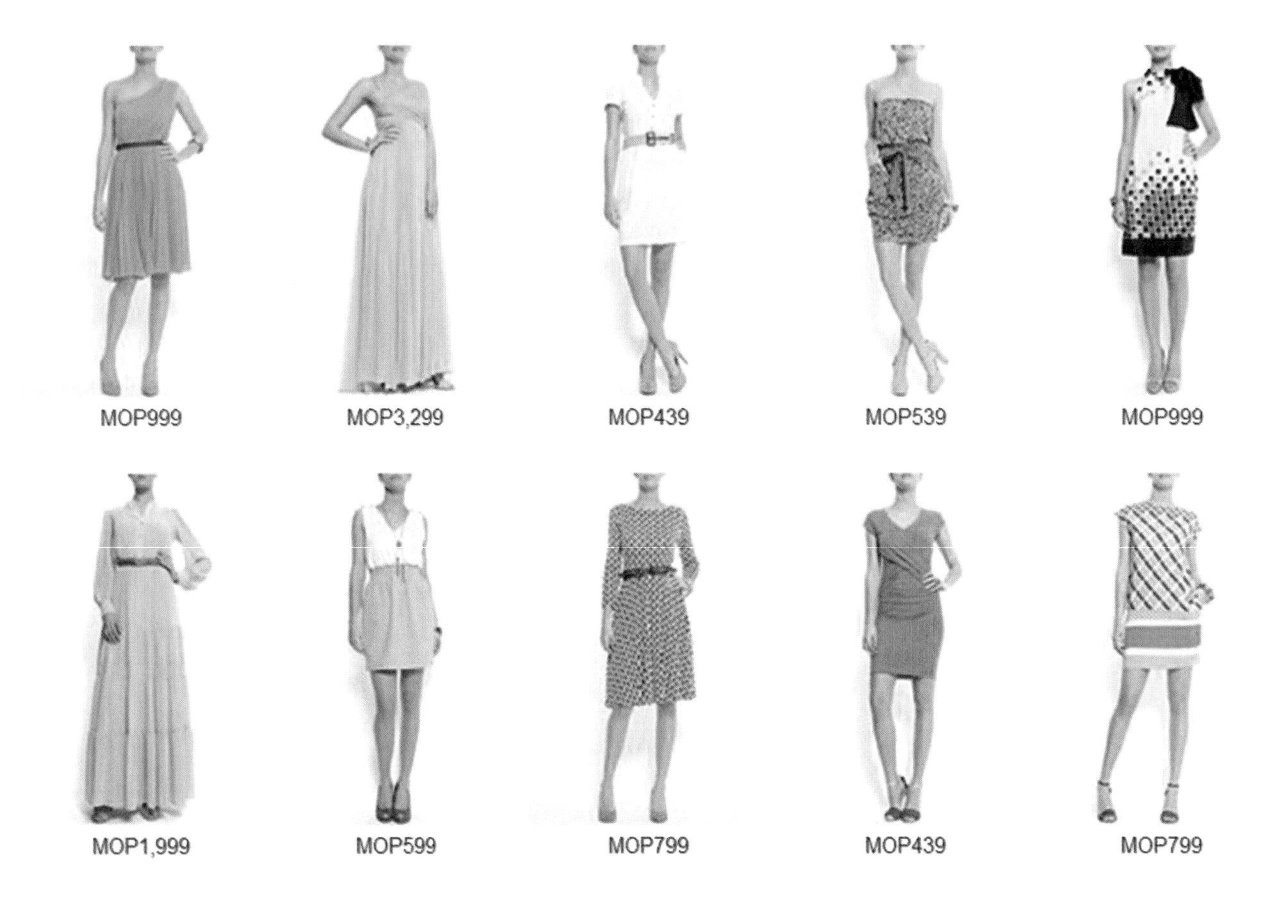

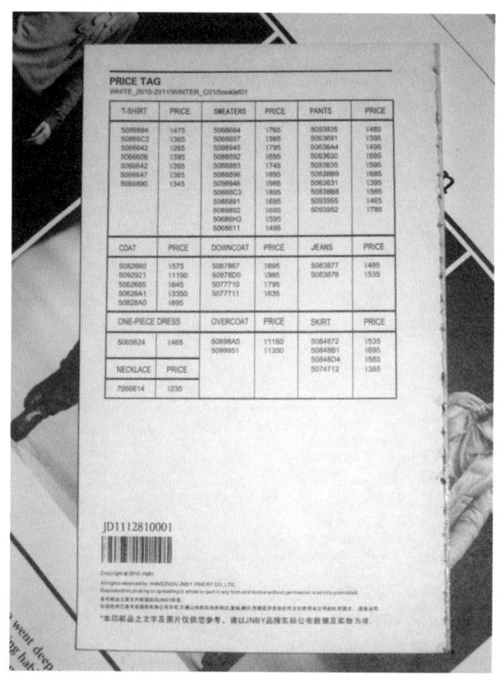

PRICE TAG

WHITE_2010-2011/WINTER_C01/booklet01

T-SHIRT	PRICE	SWEATERS	PRICE	PANTS	PRICE
5086884	¥475	5068684	¥765	5093935	¥485
50866C2	¥365	5068697	¥565	5063691	¥395
5066642	¥265	5098945	¥795	50636A4	¥495
5066606	¥395	5088892	¥695	5063630	¥695
5066642	¥265	5088893	¥745	5083835	¥595
5066647	¥365	5088896	¥895	50838B9	¥685
5086890	¥345	5098946	¥985	5063631	¥395
		50888C3	¥895	50838B8	¥565
		5088891	¥695	5093955	¥465
		5088892	¥695	5093952	¥785
		50686H3	¥595		
		5068611	¥495		

COAT	PRICE	DOWNCOAT	PRICE	JEANS	PRICE
5082880	¥575	5087867	¥895	5083877	¥495
5092921	¥1190	50878D0	¥985	5083878	¥535
5062685	¥645	5077710	¥795		
50626A1	¥3350	5077711	¥635		
50828A0	¥895				

ONE-PIECE DRESS		OVERCOAT	PRICE	SKIRT	PRICE
5065624	¥465	50898A5	¥1180	5084872	¥535
NECKLACE	PRICE	5099951	¥1350	50848B1	¥695
7066614	¥235			50848D4	¥585
				5074712	¥385

JD1112810001

*本印刷品之文字及图片仅供您参考，请以JNBY品牌实际公布数据及实物为准。

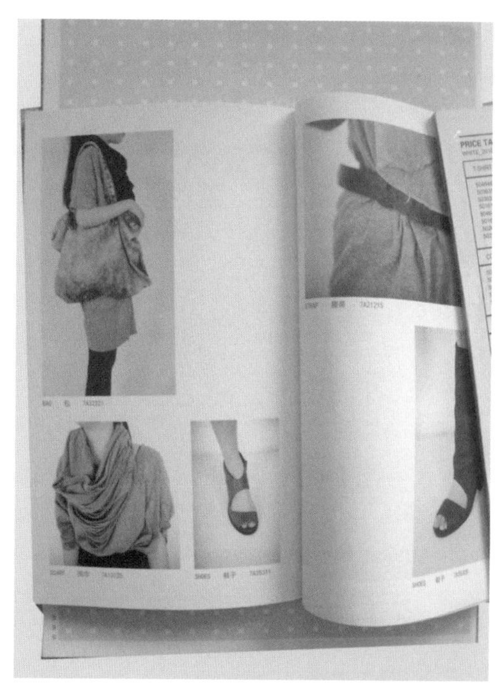

相比而言，外景拍摄对环境的渲染更有感染力，更能体现所宣扬的文化艺术氛围。但是这种拍摄对模特和服装质感的体现稍弱，成本也比棚内拍摄高。这种宣传册着重与展现品牌理念、该季度产品的主打方向，品牌所提倡的生活理念、文化环境等，给顾客以感性的认识，从而产生心理共鸣，稳固品牌文化的影响力。

例如，图 10-65 至图 10-67 是某羊绒品牌 09AW 的产品画册，羊绒产品温暖柔软，触感自然轻盈，出产羊绒的山羊也生活在草原。所以，该季度产品选择在草原拍摄样片，服装与环境融合，给人一种自然、纯洁、天人合一的理念。

二、杂志

品牌与时尚杂志、报刊合作推广产品的案例也很常见，一些新兴品牌由于杂志报纸的专题报道而从此被大众认知并喜爱。因此，杂志和报纸有时充当着非常重要的“伯乐”的角色，并且由于印刷品便于保存，便于人们的反复阅读，因而在杂志上推广产品的方式配合其他的推广、发布手段效果非凡。常见的时尚杂志报刊有《Vision》、《ELLE》、《Vogue》、《Bazaar》、《瑞丽》、《米娜》等，如图 10-68 至图 10-71 所示。

10.3.4 电子媒体

随着社会的进步和科学技术的发展，成衣产品发布的媒介也加入了科技时尚。电子媒体发布能够最大限度地降低发布会的成本，同时，也是节约、环保的一种发布方式，如图 10-72 所示。但是由于社会和大众的原因，多数的品牌还是会选择传统的现场发布。或者用现场发布的方式，将新品的信息传递出来，同期结合电子媒体发布的方式巩固人们对其产品设计的印象。电子媒体包括电子 LED 显示屏、电视、电影以及 Video 短片等方式，如图 10-73 和图 10-74 所示。例如土耳其裔的设计师侯赛因·卡拉扬（Hussein Chalayan）就曾在网上仅仅发布了一段新品发布的视频，取代了现场走秀的发布会，令人赞叹设计师的前卫另类。

10.3.5 网络

品牌服装的网站设计属于其 VI 设计中的重要部分，在大众媒体发达的今天，上网了解时尚已经是大众的生活习惯之一。不仅服装品牌的网站上所展示的产品图片能够吸引人们的目光，网站的色调、音乐、文字、Flash 特效、推荐的书籍、关注的新闻等方方面面都体现着品牌文化和品牌的时尚度。网络媒体的设计还包括企业网站页面整体设计、标牌广告、网络链接、电子广告、电子邮件等。

－（从左至右，从上至下）－
（图 10－65）外景产品画册
（图 10－66）外景产品画册
（图 10－67）外景产品画册
（图 10－68）时尚杂志
（图 10－69）时尚杂志
（图 10－70）时尚杂志
（图 10－71）时尚杂志

WEEKEND
媒体
/Chinadaily
CHINA DAILY
ELLE
VISION
VOGUE
YOHO!
JNBY
Refashion
made-in-China image

ANNA SUI
ANNA SUI
113
Welcome to ANNASUI.com
ENGLISH
简体中文

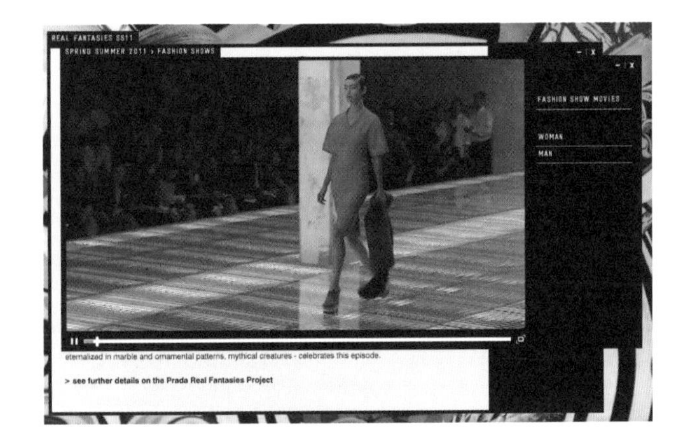
REAL FANTASIES SS11
SPRING SUMMER 2011 > FASHION SHOWS
FASHION SHOW MOVIES
WOMAN
MAN
eternalized in marble and ornamental patterns, mythical creatures - celebrates this episode.
> see further details on the Prada Real Fantasies Project

SUI
ANNA SUI
HIROSHI TANABE
Kate Larkworthy Artist
Representation, Ltd.
212-964-9141
傳真: 212-964-918
電郵: kate@larkworth.com
Hiroshi 生於日本山崎，現今居於紐約。畢業於日本多摩藝術大學，並曾在米蘭進修。服務過的客戶包括 Neiman Marcus、豐田汽車、資生堂、The New Yorker、英、法及日文版的時尚雜誌 Vogue、Harper's Bazaar、滾石樂隊和 Arena.
Anna Sui 傳記
娃娃影音
訂閱魔法郵報
娃娃聯絡站
私隱政策
條款及細則
Other Languages

华裔纽约设计师 Anna sui 的网站与其服装本身一样具有浓浓的 Glam Rock（迷惑摇滚）风格。紫色、蝴蝶和盛放的蔷薇花是 Anna sui 品牌的象征。其网站不仅从色调和图片的排列上流露出强烈的独特艺术感，还经常介绍一些与其品牌所提倡的热情华丽、叛逆另类、复古嬉皮等风格密切相关的艺术和艺术家作品等，如图 10-75 和图 10-76 所示。

又如 John Galliano 网站设计与他的产品风格达到了一致，体现了复古、优雅、华丽、妩媚的风格，如图 10-77 所示。而 Prada 的网站上充满了这一季他要表现的波普风格元素，如图 10-78 所示。

-（左页从左至右，从上至下）-
（图 10- 72）品牌与媒体合作推广产品
（图 10- 75）网站页面设计
（图 10- 73）网站上公布的设计发布录像
（图 10- 76）网站上介绍的相关艺术
-（右页）-
（图 10- 74）网站上公布的设计发布录像

10.3.6 其他媒体

除以上几种主要的发布媒体外，还有许多新奇有趣的媒介可以利用，小型媒介如手提袋、购物袋；大型媒介如户外媒体指路牌、招贴海报；流动媒体如火车、汽车、飞机、轮船等。总而言之，媒体的形式越来越多样化，成衣产品发布和推广以及品牌营销可以用多种媒体结合的方式，成衣产品发布和推广应该遵循时尚、新奇、节约、高效的原则。

–（左页）–
（图 10–77）网站风格设计

–（右页）–
（图 10–78）网站风格设计

PRADA
- COLLECTION
REAL FANTASIES SS11
FASHION SHOWS SS11
BEIJING SHOW SS11
ADVERTISING CAMPAIGN SS11
FASHION SHOWS FW11
+ ARCHIVE
PROJECTS
FRAGRANCES
EYEWEAR
EVENTS
STORE LOCATOR
PRADA BOOK
FONDAZIONE PRADA
REGISTER
REAL FANTASIES SS11
Real Fantasies
>SPRING SUMMER 2011
Changes in the cultural realm are dependent on the obstacles and parameters of real time; still, fashion is one of the most quickly reinventing art forms. The nature of the world wide web is that changes are performed continuously and in real time.
A period like the baroque evolved from the struggles artists and creators had among themselves, society and the yet unknown. The world wide web contains a similar redundancy in its infinite space, redundancy is its nature.
The ninth edition of Prada Real Fantasies is nurtured by the richness of the baroque and uses the tools of the computer and Internet – animation, distribution – to express and mediate these elements. Many reflected on Spring Summer 2011 by saying fashion is back with colors after the dark days of the economic crisis. The richness of nature and its artificial transformation into architecture and art - creatures eternalized in marble and ornamental patterns, mythical creatures - celebrates this episode.
> see further details on the Prada Real Fantasies Project
REAL FANTASIES SS11
OPEN PROJECT ›

第 11 章 市场反馈

成衣经过设计和生产，最终要进入市场面临检验，在激烈而多变的市场环境中，信息是企业的一种无形资源，是企业产品研发和营销决策的重要依据，而这些信息的搜集、整理、归纳、分析离不开有效的市场反馈。本章将对市场反馈信息系统做认识和了解，通过市场反馈系统，企业能对产品的定位、功能、形象、使用价值以及相关竞品的功能信息、销售策略等信息进行了全面的了解，掌握市场反馈信息，才能抢占市场先机，并为制定出科学的营销策略提供真实的依据，为企业的迅速发展提供信息保障。

11.1 服装行业的发展现状

目前，服装行业进入高速发展的信息化时期，成衣从设计、生产到销售环节的时间大大缩短，服装流行周期越来越短，服装款式的翻新与变更正以前所未有的速度进行，无形之中对服装行业提出了更高的要求。产品是任何企业赖以生存的基础，在新的市场潮流下，市场的快速反应，产品的快速更新，需要企业从业人员以更快、更直接有效的方法获取终端与市场信息，并根据反馈信息快速地采取相应的决策。在服装市场中，当设计水平、产品内容及流行信息等多种因素趋同的情况下，更为迅速的市场反应成为新时期服装从业者致胜的法宝。对市场信息反馈的灵敏度，成为企业主动应对市场需求变化和制定营销策略的重要依据。

因此，服装企业在提高产品质量、档次的基础上，需尽快提高企业快速反应的能力，适时地完成市场预测、市场营销和管理方式的革命。改变原先落后的管理思维和业务处理模式，从而真正规范企业流程，实现利润的增长。

11.1.1 快速消费时代

据《中国城市居民时尚指数研究》报告指出，在我国 10 个大中城市的中高收入居民中，39.2% 的人每隔一个月左右便会购买服装，而且往年购买的时装在次年的使用率降至 10% 左右，当然冬装例外。从前被人们认为可以长期使用的耐用消费品，现在早已成为了快速变动消费品。16.5% 的消费者不到一年就会更换手机，26.1% 的人一年左右就更换 MP3。此外，数码相机、笔记本电脑、私人轿车等耐用消费品也出现了快速更新的趋势，而且这种更换频率远远高于其他国家。

现实情况是，大部分目标消费群虽对时尚有渴求，但不具备经常消费高档奢侈品牌的能力，这就决定了快时尚必须的平价定位。

– (从上至下) –
(图 11– 1) ZARA 北京世贸天街店
(图 11– 2) ZARA 秋冬产品

“快时尚”品牌的货品管理核心就是“快速、少量、多款”。“快”更是它最突出的特

征：快速设计、快速生产、快速出售、快速更新。ZARA 的目标是 15 天完成产品从设计、采购、生产到全球各地专卖店上架销售（国内服装企业一般补单都要超过 30 天），24 小时内配送到欧洲大部分店，48 小时到达美国，48 ~ 72 小时到达中国和日本。“快”让 ZARA 的年销售额过百亿欧元，而这一切的背后是整个产品开发、生产制造、物流配送、专卖店直销一体化的快速反应系统，这种快速而强大的商业链系统是 ZARA 赚“快”钱的真正支撑和保障，如图 11-1 和图 11-2 所示。

中国市场是消费潜力最大的区域，“快时尚”更是备受青睐。金融危机过后，以 ZARA 和 H&M 为代表的快时尚之风席卷全球，相继打开中国的市场。

在中国，以美特斯・邦威及其旗下的 ME&CITY 为代表的一大批本土品牌也纷纷开始试水“快时尚”。美邦提出了“国民大品牌”的概念。快速消费已经成为一种趋势。

11.1.2 市场信息反馈机制

市场营销以交换为核心，从市场环境及消费者需求等方面进行信息的搜集、调研分析、寻找和确立细分市场及目标市场，并使信息在最短最快的时间传达到相关决策部门，以制订科学的市场营销策略和生产研发计划，在满足市场和消费者需求的同时，才能更好、更快地实现企业的整体战略目标。

随着电子信息技术的广泛应用，追踪到每个客户、每个消费者，已经不是一个技术难题，而最终的消费者是终端信息的信息源泉。企业的管理者要了解新技术到底能够带来什么，在实际应用中企业怎样借助新的技术在竞争中获取主动和优势，新的技术能够给企业带来什么效益。在这种需求的呼吁下，市场信息反馈机制产生了，通过该机制，充分地搜集、整理、归纳、分析、总结这些所掌握的信息资源，利用现有的技术力量和营销网络，为企业产品研发和营销提供决策成为可能，并成为品牌信息获得的可靠依据，完善生产和营销的信息反馈机制，建设信息高速通道成为企业快速发展的信息保障。

11.2 信息反馈系统

市场信息反馈系统是建立在满足顾客的需求，更有效地服务于顾客的基础上，它的目标就是在合适的时间内，为消费者提供合适数量、合适价格的合适商品。

市场信息反馈的实施流程一般是：当销售终端接到物流系统发送的货品并与消费者完成一次交易之后，交款台的电子扫描仪对服装价签上的条码进行解读并自动记录下该服装的关键信息，如价格、厂家编号、号型、颜色以及其他规格。这些信息提示被传送到店铺的计算机终端，这里保存着整个商店货物周转的记录。这些信息又通过电子数据交换系统传送至公司的电脑中，公司根据传达的数据信息调配货品、调整生产等。下面以 ERP 和 SPA 为例进行介绍。

11.2.1 ERP 系统

一、ERP的概念

ERP 是 Enterprise Resource Planning（企业资源规划）的简称，20 世纪 90 年代美国一家 IT 公司根据当时的计算机信息、IT 技术发展以及企业对供应链管理的需求，预测在今后信息时代企业管理信息系统的发展趋势和即将发生变革，而提出了这个概念。ERP 是针对物资资源管理（物流）、人力资源管理（人流）、财务资源管理（财流）、信息资源管理（信息流）集成一体化的企业管理软件。

这个系统将分离的部门信息系统合并为一个全面的、兼容的信息交换系统，及时在供应链上进行数据和业务共享。结合服装行业特点开发的 ERP 系统，为销售、商业计划、生产计划、车间控制以及物流提供了模块，是企业物流、资金流、信息流高度集成的一体化管理系统。ERP 系统能实现企业跨时空资源共享与异构数据交换，实时提供企业与集团全面决策、管理信息，强化企业管理与过程控制，加快资金周转、降低成本，提高企业盈利水平与市场竞争力，帮助企业构建数字神经系统，迎接信息化时代。

二、ERP的功能

1. 分销管理系统

ERP 系统提供一个管理平台，在搭建的营销网络中设置用户的功能权限、客户权限、仓库权限等，可以不限级次地复制应用到任何一个层次的营销网络中，这样就可以对客户进行管理。通过这样的方式，使各分销网点与总公司紧密联系，数据分级汇总，使得信息处理及时，查询灵活方便，为经营决策和管理及时的提供准确的依据。

具体包括以下内容：

（1）基础数据管理。

• 产品档案管理：包括产品的款式、颜色、尺码等内容的管理和分析。

• 客户档案管理：包括供应商、代理商等的档案资料，如客户等级、信誉度、资金情况、合作情况等的分析。

• 用户管理：可以定义用户和系统操作权限，也可以追踪每个用户的系统操作情况。

（2）订货管理。可以帮助完成采购订货、到货情况跟踪、付款管理及费用等事务。

（3）物流管理。主要包括：配发货管理（提供多种配货方案，利用条形码实现对货验货物等），退货管理，调拨管理等。

（4）销售管理。使终端销售人员可以根据总部的政策处理打折促销、VIP 购物、多种方式结算等，帮助进行营业统计、现金流水帐查询、货品畅销和库存情况等的分析管理。

（5）渠道管理。建立各级客户档案管理，管理各级渠道间的往来货物、资金和信息流。包括客户进货、销售、库存、调拨、回款管理。

（6）VIP 会员管理。针对公司 VIP 会员管理的系统，通过对 VIP 会员资料的详细记录和历史消费的统计分析，了解不同类型、不同职业顾客的购买兴趣及消费爱好，通过针对性的活动、VIP 会员关怀等方式来巩固消费者的品牌忠诚度。

主要功能有：

- 会员档案管理。
- 会员消费折扣定义。
- 会员类别调整。
- 积分换礼活动。
- 会员提醒。

（7）市场管理。

- 竞争品牌管理。管理竞争对手情况，通过对不同地区、不同时段的竞品销售、排名、市场占有率的分析，更好地对产品进行调整，为企业的发展规划提供依据。

- 店面陈列。借助信息管理中的数据共享及图片管理，将不同店面的陈列情况进行管理，也能对历史陈列情况进行分析。

- 店面试衣管理。

- 公告发布平台。实现公司命令、安排的发布，以及员工间的互动交流。

- 售后投诉管理。

2. 生产管理

生产管理包括生产数据管理、生产订单管理、生产物料管理、生产计划管理、生产车间管理、质量检验管理、生产成本管理等。

3. 订货会管理

实现订货前公司政策的制定、订货过程中订单的快速统计、订货后多种形式的分析及订货效果的跟踪，达到对订货会全方位的管理。

其中的订货分析包括：

- 年季订货目标完成情况分析。
- 订货商品搭配情况分析。
- 订货任务完成情况分析。
- 订货政策查询。
- 订货会行情分析。

4. 信息平台管理

11.2.2　SPA 系统

SPA（Specialty Store Retailer of Private Label Apparel）是指服装企业拥有自家品牌，从商品策划（MD）、设计、生产直到零售均由总公司负责的一体化方法，为了满足敏捷零售对供应商“及时补货”的要求，服装企业必须重新调整生产计划方法、成本模型、库存和采购策略等。SPA 是美国 GAP 公司（美国著名零售企业，2000 年销售额 125 亿美元）在 1986 年年度报告中，为定义公司的新业务体制而提出的，之后由日本世界株式会社（日本服装企业排名第二，1999 年销售额 1543 亿日元）成功运用并推广。

SPA 模式借鉴了供应链管理思想，能有效地将顾客和供应商联系起来，以满足消费者需求为首要目标，通过革新供货方法和供应链流程，实现对市场的快速反应。为了加快反应速度，它尽可能地减少中间环节，即缩短供应链长度，并致力于打破企业间的壁垒，建立战略伙伴合作关系。

SPA 体系包含四大模块，即生产体系的扩展、零售网络的发展、信息和物流系统的完善以及对渠道和商品策划的控制。SPA 的重点放在商品策划（MD）和销售上，尤其适合多品种小批量生产、流行性强的服装。SPA 倡导以周为单位的微调型 MD 模式，实施的第一步是缩短从发出订单到交货的商品供货周期，建立追加订单的生产体系，以此减少库存和损耗；第二步是每天收集售点销售信息，经分析后，实现以周为单位的商品策划。

完善的信息和物流网络是支撑 SPA 体系的关键。SPA 与传统经营模式的最大区别在于：通过与最终消费者直接交易，实时掌握市场需求信息。

SPA 的核心价值就是在于把利润的关键环节放在销售过程中，而非销售之前。销售前只占利润的 30% 左右或多一些，但是 70% 的利润会放到销售过程中。而所谓的销售过程，就是当货品处在店铺的时候，在消费者的需求已经呈现的时候，谁能以最快的速度生产出来，并在消费者对产品渴求度还存在的时候将它放到卖场中，成为消费者选购的对象，那么他就能获得更高的利润，而库存也就能降低到最少。这就是 SPA 的本质——缩短从生产到顾客拿在手里的时间和距离。

11.2.3 客户关系管理系统 CRM

CRM，是 Customer Relationship Management 的缩写，中文直译为“客户关系管理”。客户关系管理，其通俗、简单的描述就是：它是以客户为导向的、企业内部运营的办公平台。这个平台首要强调客户品牌体验、客户关怀的概念。

在现今的市场环境下，鳞次栉比的品牌充斥市场，服饰产品的个性化、时尚化已成趋势，产品异常丰富，可选择的产品数不胜数让消费者眼花缭乱。如今，消费者的消费观念也日渐成熟，保持消费者对品牌的忠诚度越来越难。企业不仅需要赢得更多的新顾客，更重要的是必须留住更多老顾客。忠实的顾客是企业的财富。顾客的忠诚度集中体现了对该品牌的总体体验。对于服饰企业，顾客的忠诚度更为重要。

针对这一营销理念，利用 CRM 系统，即客户关系管理系统，给顾客良好的品牌体验，强化会员关怀。

传统的会员管理系统我们只可以完成最基础的打折促销功能：一张 VIP 卡、消费时打折积分、统一简单的手机短信、邮件通知等。CRM 系统有更丰富细致的管理内涵。

首先，CRM 系统可以综合分析会员的消费行为，强化客户管理。通过数据接口将零售管理系统中的会员消费记录导入 CRM 系统，分析会员消费行为，根据其偏好款式色彩、商品类别价位等为会员进行细化分析，再结合会员的个人信息给会员进行归类。在新品上市或者促销活动时，系统会主动为会员定制个性化的推荐产品，通过短信、电子邮件、邮寄等方式发送最新推荐的货品信息和图片。通过这样个性化的服务，会员可以获得直观且有针对性的推荐，既令会员产生消费需求，又可以帮他们节省购物时间，不同于传统的通知性质的信息，令会员更容易接受并喜欢。

通过 CRM 系统，会员也可以选择自己乐于接受的方式选择性地接受系统发出的各种信息，例如，会员可以选择只接受电子邮件的方式接收新品上市信息、市场活动信息。通过定制服务让客户自主选择满意的服务方式。

其次，系统强调主动的会员特殊关怀。系统在会员的特别纪念日，例如生日、结婚纪念日等，提前向会员发出问候、邮寄小礼品等，或者在当天会员消费时送出额外的惊喜。让会员感觉倍受重视和关怀。CRM 系统不同于传统的客户服务方式，是以主动的方式工作，给会员贴心的关怀。

CRM 系统同时强调对顾客对企业服务要求的回馈跟踪。迅速满意地实现顾客的服务要求是最直接让顾客形成良好品牌体验的方式。因此全程服务响应跟踪也是 CRM 的一项重要功能。顾客的服务要求以电话、短信、电邮等多种方式提交给企业，这些要求都可以被转化为 CRM 系统所接受的服务请求，并通过系统提交给对应的客服人员进行处理，系统跟踪每项任务，直至每个诉求都得到处理。顾客的特殊诉求还可以通过系统提交到更高一级的客户响应人员，直至公司高层。从而严格客户服务管理，提升企业的服务质量。

CRM 平台综合现代通信手段：短信、邮件、呼叫中心等，与消费者产生互动，提供服务。例如：进行市场营销活动时，可以针对活动主题与受众，在系统中筛选目标客户，邀请目标受众参与活动，并通过系统平台向筛选出的会员发出活动邀请，跟进会员回馈，跟踪活动进程，并在活动结束后对该市场活动的效果质量进行评价。

CRM 系统帮助企业跟顾客之间形成双向的沟通，形成积极主动并且个性化的客户服务。优于传统的服务方式，提供给客户良好的服务体验和关怀。

“谁掌握顾客谁就是最大的赢家”是毋庸置疑的。借助 CRM 系统解决方案实施顾客管理政策，可以带给顾客良好的品牌体验，牢牢抓住顾客，增强品牌的吸引力，提升企业生命力。

11.3 设计师使用的反馈信息

在现在的市场大环境下，对于品牌公司来说，部门与部门之间的合作显得尤为重要。对设计师来讲，做好本部门的工作，除了要具备设计师的能力和素质之外，还应该与其他部门密切配合，及时沟通。下面将从设计完成的不同阶段所涉及到的其他部门的信息和数据的角度进行分析。

11.3.1 产品定位阶段

一、CRM

在产品还没有进行设计之前，需要先明确品牌的定位，在品牌定位中，消费人群的定位是首要的信息，可以从 CRM 系统中获得，关于 CRM 可以获得的信息内容前面已经介绍过了。

二、市场调研

为了信息的全面和准确，除了 CRM 系统获得的资料外，还需要进行市场调研，做更加详细的资料分析。

11.3.2 产品企化和产品销售阶段

一、消化率分析应用及消化率的不足

1. 消化率的定义

服装商品消化率指的是在服装某一特性分类的角度，在一定期限内，实际销售数量与实际入库数量的百分比。如果采用公式可以表示为：商品消化率 = 实际销售数量 ÷ 实际入库数量 x100%，如表 11-1 所示。

表 11-1 2010 年 7 月消化率列表

组号	款号	颜色名称	计划上货	上货日期	吊牌价（元）	入库数	代理批发	自营店零售数	可售库存	消化率	总销售数
[021]	1111001	[410] 浅米平纹	[01] 一月	2010-01-08	3470	250	53	122	75	70.00%	175
	1111004	[410] 浅米平纹	[01] 一月	2010-01-08	3370	240	58	175	7	97.08%	233
	合计					490	111	297	82	83.27%	408
[053]	1113002	[110] 白色平纹	[02] 二月	2010-03-26	1960	192	17	49	126	34.38%	66
	1115206	[110] 白色平纹	[02] 二月	2010-03-24	960	162	27	55	80	50.62%	82
	1116208	[110] 白色平纹	[02] 二月	2010-03-06	1260	90	31	12	47	47.78%	43
	合计					444	75	116	253	43.02%	191

2. 消化率的使用

表 11-1 中包含的内容如下：

- 产品的分组
- 编号
- 颜色花纹信息
- 计划上市时间和实际上市时间
- 价格
- 生产入库数量
- 销售数量和剩余库存数量

在产品的销售过程中，设计师需要关注产品的销售情况，这个表格作为对销售数据的直接反馈，是根据各地的终端店铺的零售数据，经过 ERP 系统或者其他信息反馈系统的汇总和编辑得到的。一般情况下，每周都会进行一次这样的汇总和分析。

从消化率中可以看到每个款式在不同区域的销售详情，通过每周消化率的变化，可以作为产品追加的依据。

3. 消化率的不足

在消化率使用的过程中，需要看到这种方式的不足和片面之处。那就是不能只关注消化率列表中的消化率一栏，比如，在品牌的产品设计中，有时会加入一些非常有个性的前卫设计，这样的款式往往不能带来大的销售额，但却可以提升产品的时尚度，所以这样的款式在投产的时候往往数量会少，这时再看消化率就需要注意了。

比如有一款产品只投产了 10 件，在销售中全部销售完，这里的消化率就是 100%。但是这并不能作为追加生产的依据，所以消化率的使用应该灵活。

4. 消化率为产品设计提供数据依据

在产品设计阶段，通过往年对消化率的分析，可以作为设计品类比例的依据。在设计过程中，上一季的畅销款式也是设计的依据，设计师往往会在原来款式的基础上加入新的元素和设计点做开发设计。

二、竞品分析

在产品销售的过程中，除了关注自身品牌的销售情况，还需要关注竞争品牌的销售，以便可以灵活应对市场的变化，并做出相应的调整，达到最好的销售效果。尤其是产品定位在商场的品牌，通过 ERP 系统的相关功能可以完成这部分的信息汇总和分析。

设计师通过分析竞争品牌可以更好地把握市场变化，及时调整和补充产品的设计。

11.4 市场信息反馈系统实施的意义

服装企业分布在全国的零售终端可以直接接触消费者，是企业的市场传感器。企业如果可以利用零售终端这个独特的优势，建立快速反馈的零售终端信息反馈机制，打好品牌服装的营销信息战，就可以使企业决策建立在数据基础上，从经营层面克服服装企业面临的一系列问题。

一、利用快速反馈的终端信息为库存减肥

影响库存的最根本原因是产品不好卖。品牌服装企业如果在新产品设计过程中，从一开始就从顾客的需求出发，通过分布在全国的零售终端，密切关注潮流和消费者的购买行为，收集顾客需求的信息并汇总到总部的信息库中，为设计师设计新款式提供依据，设计部门就可以根据市场部门预测的市场趋势，生产出顾客需要的衣服，从而大大提高新产品投放的准确率，从根本上避免大量库存积压。

二、减少库存积压

服装进入流通领域，根据终端销售量，可以合理预测销量，减少库存积压。

整个分销渠道就像一个大的蓄水池。生产部门是进水口，源源不断地把水注入到水池中，零售终端是出水口，源源不断地流出水池，水位是库存，进水口和出水口的流量差决定了水位高低。因此从厂家到经销商，到加盟店，只要产品没有被消费者买走就是库存。从这个意义上讲，降低库存就要从终端销售的数据抓起，快速搜集终端销量，预测销量，使进水口流量适应出水口流量。同时企业通过终端库存信息进行合理调拨，增加出水口的流量，也可以减轻水池的水位。在服装进入流通领域后，快速地零售终端信息反馈对库存的控制就显得至关重要。

三、利用终端信息减少缺货

根据精确的市场调研进行销售预测，根据不同需求强度制定不同的生产量。市场部门针对设计的产品在零售终端进行市场调研，通过市场销售数据的分析来建立预测模型，预测市场的销量以制定生产规划。对不同款式、不同颜色和不同的尺码制定不同的生产计划，使生产量更贴近实际的销售数量，从而在最大程度上从源头保证畅销产品货源，使资源得到合理配置。

四、终端信息助力会员营销

品牌服装销售中也存在著名的 2/8 法则，80% 的利润是由 20% 的客户创造的。如果企业能牢牢抓住这 20% 的客户的心，提高这部分客户的忠诚度，就相当于有了忠诚的购买顾客群，企业哪里还会担心产品不好卖。品牌企业通过终端搜集会员信息，建立全国范围内的中央数据库，各销售终端都可以实时共享这些会员资料，为会员提供优质服务。例如会员可以在任何一家店查询自己的消费积分、领取奖品、也可以在自己的生日当天在任何一家店享受到优惠等。完善的会员营销会使客户忠诚度的提高，它所带来的价值是任何打折促销所无法达到的。

五、利用终端信息进行广告效果评估和竞争对手研究

通过快速搜集终端销量的信息，可对不同媒体的投放效果、不同的广告进行及时的追踪。举个简单的例子，同时要在两个媒体进行广告投放，通过实验性投放及时反馈销售数据。及时监测投放效果，就可以择优选择最佳投放媒体。通过分析同样广告在不同地方投放，产生的销售效果不同，还可以得到不同地区顾客对广告感受的差别，可以帮助企业优化自己的广告内容，以达到更好的广告效果。

通过终端的销售人员，可及时对销售对手信息进行广泛收集，以针对竞争对手制定营销策略，快速应对。比如可以搜集竞争对手销量、营销手段等。所有的零售终端就成了企业快速的情报网。

案 例 篇

第12章 案例一："快时尚"品牌 ZARA

12.1 品牌介绍

品牌名称：ZARA
所属国家：西班牙
创始时间：1975 年
创始人：阿曼西奥·奥尔特加（Amancio Ortega Gaona）
所属机构：Inditex 集团
产品类别：女性，男装，童装，鞋靴
官方网站：www.zara.com

1. 背景介绍
ZARA 是西班牙 Inditex 集团（世界上最大的经销集团之一）旗下的一个子公司，它既是服装品牌，也是专营 ZARA 品牌服装的连锁零售品牌。Inditex 是西班牙排名第一，全球排名第三的服装零售商（前两名分别是美国的 GAP 和瑞典的 H&M），旗下共有 8 个服装零售品牌，包括 ZARA、Pull and Bear、Kiddy's Class、Massimo Dutti、Bershka、Stradivarius、Oysho、ZARA Home，ZARA 是其中最有名的品牌。

ZARA 创于 1975 年，目前在全球 62 个国家拥有 917 家专卖店（自营专卖店占 90%，其余为合资和特许专卖店）。尽管 ZARA 品牌的专卖店只占 Inditex 公司所有分店数的三分之一，但是其销售额却占总销售额的 70% 左右，图 12-1 为 ZARA 网站首页，图 12-2 为 ZARA 的标志。

2. 品牌历史
1975 年，学徒出身的阿曼西奥·奥尔特加在西班牙西北部的偏远市镇开设了一个叫 ZARA 的小服装店。而今，昔日名不见经传的 ZARA 已经成长为全球时尚服饰的领先品牌，身影遍布全球 60 余个国家和地区，门店数已达 900 余家。图 12-3 为 ZARA 在中国上海大时代广场店。

ZARA 品牌开创了快速时尚 (Fast Fashion) 模式，并逐渐成为时尚服饰行业的一大主流业态，有人称之为"时装行业中的戴尔电脑"，也有人评价其为"时装行业的斯沃琪手表"。在 2005 年，ZARA 在全球 100 个最有价值品牌中位列 77 名，哈佛商学院把 ZARA 品牌评定为欧洲最具研究价值的品牌，沃顿商学院将 ZARA 品牌视为研究未来制造业的典范。

ZARA

-（从上至下，从左至右）-
（图 12-1 ）ZARA 网站首页
（图 12-2 ）ZARA 标志
（图 12-3 ）ZARA 上海大时代广场店

ZARA 作为快速时尚（Fast Fashion）模式的领导品牌，成为赢利性品牌的典范，是时尚服饰业界的标杆。

在 2005 年度 ZARA 全球营业收入达到 44 亿欧元，税前利润为 7.12 亿欧元。摩根士丹利公司在一份研究报告中预测到 2014 年为止 ZARA 每股收益年均增长率是 10.9%，而 Burberry 等五大奢侈品集团的年均增长率则只有 7.7%。

3. 成功的原因分析

“一流的设计，二流的品质，三流的价格”是 ZARA 多年来秉承的经营核心，也是吸引消费者的魅力所在。ZARA 执行长官卡斯德加诺曾经表示：“掌握服饰的流行感，身处其热情之中，以及了解女性对美丽的憧憬，从而创造出 ZARA 的产品特色，并用平实的价位，让大多数的女性都能买得起，这是我们近几年来快速崛起的根本原因。”一般分析认为，ZARA 成功的原因包括：

- 顾客导向
- 垂直一体化
- 高效的组织管理
- 强调生产的速度和灵活性
- 独特的营销价格策略（“三不”原则——“不做广告、不外包、不打折”）

12.2 ZARA 品牌定位

1. 价格定位策略

ZARA 的定价略低于商场里的品牌女装，而它的款式色彩特别丰富。简单来说，顾客可以花费不到顶级品牌十分之一的价格，就可以享受到顶级品牌的设计，因为它可以在极短的时间内复制最流行的设计，并且迅速推广到世界各地的店里。打个比方，今天你在米兰时装周上看到的 2011 年春夏最新款的裙子，10 天后，就可以在北京世贸天阶的 ZARA 店里买到“神似”的衣服。很多热衷 ZARA 的人觉得，它改善了自己的生活质量，非常漂亮的衣服，非常实在的价格，而且不用等待打折季的到来，可以随时穿上新品。图 12-4 为 ZARA 网站上公布的连衣裙的价格。

（图 12-4）ZARA 连衣裙

2. 产品系列

ZARA 全部产品分为 WOMAN（女士）、TRF、MAN（男士）、KIDS（儿童）四大系列，如图 12-5 所示。每个系列分别研发、陈列与销售。

• WOMAN 系列。跟进国际流行元素，被摆放在商店内最显眼之处，为 ZARA 之经典。图 12-6 为这个系列的图片。

ZARA 女装中的 Basic 系列为日常服装，价格定位适中，在用料、设计以及剪裁中兼顾了实用性与高品质，并融合了最新的时尚元素，如图 12-7 所示。

-（左页）-
（图 12-5）ZARA 产品系列

-（右页从上至下）-
（图 12-6）ZARA 产品 WOMAN 系列
（图 12-7）ZARA 产品的 basic 系列

ZARA

• TRF 系列。在西班牙语里，TRF 代表着“年轻”，青春活力、动感时髦是 TRF 的诉求点。注重细节变化，融合大牌设计理念，打造明星气质，作为 ZARA 的拳头产品。专为年轻女性而设计以迎合她们独特的品位和需要。店内专门开辟了 TRF 的独立销售空间，鲜明醒目，如图 12-8 和图 12-9 所示。

• MAN 系列。此系列为 ZARA 的男士系列，包括成熟男装和年轻男装两大类型，ZARA 男装承袭了女装的简约和时尚感，如图 12-10 所示。

• KIDS 系列。ZARA 童装包含了从婴儿时期一直到 14 岁年龄段的男女服装，细分为迷你童装（1 ~ 9 个月），男、女婴儿装（3 ~ 36 个月），男、女儿童装（2 ~ 14 岁）三个不同时期，如图 12-11 所示。

3. 店铺策略

ZARA 的市场专家迪亚斯说 ："我们的零售店形象和顾客的口碑本身就是我们最好的广告"。 ZARA 非常重视零售店在产销过程中的地位。它的商店遍布于欧洲、美洲和亚洲的各大主要商业城市。

ZARA 几乎完全掌握和控制它在全球的零售店网络。到 2003 年底它在全球共有 626 家分店，其中 567 家是 100% 集团拥有的，只有 59 家是通过合资或者特约经销的形式成立的。后两种形式主要是在高风险地区或者当地有法律禁止外资独资设企业的地方采用。

位置、交通和店里的布置对于 ZARA 非常重要，因为它仅将销售额的 0.3% 用于广告（而它的竞争对手们都用 3% ~ 4%）。 ZARA 认为，它的产品之所以能够受到消费者的喜爱，不是因为 ZARA 这个名字，而是因为他们总能最及时、最准确地提供顾客们此时此刻最想要的东西。

每个连锁店的具体设址都是经过反复论证后确定的，一般 ZARA 都将店开在高档商业区和繁华的交通枢纽，尽管在这些地方开店的成本费用很高，如图 12-12 所示。2000 年 ZARA 店的平均面积为 910 平方米，到 2003 年底，ZARA 在全球连锁店的总面积达 68.6 万平方米，平均每个分店的面积为 1096 平方米。 而每个零售店的陈设、家具、橱窗都是由总部统一设计的，以保证统一品牌形象。

–（左页）–
（图 12–9）ZARA 网站 TRF 外套

–（右页从上至下）–
（图 12–8）ZARA TRF 系列
（图 12–10）ZARA 男士系列
（图 12–11）ZARA 童装

（图 12-12）
ZARA 店铺选址一般在繁华的商业区

12.3 设计环节

1. 办公环境

ZARA 唯一的、集中的设计和生产中心是在位于 La Coruna 的母公司 Inditex。在位于 ZARA 总部二楼的设计中心，拥有 700 平方米的开放式空间，它由三个宽敞的大厅构成：一个负责女装，一个负责男装，还有一个负责童装。三个部门都有各自的设计、销售、采购和生产规划人员。三个部门同时开工，职能不同。

每一个大厅里一般分为三个区域：左边是设计师的办公区，中间是市场专员的办公区，而右边则是买手的办公区。大厅正中央有几张大圆桌以供临时召开会议用。大厅整个一面墙都是透亮的大落地窗，来自 20 个国家不同种族的 200 名年轻设计师能透过幕墙玻璃看到窗外的西班牙乡村风景，营造着随意和开放的感觉。

设计师与市场专员、供货人员和生产计划人员并肩工作。巨大的环形桌子用来开讨论会议，摆着最新时装杂志和分类目录的书架布满了墙壁。每个大厅都有一个角落用作服装原型商店，鼓励所有人评论他们参与生产的新服饰。

2. 设计流程

每个部门的设计师在负责艺术指导的决策层的领导下，整合最新的流行信息，对款式风格进行改版设计，并组合成新的服装系列。由设计专家、市场分析专家及买手组成的专业团队，共同对可能流行的款式、花色、面料进行讨论，并对零售价格及成本迅速达成一致，进而决定是否投产。

（1）信息收集。

设计的第一步是由设计师和“时尚观察者”收集时尚信息，然后由设计师根据这些收集到的信息进行分析、整理和归类。

ZARA 的时尚情报信息主要来自于三条线索：

第一条线索是自己设计团队中的那些时装设计师。他们可谓空中飞人，经常出没于米兰、巴黎举办的各种时装发布会，出入各种时尚场所，观察和归纳最新的设计理念和时尚动向。

第二条线索来自于他们特聘的一些时尚买手和情报搜集专员。他们凭借灵敏的嗅觉，将所买下时装的款式或所看到的青年领袖的服饰特征，汇报给位于拉科鲁尼亚的设计总部。

第三条线索来自于 ZARA 自己的门店，ZARA 门店每天汇报到总部的数据不但包括如订单和销售走势等硬数据，也包括如顾客反应和流行等软数据，当然这种软数据要细化到风格、颜色、材质以及可能的价格等。

（2）设计和决定投产。

完成信息的分析之后，设计师手绘出设计草图，然后和其他设计师、市场分析专家以及买手一起就草图进行讨论，这个步骤可以保持所有产品都能在总体上保持一致的风格。

达成共识后，设计师将使用电脑软件画出准确的图，同时对设计方案进行修改、完善和细化，尤其是确定织物品种、编织方法和颜色等。这时的关键是由“团队”决定是否将这个新的设计投入生产。

如果确认要投产，就先生产出一件样品。在每个大厅的角落里都设有一间样品制作室，制作中如有问题或疑问可以直接找设计师询问，得到现场解决。具体生产什么、何时生产和生产多少，这些都由“团队”共同决定。

• 市场分析专家。

市场分析专家由经验丰富的职员担任，而且往往他们本身就当过连锁店的经理。他们一般要负责同一国家或地区的几家连锁店的市场和销售。经验告诉他们要和各个分店经理保持良好的联系，所以他们之间会有频繁联系。公司给所有分店的经理配备了特殊的数码专线通话装置，以便随时和总部交换准确的市场消息。

• 买手

买手同样是经验丰富的老职员，他们负责规划订单的整个完成过程。工作包括三个部分：首先确定原材料是外购还是自己生产，其次要监控仓库的库存量，把生产任务派到各个工厂或者外包给第三方，还要预测产品在市场上是供大于求还是供不应求。

3. 设计周期

ZARA 的商品从设计、试做、生产到店面销售，平均只花三周时间，最快的只用一周。而在国内，以快著称的美特斯邦威，完成这一过程还要 80 天的时间。中国服装业一般为 6 ~ 9 个月，国际名牌一般可到 120 天。

4. 优势分析

(1) 超过 200 名的专业设计师。ZARA 旗下拥有超过 200 名的专业设计师，平均年龄只有 25 岁，他们随时穿梭于巴黎、米兰、纽约、东京等时装之都的各大秀场，并以最快的速度推出仿真时尚单品。

(2) 款多量少。ZARA 每年设计出来的新款将近 5 万种，真正投入市场销售的大约 12000 多种，是其竞争对手平均的 5 倍。

每一种款式在同一家店面的数量很有限，而且每款设计在旗舰店的摆放周期不超过两周。这种人为造成的“稀缺”能给消费者带来两种印象：一个是这个店面的服装销售得很快，另一个是店面的服装总是新的。

(3) 快速应和市场变化。和所有品牌一样，ZARA 的设计师们会提前设计下个季节的时装款式。但不同的是，在当前季节里，ZARA 的设计师们也会不断推出人们正在需要的时尚。一个典型的例子是，2001 年 6 月，麦当娜到西班牙巴塞罗那举行演唱会，为期三天的演出还在进行中，人们就在当地的 ZARA 店里看到了麦当娜在演唱会上穿的衣服，于是西班牙大街上掀起了一股麦当娜时装热。

(4) 高度的信息化。

a. 时尚信息数据库中标准化归档的各种时尚信息。

ZARA 的设计团队通过时尚信息数据库中标准化归档的各种时尚信息，快速、准确地进行产品的改款、组合，从而酝酿出新的设计，并设置清晰的裁剪生产指令；同时，设计师还可以参考产品信息和库存信息管理的数据库系统，尽量设计现有原材料可以完成的服装款式，为公司降低了成本。

在时尚信息收集之后的信息整合、利用与产品开发过程中采用的是标准化的信息系统，是 ZARA 的资源管理系统应用的一大亮点。所有的时尚信息都被界定清晰地分门别类，存储于总部数据库的各个模块中。而这些时尚信息的数据库又与其原料仓储数据库相联系。使得设计师们可以相对轻松地，在掌握数以千计的布料、各种规格的装饰品、设计清单和库存商品信息的同时，完成任意一款服装的设计。这种标准化的信息系统，是保证 ZARA 设计团队工作迅速、有效地进行，每年推出大量不同的时尚设计款式的有力支撑。

ZARA 设立于公司新区中的调控中心里，一个大办公区里有将近 20 名员工坐在电话边工作。这些使用不同语言工作的员工们的主要职责便是不间断地收集来自世界各地有关顾客需求及需求变化的信息。通过他们，时尚情报信息便每天源源不断地从世界各个角落进入总部办公室的数据库。

b. CAD/CAM 系统。

ZARA 成立了全球服装流行色、款、面料信息采集小组统计系统，应用了具有国际先进水平的 CAD/CAM 系统，配置了远程网络度身定制 CAD 系统，组建了设计师与销售专家一体化团队，以保证能够完成顾客满意的个性化产品。

c. 设计师与终端店铺的沟通。

除此之外，设计群也实时与全球各地的 ZARA 店长进行电话会议，通过各地的销售状况与顾客反应，灵活变通地调整商品的设计方向，满足客人的百变口味，而且在顾客购买的同时，店员已经将商品特征以及顾客数据输入计算机，藉由网际传输将数据送回 ZARA 总部，设计群则可掌握各种精确的销售分析与顾客喜好，再加上本身专业的时尚敏锐度，来决定下一批商品的设计走向与数量，如此一来，商品即可发挥最大销售率，也意味着能有效压低库存的出现率。

为了方便每位门店经理即时地向总部汇报最新的销售信息和时尚信息，ZARA 还专门为每位店长配备了特制的手提数据传输设备。

12.4　生产配送

一旦设计团队选中某件设计投入生产，设计师就会用计算机设计系统对颜色和材质进行优化。如果在 ZARA 自己的工厂生产，他们就会直接把各种规格传输给工厂中的剪裁设备及其他系统。

1. 工厂

工厂是 ZARA 花巨资一体化设计的灵敏供应链。位于西班牙加里西亚省的科卢纳的仓库，是一栋四层楼高五百万英尺的超大型建筑物，其面积相当于 90 个足球场，而此座仓库连接着 14 座工厂，仓库内有机器人 24 小时随时待命压模制布染料。ZARA 自己设立了 20 个高度自动化的染色、剪裁中心，而把人力密集型的工作外包给周边 500 家小工厂甚至家庭作坊，建立把这 20 个染色、裁剪中心与周边小工厂连接起来的物流系统。在西班牙方圆 200 英里的生产基地，集中了 20 家布料剪裁和印染中心，500 家代工的终端厂。ZARA 在这 200 英里的地方架设地下传送带网络。每天根据新订单，把最时兴的布料准时送达终端厂。

在这里，被裁剪后的衣料上就已经有了标准化的条形码，这种条形码会伴随着它生产、配送、运输至门店的全过程。这样，整个生产直到销售的过程中，都使用着统一标准的条形码识别系统，保证了 ZARA 衣物在整个过程中能够流畅、快速地进行流通。成品服装在欧洲用卡车两天内可以保证到达，而对于美国和日本市场，ZARA 甚至不惜成本采用空运以提高速度。

在服装设计完成的同时，参与设计的采购专家与市场专家就已经共同完成了该服装的定价工作，这一价格当然也是参照数据库中类似产品在市场中的价格信息来确定的。定好的价格就被换算成多国的货币额，并与服装的条形码一起印于标价牌上，并在生产之初就已经附着在服装上了。因此，新款服装生产出来之后无需再定价和标签，通过运输到达世界各地的专卖店之后就可以直接放在货架上出售。

ZARA　50%的产品是自己生产的，这个比例高于很多品牌。另外 50%的产品来自 400 家供应商，其中 70%在欧洲，而且主要是在西班牙和葡萄牙，地理位置的便利让这些厂能很快对 ZARA 的订单做出反应，尤其是异常时尚的款式。而剩下的 30%则主要在亚洲生产，ZARA 向这些地方订“基础型”产品或者当地有明显优势的产品。由于 ZARA 的订单量大而稳定，所以是所有供应商喜爱的客户。

2. 流通环节

送环节中，ZARA 建立了非常先进的分销设施，巨大的货物配送中心下面，大约 20 公里的地下传送带将商品从 ZARA 的工厂传送至此。为了确保每一笔订单准时到达它的目的地，ZARA 没有采取浪费时间的人工分检方法而是借用了光学读取工具。例如，衣服上的条形码都是已经实行了标准化的，因此这种读取工具可以最大效率地持续工作，每小时能挑选并分检超过 60000 件的衣服。

在运输环节，ZARA 利用各个门店与配送中心的信息互联，最优化了配送的路径，采取了一种“公共汽车式”的配送模式，尽量缩短运输路径和空车状态的时长，将运输成本降至最低。

3. 信息沟通

ZARA 公司的管理系统 ERP，对企业供、产、销各个环节实施有效地管理与控制。ZARA 公司还拥有一个完整的电子商务系统，更有快捷的物流配送系统。特别是 ZARA 下属的各个服装生产工厂，都可通过各自的渠道向集团公司的大物流配送中心直递产品，然后由配送中心每周两次向全球 1000 多个分支机构发货，以完成服装产品的终端销售。

12.5 销售环节

从信息到订单的下达，ZARA 有一套完整、高效的流程。

1. 信息收集

借助 POS 销售系统的应用，在顾客购买的同时，店员已经将商品特征以及顾客数据输入计算机。设计师部门可以掌握各种精确的销售分析与顾客喜好，用来预计下一批商品的设计走向与数量。

2. 店长与设计团队紧密联系

全球各地的 ZARA 店长与设计团队保持紧密的联系，适时地进行电话会议，通过了解各地的销售状况与顾客反应灵活变通和调整商品的设计方向。在 ZARA，一件新款服饰的上架，并不是设计的结束，而是开始。设计团队会不断根据顾客的反应调整颜色、剪裁等，而这种顾客反应的信息便来自 POS 系统所显示的销售业绩和门店经理的信息反馈。

3. 订单下达

ZARA 没有采用标准化处理。它将 IT 系统分别部署到每个门店去，每个店都有自己的货单，法国店的货单就和意大利店不一样。而门店经理则负责查看店中的货品销售情况，然后根据下一周的需求向总部订货。总部通过互联网把这些信息汇总，发给西班牙的工厂，以最快的速度生产和发货。

第 13 章　案例二：T.Stive

13.1　品牌介绍

关键词：优雅，时尚，成熟，职业

T.Stive 品牌创建于 20 世纪 90 年代初，色彩恬静、高雅，倡导的是一种充满品味与自然的生活方式。由于能够准确把握高端人群市场的空间，所以得到市场的认可并迅速发展起来。品牌融合了世界流行时尚元素，尤其是混搭风格，充分宣泄了个性魅力。时至今日，已经在北京、上海、广州、深圳等各大中城市销售，同时，在印度、埃及等海外市场也有它的身影，在未来的日子里，它将以崭新的姿态进一步加强品牌建设，致力于开拓更广阔的海内外市场，让更多的消费者喜欢这个品牌，信赖这个品牌。通过 T.Stive 这个品牌，读者可以充分体验和品味多元服饰文化带来的丰富的穿着乐趣。

T.Stive 在设计上不断求新求变，为迎合追求时代动感及时装潮流的消费者不断改变的衣着品位，特别在设计、面料、选择上精益求精。

T.Stive 主要生产女装时装，有多家合作厂家，能够保证提供充足的货品，多元化的款式可为顾客提供更多的选择。

13.2　室内概念

- 生活和文化相结合的空间（图 13-1）
- 未来派对传统的分解和改造（图 13-2）
- 淡雅的颜色、活泼的细节营造出生活的概念

-（从上至下一）-
（图 13-1）品牌室内空间概念
（图 13-2）店铺色调

13.3　店面展示

1. 店面展示的目标原则

店面展示是室内概念的实现，也是品牌概念的展示，它作为品牌理念的展示空间，完整地呈现着品牌策划的所有内容，也就是顾客所看到的所有内容。店面展示即店面规划的基本目标和原则如下：

（1）吸引顾客：通过店面的整体效果做到吸引顾客进店并逗留，为销售提供机会。

（2）最大限度的销售：通过货品选择和货品的陈列，为店面营造最佳的购买氛围，以达到最好的销售成绩。

（3）营运的节约和经济：店面效果与投入要做到利益最大化。

2. 店面展示的内容

店面展示要实现就要有一定的规划，一般来讲规划包括以下 5 部分内容：

（1）店面外观设计。

店面外观部分包括连锁店所处位置的景观、建筑体、店面灯箱、楼及遮阳棚等，另外不能忽视透明橱窗的装饰作用。外观是诱导目标消费者的重要一环，整个设计的原则是尽量吸引路人的驻足。

（2）店面道具设计及规划布局。

通常一个标准店面应具备以下内容：形象墙设计、高架设计、橱窗设计、收银台设计、矮架设计、中岛架设计、陈列展台设计、沙发设计、试衣间设计、饰品柜设计、点挂、灯光设计、天花与地面设计。

（3）橱窗陈列设计。

橱窗具备传递信息、展示企业产品、营造格调与品味、吸引顾客视觉等作用，橱窗

（图 13-3）店面灯光的设计

展示可谓品牌的灵魂所在。如果把店铺比喻成一个人，那么橱窗便是眼睛，从橱窗便可以看出店铺风格、品牌风格。橱窗陈列设计要完整地把品牌个性及风格呈现出来，体现出品牌的真正内涵。

（4）产品陈列搭配设计。

商品陈列要把商品特色用最经济、最节省时间的方法介绍给消费者，使消费者能产生深刻的商品印象，进而产生购买的欲望，运用商品分配及色系分配达成上述目的。其次，卖场陈列还要有节奏感，不能把色系分得太过死板，卖场的冷色与暖色搭配要协调。

（5）灯光设计。

在店面中，灯光即照明的设计分为 3 种：

• 整体照明，也称普通照明，主要是提供空间照明，照亮整个空间。通常以天花板上的灯具为主。

• 产品照明，指对陈列柜、货架上摆放的产品进行加强照明，以更好地体现出产品的面料、做工、质地、色彩等。

• 重点照明，是指针对店内的某个重要物品或空间的照明，如橱窗、海报、模特、水晶饰品的照明等。

在设计灯光时，首先要考虑卖场整体的协调性。另外，灯光的颜色也要适当，蓝色的灯光给人冰凉、冷酷、迷幻的感觉；黄色的灯光给人很温暖的感觉；光线较暗的卖场给人以神秘、成熟、价值感，但顾客会对其有距离感；光线较亮的卖场给人以大众、温和、亲情感，这种卖场对顾客更有亲和力。总而言之，店面灯光的亮与暗要根据每个品牌的不同风格及定位来设计，如图 13-3 所示。

13.4 市场分析

市场分析包括国际时装流行趋势分析、产品结构分析、产品价位分析、产品色彩分析4个部分。

这一部分内容主要是针对整个市场的发展趋势和竞争品牌而进行的，它与本章前三个主题相互关联和影响，并交叉进行。品牌概念的确立也需要建立在市场研究和分析之上；店面的展示和概念的实现与品牌概念相互影响，相互促进；要结合品牌的概念和店面对相应市场进行深入的调研和分析。

1. 国际时装流行趋势分析

- 混搭风潮、层次感
- 男装女穿（中性风格）
- 休闲化时装
- 年轻化趋势

2. 产品结构分析

不同的品牌定位所延续的是对顾客的分析，也就是顾客穿着习惯的分析，品牌的风格也在产品的结构上体现出来，比如年轻休闲品牌的牛仔裤的结构比例要大于成熟时尚品牌的牛仔裤结构。这样的结构确立既是多年市场销售数据的分析结果，也是顾客行为分析的结果。

3. 产品价位分析

顾客购买力的精准定位是品牌销售的利剑，只有准确的价格定位配合清晰的产品设计才能牢牢地抓住顾客。

4. 产品色彩分析

色彩是产品最直接的体现方式，它作为服装构成的三大基本要素之一，十分重要。对于竞争品牌的产品分析可以帮助品牌更清晰地确立自己的色彩定位。

13.5 产品企划

在完成了上述内容之后，品牌的定位也就清晰了，在定位确立之后，便进入了品牌的产品企划阶段。

产品企划的目的是为了完成符合品牌定位的产品，以实现品牌的销售。产品展现的形式通过店面展示来实现，并体现市场的流行趋势，与竞争品牌在价位和色彩等方面有足够的市场竞争力。在这样的目的下，需要完成以下步骤：

（1）搜集流行趋势资讯，确认设计方向图片，做出企划的主题板。
主题板是产品设计的指导和方向，其体现形式可以根据设计师的喜好来确定，内容包括灵感来源、市场趋势、主题词等，如图 13-4 和图 13-5 所示。

（2）参加面料展、纱线展，寻找面料和纱线资料。
主题板和这一部分内容可以交叉进行，在大致的方向确立之后就进入到素材的收集阶段，这个时候要与整个市场的节奏配合，比如每年定期举行的大型面料和纱线展一般按照季节分为春夏和秋冬两季，包括趋势资讯的展示，这就要求企划人员要提前做好工作计划。

图 13-6 所示为某意大利纱线代理商在北京 798 艺术区召开的纱线和成衣展。

-（从上至下，从左至右）-
（图 13-4）流行趋势效果图展示
（图 13-5）流行趋势元素提取
（图 13-6）纱线与成衣展

（3）企划案的完成和产品设计。

收集完素材（面料、纱线、辅料）之后就进入到企划执行阶段，企划案执行的方式也是多种多样的，会根据设计师和公司的工作习惯而定，下面进行基本思路介绍。

1）素材的整合。如图 13-7 所示为品牌 7 月份第一波段上市产品面料和纱线的搭配展示。

2）款式设计。款式设计根据素材进行，在素材和图案主题的要求下完成符合品牌定位的设计。下面以一组以民族图案为来源进行的款式设计为例来介绍。

根据复古的民族图案做的颜色提取和款式设计如图 13-8 所示。

设计说明：

- 采用印花工艺，印花部位为前片局部
- 下摆为双层，内层比外层长出 3.5cm
- 纱线采用纱线 1，100% 强捻棉，3/100nm
- 款式设计上，可选择搭配连衣裙或者单品的半裙和裤装

3）根据面料做的款式设计如图 13-9 所示，这是按照第一波段上货的面料搭配做的款式设计。

在设计过程中需要注意以下几点：

- 款式要符合本品牌的年龄和风格定位。
- 面料和款式之间的搭配性。

（4）样衣制作。

完成款式设计之后，需要完成工艺制作单并制作样衣。在这个过程中，不断地修正企划，以达到最完美的效果。这一部分可以参考第 4 章的设计流程。

产品设计完成之后还要进行一定的整合，这样就完成了订货会前的产品准备工作。

13.6 订货会

T.Stive 品牌的店铺中以代理商为主，所以订货会是整个品牌操作过程中很重要的一部分。在订货会进行过程中，除了会场的展示外，还需要备齐以下内容：

（1）产品陈列展示。

在订货会的会场，要展示品牌本季的全部样衣，以标准码为准，尽可能地展示齐各色样衣。如一款样品有两个颜色，在会场的陈列中这两件衣服都需要进行展示，如果不能完成则要准备好色样供代理商订货使用。

（2）产品的搭配手册和画册。

画册主要展示产品的概念和主题，搭配手册为代理商提供货品销售的指导意见，如图 13-10 所示。

除了画册之外，设计部门的相关人员要负责在订货会上向代理商介绍产品的概念和灵感，以及与产品相关的所有内容。

（3）代理商数据汇总和分析。

订货会上由物流部门（数据统计分析部门）负责准备订货单并及时汇总代理商的订货信息，以便为下一步的产品投产提供数据。

–（从左至右）–

（图 13-7）产品面料和纱线的搭配

（图 13-8）颜色提取与款式设计

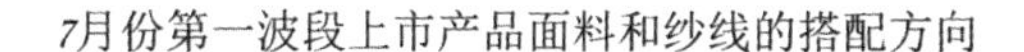

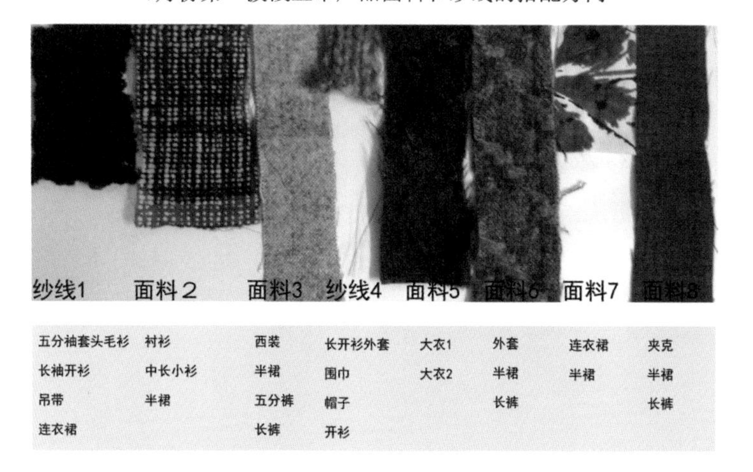

纱线1
面料2
面料3
纱线4
面料5
面料6
面料7
面料8
五分袖套头毛衫 长袖开衫 吊带 连衣裙
衬衫 中长小衫 半裙
西装 半裙 五分裤 长裤
长开衫外套 围巾 帽子 开衫
大衣1 大衣2
外套 半裙 长裤
连衣裙 半裙
夹克 半裙 长裤

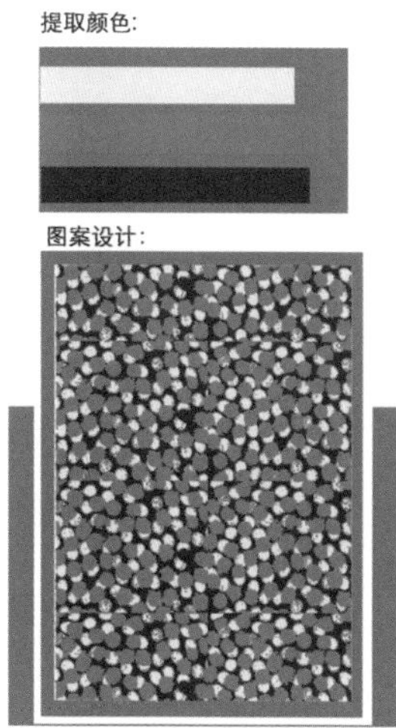

（4）大货投产计划和安排。
订货会之后，就是大货生产的安排。大货生产关系到产品能否按时到达终端店铺，由于服装的季节性因素，服装的时间规划十分重要，在时间规划中，到达终端店铺对销售有直接的影响，所以大货的计划和安排在品牌公司的运作中至关重要。这一环节把产品企划和销售终端连接起来，物流部门是生产部门的衔接部门。

至此，品牌的运作完成了一个周期。在实际的公司运作中，可能是几个这样的周期循环进行的。

在中国，服装已经进入到品牌竞争的阶段，品牌竞争也不再是单纯的产品的竞争，市场已经进入供方大于需求的阶段，竞争也进入了品牌综合实力的竞争，在这样的环境下，内部各个部门的配合影响着品牌竞争力。

-（从上至下）-
（图 13-9）款式设计图的表达
（图 13-10）品牌画册中产品展示

附录

一、部分资讯和时尚资源

1. 潘冬有限公司，色彩预测和专色系统。http://www.pantone.com。

2. 日本色彩设计研协会，每年 4 月和 10 月发布两次色彩画册，包括流行趋势和数据分析。它发布的色彩趋势不仅包括流行色，也包括历史时期的代表色。

3. 时尚网站：http://www.style.com（如附图 1-1 所示）。http://www.wgsn.com（如附图 1-2 所示）。

4. 流行趋势杂志：《国际流行公报》、《GAP》等。

5. 时尚杂志：《VOGUE》、《BAZAAR》《ELLE》等。

二、国内外一些展会的介绍

1. 上海国际面料展。每年 3 月和 9 月在上海展览馆举行，1200 余家优秀参展商来自 13 个国家和地区，50000 平方米大型专业展会，构成时尚与贸易的平台，38000 余名专业观众 / 买家到会，10 场专家演讲、400 平方米流行趋势、20 余场新闻发布会同步举行。展品范围：（1）便服及都市流行服饰：西装、套装、衬衫、毛衣、针织服装、皮革服装、女装、男装、童装。（2）运动服：外衣、泳装、运动紧身衣、滑雪服装、羽绒夹克。（3）纺织面料：丝织、棉织、毛织、麻织、化纤类梭织、针织等各类纺织面料。（4）高档辅料：刺绣、花边、衬里、线带、商标、纽扣、拉链、肩垫等。

2. SpinExpo 上海国际流行纱线展。每年 3 月和 9 月在上海展览馆举行，作为中国针织和编织业内唯一的亚欧平台，SpinExpo 拥有来自世界各国纺织领域的主要参与者，其展品涵盖国际上最完整和最具选择性的创新纱线和纤维，更有来自美国、日本、欧洲和中国的重要买家，是中国境内屈指可数的具有极强行业针对性的先进展览。SpinExpo 拥有 130 家春夏季固定参展商，190 家秋冬季固定参展商，SpinExpo 向业内人士展示了国际中高端的纺织纤维和纱线、横边和圆筒针织物以及来自纺织和平板针织行业内专业纺织机械领导者的新技术和发展趋势。

3. 第一视觉面料展（PV 展）。每年 2 月和 10 月在巴黎举行，第一视觉面料展即 Premi è reVision 面料展，简称 PV 展。第一视觉创建于 1973 年，是以 1100 家欧洲组织商为实体，面向全世界的顶尖面料博览会。它分为春夏及秋冬两届，2 月为春夏面料展，9 月为秋冬面料展。每年有 9 万多来自 100 多个国家和地区的专业人士与欧洲最优秀的纺织商相聚盛会。纺织企业依然把成为 PV 的参展商视作进入高档面料市场的标志和荣誉。

与其他面料展有所不同的是，PV 博览会不仅仅是搭建了一个成功的贸易平台，它还是最早对纺织面料产业进行产品引导的博览会。PV 博览中心发布台每季展出近 5，000 块面料小样，并有丰富的近乎奢侈的趋势陈列物。每届该展都会向全世界揭示最新的面料及纤维行情以至下一季的时尚态度，成为最权威的潮流指标。它已成为欧洲最具权威的最新面料和流行趋势的发布气象台。

4. 法国巴黎国际面料展 TEXWORLD。每年 2 月和 9 月在巴黎举行，法国巴黎国际面料展览会（TEXWORLD）是法国两大国际面料展会之一。TEXWORLD 的参展商主要来自非欧洲国家，旨在向客商展示来自非欧洲国家的面料及纺织产品。目标观众主要包括服装制造商、纺织制造商、纺织零售商与批发商、邮购商、零售业、连锁商店、百货公司、贸易公司、代理商、设计师、销售代表等。法国面料展会与市场价格及流行趋势同步，买家们都乐于在此下订单，寻找能够吸取大量订单的厂商为合作伙伴。

5. Interstoff 香港时装材料展。每年 3 月和 10 月在香港和圣保罗举行。

6. 意大利国际男装面料展览会（Ideabiella）。每年 2 月和 9 月在意大利切尔诺比奥举办，以高档男装面料为特色。

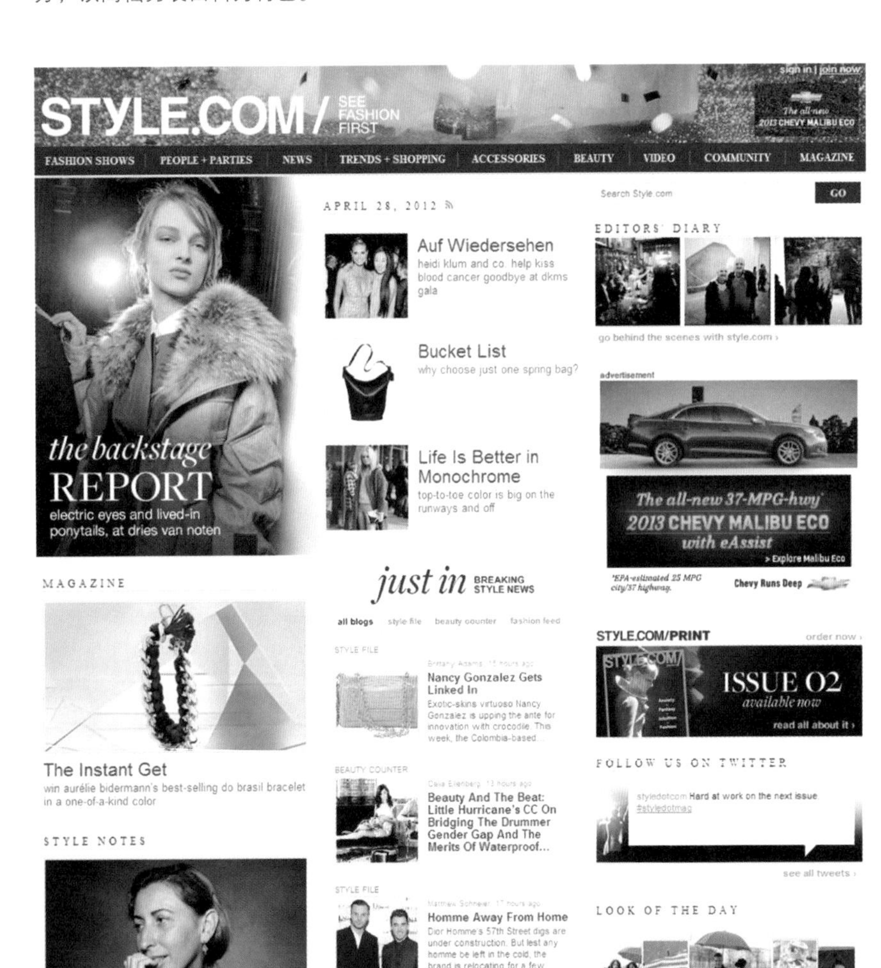

–（左页）–
（附图 1–1）Style 官方网站

HOME | ABOUT WGSN | NETWORK | THOUGHT LEADERSHIP | GLOBAL | SOLUTIONS | FANS | PREVIEW | EVENTS | PRESS | FREE TRIAL

WGSN PRODUCT AREAS

WGSN shapes winning style and design. As the world's leading trend forecaster we provide every stage of the chain.

SPECIALIST INTEREST AREAS

Womenswear

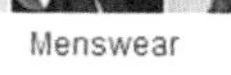

Menswear

Kidswear (0-14)

Juniors

SUBSCRIBE

First name*
Last name*
Job title*
Job role* ---
Seniority* ---
Company*
Country* ---
City*
Industry* ---
Email*
Phone*
Company size ---
Annual Turnover ---
Area of interest* ---

* required fields

－（上图）－
（附图 1-2）WGSN 官方网站

参考文献

[1] 李当岐．西洋服装史．北京：高等教育出版社，2000.

[2] 王受之．世界时装史．北京：中国青年出版社，2002.

[3] 黄能馥，李当岐，臧迎春，孙琦．中外服装史．武汉：湖北美术出版社，2002.

[4] 郑巨欣．世界服装史．杭州：浙江摄影出版社，2000.

[5] 张浩，郑嵘．时尚百年．北京：中国轻工业出版社，2001.

[6] 包铭新，曹喆．国外后现代服饰．南京：江苏美术出版社，2001.

[7] 中国服装设计师协会．设计中国——中国十佳时装设计师原创作品选萃．北京：中国纺织出版社，2008.

[8] <Young Asian Fashion Designers>,Daab Gmbh,2008.

[9] Claire Wilcox,<Radical Fashion>,V&A Publications,2001.

[10] Gerda Buxbaum,<Icons of Fashion-The 20th Century>,Prestel Verlag,2005.